“十二五”高等职业教育计算机类专业规划教材

信息安全技术

刘　艳　曹　敏　主　编
杨雅军　王爱菊　副主编

中国铁道出版社有限公司
CHINA RAILWAY PUBLISHING HOUSE CO., LTD.

内容简介

本书涵盖信息安全概述、物理安全技术、密码技术、认证技术、访问控制与网络隔离技术、信息系统安全检测技术、恶意程序及防范技术、网络攻击与防护技术以及无线网络安全技术等多方面的内容。不仅能够为初学信息安全技术的学生提供全面、实用的技术和理论基础知识，而且能有效培养学生信息安全的防御能力。

本书的编写融入了作者丰富的教学和企业实践经验，内容实用，结构清晰，图文并茂，通俗易懂，力求做到使读者在兴趣中学习信息安全技术。每章开始都列出本章的学习重点，首先让学生了解通过本章学习能解决什么实际问题，做到有的放矢，激发学生的学习热情，使学生更有目标地学习相关理论和技术。此外，每章还配有习题和实训，可帮助学生巩固理论知识，训练学生从事信息安全工作的相关技能。

本书适合作为高等职业院校计算机或电子信息类专业教材，也可供培养技能型紧缺人才的相关院校及培训班使用。

图书在版编目（CIP）数据

信息安全技术 / 刘艳，曹敏主编. — 北京 : 中国铁道出版社，2015.1（2021.12重印）

“十二五”高等职业教育计算机类专业规划教材

ISBN 978-7-113-19519-9

Ⅰ. ①信… Ⅱ. ①刘… ②曹… Ⅲ. ①计算机网络－安全技术－高等职业教育－教材 Ⅳ. ①TP393.08

中国版本图书馆CIP数据核字(2014)第285308号

书　　名：信息安全技术

作　　者：刘　艳　曹　敏

策　　划：何红艳　　**编辑部电话：**（010）63560043

责任编辑：何红艳　何　佳

封面设计：付　巍

封面制作：白　雪

责任校对：王　杰

责任印制：樊启鹏

出版发行：中国铁道出版社有限公司（100054，北京市西城区右安门西街8号）

网　　址：http://www.tdpress.com/51eds/

印　　刷：北京富资园科技发展有限公司

版　　次：2015年1月第1版　2021年12月第3次印刷

开　　本：787 mm×1 092 mm　1/16　**印张：**14.25　**字数：**337千

书　　号：ISBN 978-7-113-19519-9

定　　价：28.00元

前言

FOREWORD

随着全球信息化技术的快速发展，在信息技术的广泛应用中，安全问题正面临着前所未有的挑战，信息安全日渐成为国家重点关注的研究领域，成为关系着国计民生的一个重要的应用学科。

本书针对信息安全领域的安全技术进行全面系统的介绍。随着信息网络技术的快速发展，信息安全技术也不断丰富和完善。本书尽可能涵盖信息安全技术的主要内容，同时增加实践内容，介绍相关工具软件以及信息安全技术实施的具体方法。

本书涵盖信息安全概述、物理安全技术、密码技术、认证技术、访问控制与网络隔离技术、信息系统安全检测技术、恶意程序及防范技术、网络攻击与防护技术和无线网络安全技术等多方面的内容。不仅能够为初学信息安全技术的学生提供全面、实用的技术和理论基础，而且能有效培养学生从事信息安全工作的相关技能。

本书的编写融入了作者丰富的教学和企业实践经验，内容实用，结构清晰，图文并茂，通俗易懂，力求做到使读者在兴趣中学习信息安全技术。本书内容翔实、讲解透彻，具有如下特色。

（1）每章开始都列出本章的学习重点。每章的第一节介绍基本概念、背景知识。在此基础上对信息安全技术进行深入浅出的介绍。

（2）教材文字内容简洁、清晰，尽可能采用插图、表格以及截图的方式进行说明。

（3）每章都有习题，帮助读者复习本章的主要内容，掌握基本概念和基本原理。

（4）每章都有实训，通过上机操作切实提高读者的动手实践能力，为技能训练提供了基础。

本书由中州大学的刘艳、曹敏任主编并负责统稿，中州大学的杨雅军、王爱菊任副主编，参加编写的还有河南大学人民武装学院的王贝贝。具体编写分工为：刘艳负责编写第 1、4 章，曹敏负责编写第 5、9 章，杨雅军负责编写第 2、3 章，王爱菊负责编写第 6、7 章，刘艳和王贝贝共同编写第 8 章。

由于时间仓促，不妥之处欢迎读者批评指正。

编　者

2014 年 12 月

目录

CONTENTS

单元 1 信息安全概述

本章主要介绍信息安全的概念及发展历史，介绍了信息安全体系的五类安全服务以及八类安全机制，指出了信息安全存在的主要威胁和防御策略，最后给出了信息安全的评估标准。

通过本章的学习，使读者：

（1）了解信息安全的概念和发展历史；

（2）理解信息安全体系的五类安全服务以及八类安全机制；

（3）了解信息安全存在的主要威胁和防御策略；

（4）理解信息安全的评估标准。

在信息化飞速发展的今天，信息作为一种资源，它的普遍性、共享性、增值性、可处理性和多效用性，使其对于人类具有特别重要的意义。随着现代通信技术的迅速发展和普及，互联网进入千家万户，计算机信息的应用与共享日益广泛和深入，信息技术已经成为一个国家的政治、军事、经济和文化等发展的决定性因素，但是信息系统或信息网络中的信息资源通常会受到各种类型的威胁、干扰和破坏，计算机信息安全问题已成为制约信息化发展的瓶颈，日渐成为我们必须面对的一个严峻问题，从大的方面说，国家的政治、经济、军事、文化等领域的信息安全受到威胁；从小的方面说，计算机信息安全问题也涉及人们的个人隐私和私有财产安全等。信息安全是任何国家、政府、部门、行业都必须十分重视的问题，是一个不容忽视的国家安全战略。因此，加强计算机信息安全研究、营造计算机信息安全氛围，既是时代发展的客观要求，也是保证国家安全和个人财产安全的必要途径。

信息是社会发展的重要战略资源。信息安全已成为亟待解决、影响国家大局和长远利益的重大关键问题，信息安全保障能力是 21 世纪综合国力、经济竞争实力和生存能力的重要组成部分，是世纪之交世界各国奋力攀登的制高点。信息安全问题如果解决不好将全方位地危及我国的政治、军事、经济、文化、社会生活的各个方面，使国家处于信息战和高度经济金融风险的威胁之中。

1.1 信息安全的概念

1.1.1 信息的概念

信息是对客观世界中各种事物的运动状态和变化的反映，是客观事物之间相互联系和相互作用的表征，表现的是客观事物运动状态和变化的实质内容。ISO/IEC 的 IT 安全管理指南

（GMITS，即 ISO/IEC TR 13335）给出的信息（Information）解释是：信息是通过在数据上施加某些约定而赋予这些数据的特殊含义。

计算机的出现和逐步普及，使信息对整个社会的影响逐步提高到一种绝对重要的地位。信息量、信息传播的速度、信息处理的速度以及应用信息的程度等都以几何级数的方式在增长。

信息技术的发展对人们学习知识、掌握知识、运用知识提出了新的挑战。对我们每个人、每个企事业机构来说，信息是一种资产，包括计算机和网络中的数据，还包括专利、著作、文件、商业机密、管理规章等，就像其他重要的固定资产一样，信息资产具有重要的价值，因而需要进行妥善保护。

知己知彼，百战不殆，要保证信息的安全，就需要我们熟悉所保护的信息以及信息的存储、处理系统，熟悉信息安全所面临的威胁，以便做出正确的决策。

1.1.2 信息安全的含义

信息安全的实质就是要保护信息资源免受各种类型的危险，防止信息资源被故意的或偶然的非授权泄露、更改、破坏，或使信息被非法系统辨识、控制和否认，即保证信息的完整性、可用性、保密性和可靠性。信息安全本身包括的范围很大，从国家军事政治等机密安全，到防范商业企业机密泄露、防范青少年对不良信息的浏览、个人信息的泄露等。

信息安全包括软件安全和数据安全，软件安全是指软件的防复制、防篡改、防非法执行等。数据安全是指计算机中的数据不被非法读出、更改、删除等。

信息安全的含义包含如下方面：

1．信息的可靠性

信息的可靠性是网络信息系统能够在规定条件下和规定时间内完成规定功能的特性。可靠性是系统安全的最基本要求之一，是所有网络信息系统的建设和运行目标。

2．信息的可用性

信息的可用性是网络信息可被授权实体访问并按需求使用的特性。即网络信息服务在需要时，允许授权用户或实体使用的特性，或者是网络部分受损或需要降级使用时，仍能为授权用户提供有效服务的特性。可用性是网络信息系统面向用户的安全性能。

3．信息的保密性

信息的保密性是网络信息不被泄露给非授权的用户、实体或过程，或供其利用的特性。即，防止信息泄露给非授权个人或实体，信息只为授权者使用的特性。保密性是在可靠性和可用性基础之上，保障网络信息安全的重要手段。

4．信息的完整性

信息的完整性是网络信息未经授权不能进行改变的特性。即网络信息在存储或传输过程中保持不被偶然或蓄意地删除、修改、伪造、乱序、重放、插入等破坏的特性。完整性是一种面向信息的安全性，它要求保持信息的原样，即信息的正确生成、正确存储和传输。

5．信息的不可抵赖性

信息的不可抵赖性也称作不可否认性。在网络信息系统的信息交互过程中，确信参与者的真实同一性，即所有参与者都不可能否认或抵赖曾经完成的操作和承诺。利用信息源证据可以防止发信方不真实地否认已发送信息，利用递交接收证据可以防止收信方事后否认已经接收的信息。

6. 信息的可控性

信息的可控性是对信息的传播及内容具有控制能力的特性。

除此以外，信息安全还包括鉴别、审计追踪、身份认证、授权和访问控制、安全协议、密钥管理、可靠性等。

1.2 信息安全的发展历史

人类很早就在考虑怎样秘密地传递信息了。文献记载的最早有实用价值的通信保密技术是古罗马帝国时期的 Caesar 密码。它能够把明文信息变换为人们看不懂的称为密文的字符串，当把密文传递到自己伙伴手中的时候，又可方便地还原为原来的明文形式。Caesar 密码实际上非常简单，需要加密时，把字母 A 变成 D、B 变为 E、……、W 变为 Z、X 变为 A、Y 变为 B、Z 变为 C，即密文由明文字母循环后移 3 位得到。反过来，由密文变为明文也相当简单的。

随着 IT 技术的发展，各种信息电子化，更加方便地获取、携带与传输，相对于传统的信息安全保障，需要更加有力的技术保障，而不单单是对接触信息的人和信息本身进行管理，介质本身的形态已经从“有形”到“无形”。在计算机支撑的业务系统中，正常业务处理的人员都有可能接触、获取这些信息，信息的流动是隐性的，对业务流程的控制就成了保障涉密信息的重要环节。

在不同的发展时期，信息安全的侧重点和控制方式是有所不同的，大致说来，信息安全的发展过程经历了三个阶段。

早在 20 世纪初期，通信技术还不发达，面对电话、电报、传真等信息交换过程中存在的安全问题，人们强调的主要是信息的保密性，对安全理论和技术的研究也只侧重于密码学，这一阶段的信息安全可以简单称为通信安全，即 COMSEC（Communication Security）。

20 世纪 60 年代后，半导体和集成电路技术的飞速发展推动了计算机软硬件的发展，计算机得到广泛应用，人们对安全的关注已经逐渐扩展为以保密性、完整性和可用性为目标的信息安全阶段，即 INFOSEC（Information Security）。

20 世纪 80 年代开始，由于互联网技术的飞速发展，信息无论是对内还是对外都得到极大开放，由此产生的信息安全问题跨越了时间和空间，信息安全的焦点从传统的保密性、完整性和可用性的原则衍生出了诸如可控性、抗抵赖性、真实性等其他的原则和目标，信息安全也转化为从整体角度考虑其体系建设的信息保障（Information Assurance）阶段。

开放复杂的信息系统面临着诸多风险，而为了解决这些风险问题，人们一直在寻找问题的解决之道，最直接的做法就是各种安全技术和产品的选择使用，密码产品、防火墙、病毒防护、入侵检测、终端接入控制、网络隔离、安全审计、安全管理、备份恢复等技术领域产品研发取得明显进展，产品功能逐步向集成化、系统化方向发展。

随着信息技术的快速发展和广泛应用，基础信息网络和重要信息系统安全、信息资源安全以及个人信息安全等问题与日俱增，应用安全日益受到关注，主动防御技术成为信息安全技术发展的重点，信息安全产品与服务演化为多技术、多产品、多功能的融合，多层次、全方位、全网络的立体监测和综合防御趋势不断加强。信息安全保障逐步由传统的被动防护转向“监测-响应式”的主动防御，信息安全技术正朝着构建完整、联动、可信、快速响应的综合防护防御系统方向发展。信息技术网络化、服务化等都在积极推动信息安全服务化，信息安全服务在产业中的比重将不断提高，将逐渐主导产业的发展。

1.3 信息系统安全体系结构

研究信息系统安全体系结构，就是将普遍性安全体系原理与自身信息系统的实际相结合，形成满足信息系统安全需求的安全体系结构。

1989 年 12 月，国际标准化组织 ISO 颁布了 ISO 7498-2 标准，该标准首次确定了 OSI 参考模型的计算机信息安全体系结构，并于 1995 年再次在技术上进行了修正。OSI 安全体系结构包括五类安全服务以及八类安全机制。

1.3.1 五类安全服务

五类安全服务包括认证（鉴别）服务、访问控制服务、数据保密性服务、数据完整性服务和抗否认性服务。

① 认证（鉴别）服务：提供对通信中对等实体和数据来源的认证（鉴别）。

② 访问控制服务：用于防治未授权用户非法使用系统资源，包括用户身份认证和用户权限确认。

③ 数据保密性服务：为防止网络各系统之间交换的数据被截获或被非法存取而泄密，提供机密保护。同时，对有可能通过观察信息流就能推导出信息的情况进行防范。

④ 数据完整性服务：用于组织非法实体对交换数据的修改、插入、删除以及在数据交换过程中的数据丢失。

⑤ 抗否认性服务：用于防止发送方在发送数据后否认发送和接收方在收到数据后否认收到或伪造数据的行为。

1.3.2 八类安全机制

八大类安全机制包括加密机制、数字签名机制、访问控制机制、数据完整性机制、认证机制、业务流填充机制、路由控制机制、公正机制。

① 加密机制：是确保数据安全性的基本方法，在 OSI 安全体系结构中应根据加密所在的层次及加密对象的不同，而采用不同的加密方法。

② 数字签名机制：是确保数据真实性的基本方法，利用数字签名技术可进行用户的身份认证和消息认证，它具有解决收、发双方纠纷的能力。

③ 访问控制机制：从计算机系统的处理能力方面对信息提供保护。访问控制按照事先确定的规则决定主体对客体的访问是否合法，当一个主体试图非法访问一个未经授权使用的客体时，访问控制将拒绝这一企图，并给出警报并记录日志档案。

④ 数据完整性机制：破坏数据完整性的主要因素有数据在信道中传输时受信道干扰影响而产生错误，数据在传输和存储过程中被非法入侵者篡改，计算机病毒对程序和数据的传染等。纠错编码和差错控制是对付信道干扰的有效方法。对付非法入侵者主动攻击的有效方法是报文认证，对付计算机病毒有各种病毒检测、杀毒和免疫方法。

⑤ 认证机制：在计算机网络中认证主要有用户认证、消息认证、站点认证和进程认证等，可用于认证的方法有已知信息（如口令）、共享密钥、数字签名、生物特征（如指纹）等。

⑥ 业务流填充机制：攻击者通过分析网络中一个路径上的信息流量和流向来判断某些事件的发生，为了对付这种攻击，一些关键站点间在无正常信息传送时，持续传递一些随机数据，使攻击者不知道哪些数据是有用的，哪些数据是无用的，从而挫败攻击者的信息流分析。

⑦ 路由控制机制：在大型计算机网络中，从源点到目的地往往存在多条路径，其中有些路径是安全的，有些路径是不安全的，路由控制机制可根据信息发送者的申请选择安全路径，以确保数据安全。

⑧ 公正机制：在大型计算机网络中，并不是所有的用户都是诚实可信的，同时也可能由于设备故障等技术原因造成信息丢失、延迟等，用户之间很可能引起责任纠纷，为了解决这个问题，就需要有一个各方都信任的第三方以提供公证仲裁，仲裁数字签名技术是这种公正机制的一种技术支持。

1.4 信息安全的防御策略

计算机信息系统安全保护工作的任务，就是不断发现、堵塞系统安全漏洞，预防、发现、制止利用或者针对系统进行的不法活动，预防、处置各种安全事件和事故，提高系统安全系数，确保计算机信息系统安全可用。

1.4.1 信息安全存在的主要威胁

1. 失泄密

失泄密是指计算机网络信息系统中的信息，特别是敏感信息被非授权用户通过侦收、截获、窃取或分析破译等方法恶意获得，造成信息泄露的事件。造成失泄密以后，计算机网络一般会继续正常工作，所以失泄密事故往往不易被察觉，但是失泄密所造成的危害却是致命的，其危害时间也往往会持续很长。失泄密主要有六条途径。一是电磁辐射泄漏，二是传输过程中失泄密，三是破译分析，四是内部人员的泄密，五是非法冒充，六是信息存储泄露。

2. 数据破坏

数据破坏是指计算机网络信息系统中的数据由于偶然事故或人为破坏，被恶意修改、添加、伪造、删除或者丢失。信息破坏主要存在六个方面。一是硬件设备的破坏，二是程序方式的破坏，三是通信干扰，四是返回渗透，五是非法冒充，六是内部人员造成的信息破坏。

3. 计算机病毒

计算机病毒是指恶意编写的破坏计算机功能或者破坏计算机数据，影响计算机使用并且能够自我复制的一组计算机程序代码。计算机病毒具有以下特点：一是寄生性，二是繁殖力特别强，三是潜伏期特别长，四是隐蔽性高，五是破坏性强，六是计算机病毒具有可触发性。

4. 网络入侵

网络入侵是指计算机网络被黑客或者其他对计算机网络信息系统进行非授权访问的人员，采用各种非法手段侵入的行为。他们往往会对计算机信息系统进行攻击，并对系统中的信息进行窃取、篡改、删除，甚至使系统部分或者全部崩溃。

5. 后门

后门是指在计算机网络信息系统中人为地设定一些“陷阱”，从而绕过信息安全监管而获取对程序或系统访问权限，以达到干扰和破坏计算机信息系统的正常运行的目的。后门一般可分为硬件后门和软件后门两种。硬件后门主要指蓄意更改集成电路芯片的内部设计和使用规程的“芯片捣鬼”，以达到破坏计算机网络信息系统的目的。软件后门主要是指程序员按特定的条件设计的，并蓄意留在软件内部的特定源代码。

1.4.2 保障信息安全的主要防御策略

尽管计算机网络信息安全受到威胁，但是采取恰当的防护措施也能有效地保护网络信息的安全。信息系统的安全策略是为了保障在规定级别下的系统安全而制定和必须遵守的一系列准则和规定，它考虑到入侵者可能发起的任何攻击，以及为使系统免遭入侵和破坏而必然采取的措施。实现信息安全，不但要靠先进的技术，而且要靠严格的安全管理、法律约束和安全教育。

信息系统的安全策略主要包括：物理安全策略、运行管理策略、信息安全策略、备份与恢复策略、应急计划和相应策略、计算机病毒与恶意代码防护策略、身份鉴别策略、访问控制策略、信息完整性保护策略、安全审计策略。

1. 物理安全策略

计算机信息和其他用于存储、处理或传输信息的物理设施，例如硬件、磁介质、电缆等，对于物理破坏来说是易受攻击的，同时也不可能完全消除这些风险。因此，应该将这些信息及物理设施放置于适当的环境中并在物理上给予保护使之免受安全威胁和环境危害。

2. 运行管理策略

为避免信息遭受人为过失、窃取、欺骗、滥用的风险，应加强计算机信息系统运行管理，提高系统安全性、可靠性，减少恶意攻击、各类故障带来的负面效应，全体相关人员都应该了解计算机及系统的网络与信息安全需求，建立行之有效的系统运行维护机制和相关制度。比如，建立健全中心机房管理制度、信息设备操作使用规程、信息系统维护制度、网络通信管理制度、应急响应制度等。

3. 信息安全策略

为保护计算机中数据信息的安全性、完整性、可用性，保护系统中的信息免受恶意的或偶然的篡改、伪造和窃取，有效控制内部泄密的途径和防范来自外部的破坏，可借助数据异地容灾备份、密文存储、设置访问权限、身份识别、局部隔离等策略提高安全防范水平。

在设计信息系统时，选用相对成熟、稳定和安全的系统软件并保持与其提供商的密切接触，通过其官方网站或合法渠道，密切关注其漏洞及补丁发布情况，争取“第一时间”下载补丁软件，弥补不足。

4. 计算机病毒与恶意代码防护策略

病毒防范包括预防和检查病毒（包括实时扫描、过滤和定期检查），主要内容包括：控制病毒入侵途径，安装可靠的防病毒软件，对系统进行实时检测和过滤，定期杀毒，及时更新病毒库，详细记录，防病毒软件的安装和使用由信息安全管理员执行。

5. 身份鉴别和访问控制策略

为了保护计算机系统中信息不被非授权的访问、操作或被破坏、必须对信息系统实行控制访问。采用有效的口令保护机制，包括：规定口令的长度、有效期、口令规则。保障用户登录和口令的安全；用户选择和使用密码时应参考良好的安全惯例，严格设置对重要服务器、网络设备的访问权限。

6．安全审计策略

计算机及信息系统的信息安全审计活动和风险评估应当定期执行。

特别是系统建设前或系统进行重大变更之前，必须进行风险评估工作。

定期进行信息安全审计和信息安全风险评估，并形成文档化的信息安全审计报告和风险评估报告。

1.5 信息安全的评估标准

信息安全评估是信息安全生命周期中的一个重要环节，是对企业的网络拓扑结构、重要服务器的位置、带宽、协议、硬件、与 Internet 的接口、防火墙的配置、安全管理措施及应用流程等进行全面的安全分析，并提出安全风险分析报告和改进建议书。

信息安全评估标准是信息安全评估的行动指南。可信的计算机系统安全评估标准（TCSEC）由美国国防部于 1985 年公布，是计算机系统信息安全评估的第一个正式标准。它把计算机系统的安全分为 4 类、7 个级别，对用户登录、授权管理、访问控制、审计跟踪、隐蔽通道分析、可信通道建立、安全检测、生命周期保障、文档写作、用户指南等内容提出了规范性要求。

1．D 类安全等级

D 类安全等级只包括 D1 一个级别。D1 的安全等级最低。D1 系统只为文件和用户提供安全保护。D1 系统最普通的形式是本地操作系统，或者是一个完全没有保护的网络。

2．C 类安全等级

该类安全等级能够提供审慎的保护，并为用户的行动和责任提供审计能力。C 类安全等级可划分为 C1 和 C2 两类。C1 系统的可信任运算基础体制（Trusted Computing Base，TCB）通过将用户和数据分开来达到安全的目的。在 C1 系统中，所有的用户以同样的灵敏度来处理数据，即用户认为 C1 系统中的所有文档都具有相同的机密性。C2 系统比 C1 系统加强了可调的审慎控制。在连接到网络上时，C2 系统的用户分别对各自的行为负责。C2 系统通过登录过程、安全事件和资源隔离来增强这种控制。C2 系统具有 C1 系统中所有的安全性特征。

3．B 类安全等级

B 类安全等级可分为 B1、B2 和 B3 三类。B 类系统具有强制性保护功能。强制性保护意味着如果用户没有与安全等级相连，系统就不会让用户存取对象。B1 系统满足下列要求：系统对网络控制下的每个对象都进行灵敏度标记；系统使用灵敏度标记作为所有强迫访问控制的基础；系统在把导入的、非标记的对象放入系统前标记它们；灵敏度标记必须准确地表示其所联系的对象的安全级别；当系统管理员创建系统或者增加新的通信通道或 I/O 设备时，管理员必须指定每个通信通道和 I/O 设备是单级还是多级，并且管理员只能手工改变指定；单级设备并不保持传输信息的灵敏度级别；所有直接面向用户位置的输出（无论是虚拟的还是物理的）都必须产生标记来指示关于输出对象的灵敏度；系统必须使用用户的口令或证明来决定用户的安全访问级别；系统必须通过审计来记录未授权访问的企图。

B2 系统必须满足 B1 系统的所有要求。另外，B2 系统的管理员必须使用一个明确的、文档化的安全策略模式作为系统的可信任运算基础体制。B2 系统必须满足下列要求：系统必须立即通知系统中的每一个用户所有与之相关的网络连接的改变；只有用户能够在可信任通信路径中进行初始化通信；可信任运算基础体制能够支持独立的操作者和管理员。

B3 系统必须符合 B2 系统的所有安全需求。B3 系统具有很强的监视委托管理访问能力和抗干扰能力。B3 系统必须设有安全管理员。B3 系统应满足以下要求：除了控制对个别对象的访问外，B3 必须产生一个可读的安全列表；每个被命名的对象提供对该对象没有访问权的用户列表说明；B3 系统在进行任何操作前，要求用户进行身份验证；B3 系统验证每个用户，同时还会发送一个取消访问的审计跟踪消息；设计者必须正确区分可信任的通信路径和其他路径；可信任的通信基础体制为每一个被命名的对象建立安全审计跟踪；可信任的运算基础体制支持独立的安全管理。

4．A 类安全等级

A 类安全等级的级别最高。目前，A 类安全等级只包含 A1 一个安全类别。A1 类与 B3 类相似，对系统的结构和策略不作特别要求。A1 系统的显著特征是，系统的设计者必须按照一个正式的设计规范来分析系统。对系统分析后，设计者必须运用核对技术来确保系统符合设计规范。A1 系统必须满足下列要求：系统管理员必须从开发者那里接收到一个安全策略的正式模型；所有的安装操作都必须由系统管理员进行；系统管理员进行的每一步安装操作都必须有正式文档。

20 世纪 90 年代初法、英、荷、德欧洲四国联合发布信息技术安全评估标准（ITSEC，欧洲白皮书），它提出了信息安全的机密性、完整性、可用性的安全属性。机密性就是保证没有经过授权的用户、实体或进程无法窃取信息；完整性就是保证没有经过授权的用户不能改变或者删除信息，从而信息在传送的过程中不会被偶然或故意破坏，保持信息的完整、统一；可用性是指合法用户的正常请求能及时、正确、安全地得到服务或回应。ITSEC 把可信计算机的概念提高到可信信息技术的高度上来认识，对国际信息安全的研究、实施产生了深刻的影响。

1996 年六个国家（美、加、英、法、德、荷）联合提出了信息技术安全评价的通用标准（CC），并逐渐形成国际标准 ISO 15408。该标准定义了评价信息技术产品和系统安全性的基本准则，提出了目前国际上公认的表述信息技术安全性的结构，即把安全要求分为规范产品和系统安全行为的功能要求以及解决如何正确有效地实施这些功能的保证要求。CC 标准是第一个信息技术安全评价国际标准，它的发布对信息安全具有重要意义，是信息技术安全评价标准以及信息安全技术发展的一个重要里程碑。

我国主要是等同采用国际标准。公安部主持制定、国家质量技术监督局发布的中华人民共和国国家标准 GB 17859—1999《计算机信息系统安全保护等级划分准则》已正式颁布并实施。该准则将信息系统安全分为 5 个等级：自主保护级、系统审计保护级、安全标记保护级、结构化保护级和访问验证保护级。主要的安全考核指标有身份认证、自主访问控制、数据完整性、审计等，这些指标涵盖了不同级别的安全要求。GB 18336—2008 也是等同采用 ISO 15408 标准。

随着世界各国对于标准的地位和作用的日益重视，信息安全评估标准多国化、国际化成为大势所趋；国际标准组织将进一步研究改进 ISO/IEC 15408 标准，各国在采用国际标准的同时，将利用有关条款，保护本国利益；最终，国内、国际多个标准并存将成为普遍现象。

实训1 了解信息安全技术

一、实训目的

熟悉信息安全技术的基本概念，了解信息安全技术的基本内容。了解网络环境中主流的信息安全技术网站，掌握通过专业网站不断丰富信息安全最新知识的学习方法，尝试通过专业网站的辅助与支持开展信息安全技术使用实践。

二、实训环境

装有浏览器、可以联网的计算机。

三、实训内容

① 查阅有关资料，给出信息安全的定义，并用自己的语言概述下来。

② 查询相关资料，查看自己的系统是不是安全，如果有安全漏洞，应该怎么补救，以后用计算机时应该怎么做可以避免这些危险。

习　　题

一、选择题

1. 下列关于信息的说法（　　）是错误的。
   A. 信息是人类社会发展的重要支柱　　B. 信息本身是无形的
   C. 信息具有价值，需要保护　　D. 信息可以以独立形态存在
2. 信息安全经历了三个发展阶段，以下（　　）不属于这三个发展阶段。
   A. 通信保密阶段　　B. 加密机阶段
   C. 信息安全阶段　　D. 安全保障阶段
3. 信息安全的基本属性是（　　）。
   A. 机密性　　B. 可用性　　C. 完整性　　D. 前面3项都是
4. 信息安全在通信保密阶段对信息安全的关注局限在安全属性的（　　）。
   A. 不可否认性　　B. 可用性　　C. 保密性　　D. 完整性
5. 下面所列的安全机制（　　）不属于信息安全保障体系中的事先保护环节。
   A. 杀毒软件　　B. 数字证书认证　　C. 防火墙　　D. 数据库加密
6. 根据ISO的信息安全定义，下列选项中（　　）是信息安全三个基本属性之一。
   A. 真实性　　B. 可用性　　C. 可审计性　　D. 可靠性
7. 为了数据传输时不发生数据截获和信息泄密，采取了加密机制。这种做法体现了信息安全的（　　）属性。
   A. 保密性　　B. 完整性　　C. 可靠性　　D. 可用性
8. 信息安全领域内最关键和最薄弱的环节是（　　）。
   A. 技术　　B. 策略　　C. 管理制度　　D. 人

9.（　　）于信息安全管理负有责任。

A. 高级管理层　　B. 安全管理员

C. IT 管理员　　D. 所有与信息系统有关人员

10. 用户身份鉴别是通过（　　）完成的。

A. 口令验证　B. 审计策略　C. 存取控制　D. 查询功能

11. ISO 7498-2 从体系结构观点描述了 5 种安全服务，以下不属于这 5 种安全服务的是（　　）。

A. 身份鉴别　B. 数据报过滤　C. 授权控制　D. 数据完整性

12. ISO 7498-2 描述了 8 种特定的安全机制，以下不属于这 8 种安全机制的是（　　）。

A. 安全标记机制　B. 加密机制　C. 数字签名机制　D. 访问控制机制

13. 用于实现身份鉴别的安全机制是（　　）。

A. 加密机制和数字签名机制

B. 加密机制和访问控制机制

C. 数字签名机制和路由控制机制

D. 访问控制机制和路由控制机制

14. ISO 安全体系结构中的对象认证服务，使用（　　）完成。

A. 加密机制　　B. 数字签名机制

C. 访问控制机制　　D. 数据完整性机制

15. 数据保密性安全服务的基础是（　　）。

A. 数据完整性机制　　B. 数字签名机制

C. 访问控制机制　　D. 加密机制

16. 我国在 1999 年发布的国家标准（　　）为信息安全等级保护奠定了基础。

A. GB 17799　　B. GB 15408

C. GB 17859　　D. GB 14430

17. 信息安全评测标准 CC 是（　　）标准。

A. 美国　B. 国际　C. 英国　D. 澳大利亚

18.《信息系统安全等级保护基本要求》中，对不同级别的信息系统应具备的基本安全保护能力进行了要求，共划分为（　　）级。

A. 4　B. 5　C. 6　D. 7

二、简答题

1. 列举并解释 ISO/OSI 中定义的 5 种标准的安全服务。
2. 简述信息安全存在的主要威胁
3. 简述保障信息安全的主要防御策略。
4. 信息安全评估标准是信息安全评估的行动指南，简述信息安全评估标准。

单元 2 物理安全技术

本章重点介绍物理安全，给出了如何更好地实现物理安全，进行系统的灾害安全防护与硬件防护应遵循的规范。

通过本章的学习，使读者：

（1）理解物理安全的概念；

（2）理解环境安全、设备安全和媒体安全；

（3）了解系统的灾害安全防护与硬件防护。

物理安全是整个计算机网络系统安全的前提，是保护计算机网络设备、设施以及其他媒体免遭地震、水灾、火灾等环境事故、人为操作失误或各种计算机犯罪行为导致的破坏的过程，物理安全是整个计算机信息系统安全的前提，在整个计算机网络信息系统安全中占有重要地位。

计算机系统物理安全遭到破坏影响信息安全的例子很多，2001 年 2 月 9 日上午 8 时左右，中美之间的一条海底光缆在日本横滨维护区（位于我国上海崇明海缆站以东 375 km 的公海中）发生阻断，造成中国电信及其他电信运营商北美方向部分电路中断。中美海缆是承担中美间 Internet 数据交换的重要载体，在海缆发生阻断后，访问北美地区的网站也就受到影响，从而对信息安全产生很大影响。

物理安全的代价很高，经常力求通过使用其他更廉价的技术把对它的需要降到最低限度。

2.1　物理安全概述

物理安全是指为了保证计算机系统安全、可靠地运行，确保系统在对信息进行采集、传输、存储、处理、显示、分发和利用的过程中不会受到人为或自然因素的危害而使信息丢失、泄露和破坏，对计算机系统设备、通信与网络设备、存储媒体设备和人员所采取的安全技术措施，它是整个计算机系统安全的前提。

物理安全的实现，要通过适当的设备构建，火灾和水灾破坏的防范，适当的供暖、通风和空调控制，防盗机制，入侵检测系统和一些不断坚持和加强的安全操作程序。实现这种安全的因素包括良好的、物理的、技术的和管理上的控制机制。

与计算机和信息安全相比，物理安全要考虑一套不同的系统的脆弱性方面的问题。这些脆弱性与物理上的破坏、入侵者、环境因素，或是员工错误地运用了他们的特权并对数据或系统造成了意外的破坏等方面有关。当安全专家谈到“计算机”安全的时候，说的是一个人能够如何通过一个端口或者是调制解调器以一种未经授权的方式进入一个计算机环境。当谈到"物理"安全的时候，他们考虑的是一个人如何能够物理上进入一个计算机环境、环境因素是如何影响系统的。换个方式说，就是什么类型的入侵检测系统对特定的物理设备最为有利。

物理安全在整个计算机网络信息系统安全中占有重要地位，它主要包括环境安全、设备安全和媒体安全三个方面。

环境安全：是指系统所在环境的安全，包括受灾防护、区域防护，主要是场地与机房，参见国家标准 GB 50174—2008《电子信息系统机房设计规范》、GB 50462—2008《电子信息系统机房施工及验收规范》、GB/T 2887—2011《计算机场地通用规范》、GB/T 9361—2011《计算站场地安全要求》。

设备安全：主要指设备的防盗、防毁、防电磁信息辐射泄漏、防止线路截获、抗电磁干扰及电源保护等。参见 GB 4943—2011《信息技术设备的安全》、GB 9254—2008《信息技术设备的无线电骚扰限值和测量方法》。

媒体安全：包括媒体数据的安全及媒体本身的安全。

物理安全问题考虑的问题涉及一系列不同的方面，包括系统的风险、面临的威胁和系统的脆弱性。物理安全机制包括物理设施的管理、设备陈放地点的设计和布置、环境因素、突发事件响应的敏捷性、人员的训练、访问控制、入侵检测以及电气和火灾保护等诸多方面。物理安全机制能够为人员、数据、器材、应用系统以及这些设备自身的安全提供有力的保障。

物理设施通常是指容纳员工、器材、数据和网络设备的建筑物。设施管理的职责在建筑建造之前就要开始履行，因为那时需要选择正确的地点、建筑材料和支持系统。在一个单位里，许多时候，一个被雇佣的设施负责人需要对建筑的所有方面负责，他要和系统管理员和管理层的职员打交道，以保证所有管理上有重叠的部分能够达成一致，并使这些部分也同样得到适当的保护。

2.2 系统的环境安全

环境对计算机信息安全有着至关重要的作用，它决定着计算机系统是否能够安全稳定地运行，甚至影响到计算机系统的使用寿命。

计算机信息系统所在环境的安全，主要包括受灾防护的能力和区域防护的能力。

(1) 受灾防护

受灾防护的目的是保护计算机信息系统免受水、火、有害气体、地震、雷击和静电的危害。

计算机系统的安全与外界环境有密切的关系，系统器件、工艺、材料因素等用户无法改变，工作环境是用户可以选择、决定和改变的。

计算站场地是计算机系统的安置地点，计算机供电、空调以及该系统维修和工作人员的工作场所。计算机机房是计算站场地最主要的房间，放置计算机系统主要设备的地点。

计算站场地位置应该力求避开以下区域：易发生火灾的区域；有害气体来源以及存放腐蚀、易燃、易爆物品的地方；低洼、潮湿、落雷区域和地震频发的地方；强振动源和强噪声源；强电磁场；建筑物的高层或地下室，以及用水设备的下层或隔壁；重盐害地区。

计算机机房内部装修材料应是难燃材料和非燃材料，应能防潮、吸音、不起尘、抗静电等。

计算机环境的好坏直接影响计算机运行的可靠性。机房空调是保证计算机系统正常运行的重要手段之一。通过空调使机房的温度、湿度、洁净度得到保证，为设备运行创造一个良好的环境。计算机房的空调较一般的空调有更苛刻的要求。它应具有供风、加热、冷却、减湿和空气除尘的能力。

计算机机房环境应该具有灾害防御系统。主要包括供、配电系统、火灾报警及消防设施。另外需要考虑防水、防静电、防雷击、防鼠害等。如机房和重要的已记录媒体存放间，其建筑物的耐火等级必须符合《高层民用建筑设计防火规范》中规定的一级、二级耐火等级。机房应在机房和媒体库内及主要空调管道中设置火灾报警装置。

（2）区域防护

区域防护是对特定区域边界实施控制提供某种形式的保护和隔离，来达到保护区域内部系统安全性的目的。如通过电子手段（如红外扫描等）或其他手段对特定区域（如机房等）进行某种形式的保护（如监测和控制等）。

实施边界控制应定义出清晰、明确的边界范畴及边界安全需求，一般包括安全区域外围，诸如防护墙、周边监视控制系统、外部接待访问区域设置等。

区域划分的主要目的是根据访问控制权限的不同，从物理的角度控制主体（人）对不同客体的访问，防止非法的侵入和对区域内设备与系统的破坏。它通过区域的物理隔离、门禁系统设计达到访问控制要求。区域隔离的要求同样适用于进入安全区域内的种种软件、硬件及其他设施。不同等级的安全区域，具有不同的标识和内容物，所有进入各层次安全区域的介质，都应有管理或一定的控制程序进行检查，做到区域分隔、从人到物各层次区域访问的真正可控。

对出入机房的人员进行访问控制。如机房应只设一个出入口，另设若干供紧急情况下疏散的出口。应根据每个工作人员的实际工作需要，确定所能进入的区域。根据各区域的重要程度采取必要的出入控制措施。如填写进出记录，采用电子门锁等。

对主机房及重要信息存储、收发部门进行屏蔽处理，即建设一个具有高效屏蔽效能的屏蔽室，用它来安装运行主要设备，以防止磁鼓、磁带与高辐射设备等的信号外泄。为提高屏蔽室的效能，在屏蔽室与外界的各项联系、连接中均要采取相应的隔离措施和设计，如信号线、电话线、空调与消防控制线等。由于电缆传输辐射信息的不可避免性，可采用光缆传输的方式。

1. 机房安全技术

机房安全技术涵盖的范围非常广泛，机房从里到外，从设备设施到管理制度都属于机房安全技术研究的范围。包括计算机机房的安全保卫技术，计算机机房的温度、湿度等环境条件保持技术，计算机机房的用电安全技术和计算机机房安全管理技术等。

机房的安全等级分为 A 类、B 类和 C 类 3 个基本类别，如表 2–1 所示。

表 2–1 机房的安全等级分类

安全类别 / 安全项目	A 类机房	B 类机房	C 类机房
场地选择	–	–	
防火	–	–	–
内部装修	+	–	
供配电系统	+	–	–
空调系统	+	–	–
火灾报警和消防设施	+	–	–

续表

安全项目 \ 安全类别	A 类机房	B 类机房	C 类机房
防水	+	–	
防静电	+	–	
防雷击	+	–	
防鼠害	+	–	
防电磁泄漏	–	–	

表中符号说明：–表示有要求，+表示有要求或增加要求，空白表示无要求。

A 类：对计算机机房的安全有严格的要求，有完善的计算机机房安全措施。

B 类：对计算机机房的安全有较严格的要求，有较完善的计算机机房安全措施。

C 类：对计算机机房的安全有基本的要求，有基本的计算机机房安全措施。

（1）机房的安全要求

减少无关人员进入机房的机会是计算机机房设计时首先要考虑的问题。计算机机房在选址时应避免靠近公共区域，避免窗户直接邻街。计算机机房最好不要安排在底层或顶层，在较大的楼层内，计算机机房应靠近楼层的一边安排布局。保证所有进出计算机机房的人都必须在管理人员的监控之下。

（2）机房的防盗要求

对机房内重要的设备和存储媒体应采取严格的防盗措施。机房防盗措施主要包括：增加质量和胶粘的防盗措施；光纤电缆防盗系统；特殊标签防盗系统；视频监视防盗系统。

（3）机房的三度要求

温度、湿度和洁净度并称为三度。为使机房内的三度达到规定的要求，空调系统、去湿机、除尘器是必不可少的设备。重要的计算机系统安放处还应配备专用的空调系统，它比公用的空调系统在加湿、除尘等方面有更高的要求。

（4）防静电措施

不同物体间的相互摩擦、接触就会产生静电。计算机系统的 CPU、ROM、RAM 等关键部件大都采用 MOS 工艺的大规模集成电路，对静电极为敏感，容易因静电而损坏。

防静电措施主要有：机房的内装修材料采用乙烯材料；机房内安装防静电地板，并将地板和设备接地；机房内的重要操作台应有接地平板；工作人员的服装和鞋最好用低阻值的材料制作；机房内应保持一定湿度。

（5）接地与防雷

接地与防雷是保护计算机网络系统和工作场所安全的重要安全措施。接地是指整个计算机网络系统中各处电位均以大地电位为零参考电位。接地可以为计算机系统的数字电路提供一个稳定的 0V 参考电位，从而可以保证设备和人身的安全，同时也是防止电磁信息泄漏的有效手段。

计算机房的接地系统是指计算机系统本身和场地的各种地线系统的设计和具体实施。接地系统可分为：各自独立的接地系统；交、直流分开的接地系统；共地接地系统；直流地、保护地共用地线系统；建筑物内共地系统。

接地体的埋设是接地系统好坏的关键。通常使用的接地体有：地桩；水平栅网；金属板；建筑物基础钢筋等。

机房外部防雷应使用接闪器、引下线和接地装置，吸引雷电流，并为其泄放提供一条低阻值通道。机房内部防雷主要采取屏蔽、等电位连接、合理布线或防闪器、过电压保护等技术措施以及拦截、屏蔽、均压、分流、接地等方法，达到防雷的目的。机房的设备本身也应有避雷装置和设施。

（6）机房的防火、防水措施

机房内应有防火、防水措施。如机房内应有火灾、水灾自动报警系统，如果机房上层有用水设施需加防水层；机房内应放置适用于计算机机房的灭火器，并建立应急计划和防火制度等。

2. 机房安全技术标准

与机房安全相关的国家标准主要有：GB/T 2887—2011:《计算机场地通用规范》国家标准；GB 50174—2008:《电子信息系统机房设计规范》国家标准；GB/T 9361—2011:《计算站场地安全要求》国家标准。

2.3 设备安全管理

2.3.1 设备安全

设备安全主要包括设备的防盗和防毁，防止电磁信息泄露，防止线路截获，抗电磁干扰以及电源保护。

（1）设备防盗

可以使用一定的防盗手段（如移动报警器、数字探测报警和部件上锁）用于计算机信息系统设备和部件，以提高计算机信息系统设备和部件的安全性。

（2）设备防毁

一是对抗自然力的破坏，如使用接地保护等措施保护计算机信息系统设备和部件；二是对抗人为的破坏，如使用防砸外壳等措施。

（3）防止电磁信息泄露

为防止计算机信息系统中的电磁信息的泄露，提高系统内敏感信息的安全性，通常使用防止电磁信息泄露的各种涂料、材料和设备等。包括三个方面：防止电磁信息的泄露（如屏蔽室等防止电磁辐射引起的信息泄露）；干扰泄露的电磁信息（如利用电磁干扰对泄露的电磁信息进行置乱）；吸收泄露的电磁信息（如通过特殊材料/涂料等吸收泄露的电磁信息）。

（4）防止线路截获

主要防止对计算机信息系统通信线路的截获与干扰。重要技术可归纳为四个方面：预防线路截获（使线路截获设备无法正常工作）；探测线路截获（发现线路截获并报警）；定位线路截获（发现线路截获设备工作的位置）；对抗线路截获（阻止线路截获设备的有效使用）。

（5）抗电磁干扰

防止对计算机信息系统的电磁干扰，从而保护系统内部的信息。包括两个方面：对抗外界对系统的电磁干扰；消除来自系统内部的电磁干扰。

（6）电源保护

为计算机信息系统设备的可靠运行提供能源保障，例如使用不间断电源、纹波抑制器、电源调节软件等。可归纳为两个方面：对工作电源的工作连续性的保护（如不间断电源 UPS，Uninterruptible Power Supply）；对工作电源的工作稳定性的保护（如纹波抑制器）。

2.3.2 设备的维护和管理

计算机网络系统的硬件设备一般价格昂贵，一旦被损坏而又不能及时修复，可能会产生严重的后果。因此，必须加强对计算机网络系统硬件设备的使用管理，坚持做好硬件设备的日常维护和保养工作。

（1）硬件设备的使用管理

严格按硬件设备的操作使用规程进行操作；建立设备使用情况日志，并登记使用过程。建立硬件设备故障情况登记表。坚持对设备进行例行维护和保养，并指定专人负责。

（2）常用硬件设备的维护和保养

常用硬件设备的维护和保养包括：主机、显示器、软盘、软驱、打印机、硬盘的维护保养；网络设备如：Hub、交换机、路由器、Modem、RJ-45 接头、网络线缆等的维护保养；还要定期检查供电系统的各种保护装置及地线是否正常。

2.4 系统的灾害安全防护与硬件防护

计算机系统的安全防范工作是一个极为复杂的系统工程，是人防和技防相结合的综合性工程。首先是各级领导的重视，加强工作责任心和防范意识，自觉执行各项安全制度。在此基础上，再采用一些先进的技术和产品，构造全方位的防御机制，使系统在理想的状态下运行。

制度建设是安全前提。通过推行标准化管理，克服传统管理中凭借个人的主观意志驱动管理模式。标准化管理最大的好处是它推行法治而不是人治，不会因为人员的去留而改变，先进的管理方法和经验可以得到很好的继承。各单位要根据本单位的实际情况和所采用的技术条件，参照有关的法规、条例和其他单位的版本，制定出切实可行又比较全面的各类安全管理制度。主要有：操作安全管理制度、场地与实施安全管理制度、设备安全管理制度、操作系统和数据库安全管理制度、计算机网络安全管理制度、软件安全管理制度、密钥安全管理制度、计算机病毒防治管理制度等。并制定以下规范：

① 制定计算机系统硬件采购规范。系统使用的关键设备服务器、路由器、交换机、防火墙、UPS、关键工作站，都应统一选型和采购，对新产品、新型号必须经过严格测试才能上线，保证各项技术方案的有效贯彻。

② 制定操作系统安装规范。包括硬盘分区、网段名，服务器名命名规则、操作系统用户的命名和权限、系统参数配置，力求杜绝安全参数配置不合理而引发的技术风险。

③ 制定路由器访问控制列表参数配置规范；规范组网方式，定期对关键端口进行漏洞扫描，对重要端口进行实时入侵检测。

④ 制定应用系统安装、用户命名、业务权限设置规范。有效防止因业务操作权限授权没有实现岗位间的相互制约、相互监督所造成的风险。

⑤ 制定数据备份管理规范，包括备份类型、备份策略、备份保管、备份检查，保证了数据备份工作真正落到实处。

制度落实是安全保证。制度建设重要的是落实和监督。尤其是在一些细小的环节上更要注意，如系统管理员应定期及时审查系统日志和记录。重要岗位人员调离时，应及时注销用户，并更换业务系统的口令和密钥，移交全部技术资料。应成立由主管领导为组长的计算机安全运行领导小组，凡是涉及安全问题，大事小事有人抓、有人管、有专人落实。使问题得到及时发现、及时处理、及时上报，隐患能及时预防和消除，有效保证系统的安全稳定运行。

物理安全所考虑的因素面临的主要危险，包括盗窃、服务的中断、物理损坏、对系统完整性的损害，以及未经授权的信息泄露。

物理上的偷盗通常造成计算机或者其他设备的失窃。替换这些被盗设备的费用再加上恢复损失的数据的费用，就决定了失窃所带来的真实损失。在许多时候，它们的价值被加入到风险分析中去，以决定如果这个设备被偷盗或是损坏，将给公司带来多大的损失。然而，这些设备中保留的信息可能比设备本身更有价值，因此，为了得到一个更加实际和公正的评估，合适的恢复机制和步骤也需要被包括到风险分析当中去。

物理安全措施主要包括：安全制度、数据备份、辐射防护、屏幕口令保护、隐藏销毁、状态检测、报警确认、应急恢复、加强机房管理、运行管理、安全组织和人事管理等手段。

物理安全对策同样也对未经授权的信息泄漏及系统可用性和完整性提供保护。未经授权的个人有许多方法可以得到信息。网络通信的内容能够被监视，电子信号能够从空间的无线电波中析取出来，计算机硬件和媒质可能被偷盗和修改。在以上所说的这些类型的安全隐患和风险中，物理安全都扮演着重要的角色。

实训 2　了解物理安全技术

一、实训目的

熟悉物理安全技术的基本概念和基本内容，通过网页搜索与浏览，掌握通过专业网站不断丰富物理安全技术最新知识的方法。

二、实训环境

装有浏览器、能够联网的计算机。

三、实训内容

① 通过网络进行浏览和查阅有关资料，给出物理安全技术的含义。

② 查阅计算机机房安全等级的划分标准是什么？自己学校的实验机房属于哪一类机房？

③ 查阅相关资料，给出信息存储安全的主要措施，用来保障通信线路安全的主要技术措施。

习　题

一、选择题

1. 物理安全的主要内容包括（　　）。

A. 环境安全　　B. 设备安全

C. 媒体安全　　D. 以上均是

2. 对于计算机系统，由环境因素所产生的安全隐患包括（　　）。

A. 恶劣的温度、湿度、灰尘、地震、风灾、火灾等

B. 强电、磁场等

C. 人为的破坏

D. 以上均是

3. 以下不符合防静电要求的是（　　）。

A. 穿合适的防静电衣服和防静电鞋　　B. 在机房内直接更衣梳理

C. 用表面光滑平整的办公家具　　D. 经常用湿拖布拖地

4. 布置电子信息系统信号线缆的路由走向时，以下做法错误的是（　　）。

A. 可以随意弯折

B. 转弯时，弯曲半径应大于导线直径的 10 倍

C. 尽量直线、平整

D. 尽量减小由线缆自身形成的感应环路面积

5. 物理安全的管理应做到（　　）。

A. 所有相关人员都必须进行相应的培训，明确个人工作职责

B. 制定严格的值班和考勤制度，安排人员定期检查各种设备的运行情况

C. 在重要场所的进出口安装监视器，并对进出情况进行录像

D. 以上均正确

二、简答题

1. 物理安全包含哪些内容？
2. 简述物理安全在计算机信息系统安全中的意义。
3. 计算机机房安全等级的划分标准是什么？
4. 计算机机房安全技术主要包含哪些方面的内容？
5. 解释环境安全与设备安全的联系与不同。

单元 3 密码技术

本章重点介绍密码学的概念、分类、基本技术；介绍了几种对称加密算法和非对称加密算法，介绍了密钥管理技术。

通过本章的学习，使读者：

（1）理解密码学的概念、分类；

（2）掌握 DES、RSA 算法；

（3）掌握密钥管理技术。

随着计算机和互联网的广泛应用，信息安全已深入到人们的日常生活中，密码学作为信息安全的核心内容，其相关理论与技术也得到了迅速发展。

3.1 密码学概述

密码学即数据加密，是一门历史悠久的技术，它利用密码技术对文件加密，实现信息隐蔽，从而起到保护文件安全的作用。数据加密目前仍是计算机系统对信息进行保护的一种最可靠的办法。

加密就是把数据和信息（称为明文）转换为不可辨识代码（密文）的过程，使其只能在输入相应的密钥之后才能显示出本来内容。它的逆过程称为解密，即将该编码信息转化为原来数据的过程。任何加密系统，不论形式多么复杂，至少包括以下 4 个组成部分：

① 待加密的报文，称为明文。

② 加密后的报文，称为密文。

③ 加密、解密装置或算法。

④ 用于加密和解密的钥匙，称为密钥，它可以是数字、词汇或语句。数据加密技术的保密性取决于所采用的密码算法和密钥长度。

3.1.1 密码学的产生与发展

密码技术其实是一项相当古老的技术，很多考古发现都表明古人会用很多奇妙的方法对数据进行加密。从出现加密概念至今，数据加密技术发生了翻天覆地的变化，从整体来看数据加密技术的发展可以分为三个阶段。

1．1949 年之前的密码技术

早期的数据加密技术比较简单，大部分是一些具有艺术特征的字谜，复杂程度不高，安全性较低，这个时期的密码被称为古典密码。随着工业革命的到来和第二次世界大战的爆发，密码学由艺术方式走向了逻辑－机械时代。数据加密技术有了突破性的发展，先后出现了一些密码算法和机械的加密设备。不过这时的密码算法针对的只是字符，使用的基本手段是替代和置换。替代就是用密文字母来代替明文字母，在隐藏明文的同时还可以保持明文字母的位置不变；而置换则是通过重新排列明文中字母的顺序来达到隐藏真实信息的目的。

2. 1949—1975 年期间的密码技术

1949 年，数学家、信息论的创始人香农（Claude Elwood Shannon）发表了划时代论文《保密系统的通信理论》，这篇论文证明了密码学有着坚实的数学基础，为近代密码学建立了理论基础。同时计算机技术迅速发展，特别是计算机的运算能力有了大幅提升，这使得基于复杂计算的数据加密技术成为可能。计算机将数据加密技术从机械时代提升到了电子时代。特别是 20 世纪 70 年代中期，对计算机系统和网络进行加密的 DES（Data Encryption Standard，数据加密标准）由美国国家标准局颁布为国家标准，这是密码技术历史上一个具有里程碑意义的事件。

3. 1976 年至今的数据加密技术

1976 年，当时在美国斯坦福大学的迪菲（Diffie）和赫尔曼（Hellman）两人提出了公开密钥密码的新思想（论文“New Direction in Cryptography”），把密钥分为加密公钥和解密私钥，这是密码学的一场革命，它是现代密码学的重大发明，将密码学引入了一个全新的方向。他们首先证明了在发送端和接收端无密钥传输的保密通信是可能的，从而开创了公钥密码学的新纪元。

这类密码的安全强度取决于它所依据的问题的计算复杂度。基于公钥概念的加密算法就是非对称密钥加密算法，这种加密算法有两个重要的原则：

第一，要求在加密算法和公钥都公开的前提下，其加密的密文必须是安全的。

第二，要求所有加密的人和掌握私人秘密密钥的解密人，计算或处理都应比较简单，但对其他不掌握秘密密钥的人，破译应是极其困难的。

4. 数据加密技术的发展趋势

随着计算机网络的发展，信息保密性要求的日益提高，非对称密钥加密算法体现出了对称密钥加密算法不可替代的优越性。近年来，非对称密钥加密算法和 PKI、数字签名、电子商务等技术相结合，保证了网上数据传输的机密性、完整性、有效性和不可否认性，在网络安全及信息安全方面发挥了巨大的作用。

除了公开密钥密码体制概念外，混沌理论对近年来的数据加密技术也产生了深远的影响。由于混沌系统具有良好的伪随机性、轨道不可预测性、对初始状态及控制参数的敏感性等特性，而这些特性恰恰与密码学的很多要求是吻合的，因此当 1990 年前后混沌理论开始流行时混沌密码学也随之兴起。经过 20 多年的发展，基于混沌理论的混沌密码学已经成长为现代数据加密技术中的一个重要分支。混沌密码学的研究方向大致可以分为两个方向：一类是以混沌同步技术为核心的混沌保密通信系统；另一类是利用混沌系统构造新的流密码和分组密码。

数据加密技术今后的研究重点将集中在三个方向：

第一，继续完善非对称密钥加密算法。

第二，综合使用对称密钥加密算法和非对称密钥加密算法，利用它们自身的优点来弥补对方的缺点。

第三，随着笔记本电脑、移动硬盘、数码照相机等数码产品的流行，如何利用加密技术保护数码产品中信息的安全性与私密性，降低因丢失这些数码产品带来的经济损失也将成为数据加密技术的研究热点。

3.1.2 数据加密技术

现在常用的数据加密技术有如下几类。

1. 数字签名技术

数字签名是模拟现实生活中的笔迹签名，它要解决如何有效地防止通信双方的欺骗和抵赖行为。与加密不同，数字签名的目的是为了保证信息的完整性和真实性。

为使数字签名能代替传统的签名，必须保证能够实现以下功能：

① 接收者能够核实发送者对消息的签名。

② 签名具有无可否认性。

③ 接收者无法伪造对消息的签名。

2. 数字证明书技术

数字证明书用来证明公开密钥的持有者是合法的。通过一个可信的第三方机构，审核用户的身份信息和公钥信息，然后进行数字签名。其他用户可以利用该可信的第三方机构的公钥进行签名验证。从而确保用户的身份信息和公钥信息的一一对应。由用户身份信息、用户公钥信息以及可信第三方机构所作的签名构成用户的身份数字证书。可信的第三方机构，一般称为数字证书认证中心（Certificate Authority，CA）。

3. 身份认证技术

在网络环境中，通过对用户身份的控制来保障网络资源的安全性是一条非常重要的策略。主要采用的认证方法有三种：

（1）基于主体特征的认证

如磁卡和IC卡、指纹、视网膜等信息。

（2）口令机制

一次性口令、加密口令、限定次数口令等。

（3）基于公开密钥的认证

身份认证协议（Kerberos）、安全套接层协议（SSL）、安全电子交易协议（SET）。

4. 防火墙技术

防火墙是专门用于保护网络内部安全的系统。其作用是：在某个指定网络（Intranet）和网络外部（Internet）之间构建网络通信的监控系统，用于监控所有进、出网络的数据流和来访者，以达到保障网络安全的目的。根据预设的安全策略，防火墙对所有流通的数据流和来访者进行检查，符合安全标准的予以放行，不符合安全标准的一律拒之门外。

3.1.3 密码算法

随着信息化和数字化社会的发展，人们对信息安全和保密的重要性认识不断提高，1997年，美国国家标准局公布实施了“美国数据加密标准（DES）”，密码学的研究和应用开始广泛发展。密码系统由算法、所有可能的明文、密文和密钥组成的。密码算法是用于加密和解密的数学函数，是密码协议的基础，用于保证信息的安全，提供鉴别、完整性、抗抵赖等服务。

假设我们想通过网络发送消息 P（P 通常是明文数据包），使用密码算法隐藏 P 的内容可将 P 转化成密文，这个转化过程就称为加密。与明文 P 相对应的密文 C 的得到依靠一个附加的参数 K，称为密钥。密文 C 的接收方为了恢复明文，需要另一个密钥 K^{-1} 完成反方向的运算。这个反向的过程称为解密。加密和解密的一般过程如图 3–1 所示。

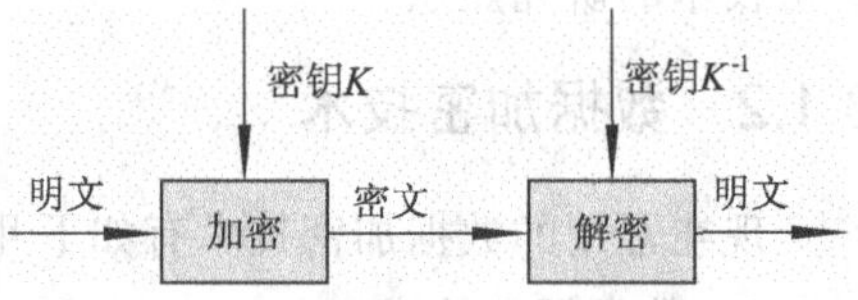

图 3–1　加密和解密的一般过程

根据密钥类型不同将现代密码技术分为两类：一类是对称加密（私钥密码加密）技术，另一类是非对称加密（公钥密码加密）技术。在对称加密技术中，数据加密和解密采用的都是同一个密钥，因而其安全性依赖于所持密钥的安全性。对称加密技术的主要优点是加密和解密速度快，加密强度高，且算法公开，但其最大的缺点是实现密钥的秘密分发困难，在大量用户的情况下密钥管理复杂，而且无法完成身份认证等功能，不便于应用在网络开放的环境中。

在非对称加密技术中，加密密钥不同于解密密钥，而且在设想的长时间内不能根据加密密钥计算出来解密密钥。非对称加密算法的加密密钥（称为公钥）可以公开，即陌生者可用加密密钥加密信息，但只有用相应的解密密钥（称为私钥）才能解密信息。使用非对称加密算法的每一个用户都拥有给予特定算法的一个密钥对（e，d），公钥 e 公开，公布于用户所在系统认证中心的目录服务器上，任何人都可以访问，私钥 d 为所有者严格保密与保管，两者不同。

3.2　对称加密算法

对称加密采用了对称密码编码技术，它的特点是文件加密和解密使用相同的密钥，或加密密钥和解密密钥之间存在着确定的转换关系。这种方法在密码学中叫做对称加密算法，其实质是设计一种算法，能在密钥控制下，把 n 比特明文置换成唯一的 n 比特密文，并且这种变换是可逆的。

根据不同的加密方式，对称密码体制又有两种不同的实现方式，即分组密码和序列密码（流密码）。分组密码是即加密密钥也可以用作解密密钥，对称加密算法使用起来简单快捷，密钥较短，且破译困难，除了数据加密标准（DES），另一个对称密钥加密系统是国际数据加密算法（IDEA），它比 DES 的加密性好，而且对计算机功能要求也没有那么高。IDEA 加密标准由 PGP（Pretty Good Privacy）系统使用。

3.2.1　分组密码

分组密码是将明文消息编码表示后的数字（简称明文数字）序列，划分成长度为 n 的组（可看成长度为 n 的矢量），每组分别在密钥的控制下变换成等长的输出数字（简称密文数字）序列。

现代分组密码的研究始于 20 世纪 70 年代中期，至今已有 40 年的历史，这期间人们在这一研究领域已经取得了丰硕的研究成果。

分组密码的设计与分析是两个既相互对立又相互依存的研究方向，正是由于这种对立促进了分组密码的飞速发展。早期的研究基本上是围绕 DES 进行，推出了许多类似于 DES 的密码，例如，LOKI、FEAL、GOST 等。进入 20 世纪 90 年代，人们对 DES 类密码的研究更加深入，特别是差分密码分析（Differential Cryptanalysis）和线性密码分析（Linear Cryptanalysis）的提出，迫使人们不得不研究新的密码结构。IDEA 密码的出现打破了 DES 类密码的垄断局面，IDEA 密码的设计思想是混合使用来自不同代数群中的运算。随后出现的 Square、Shark 和 Safer-64 都采用了结构非常清晰的代替-置换（SP）网络，每一轮由混淆层和扩散层组成。这种结构的最大优点是能够从理论上给出最大差分特征概率和最佳线性逼近优势的界，也就是密码对差分密码分析和线性密码分析是可证明安全的。

扩散（Diffusion）和扰乱（Confusion）是影响密码安全的主要因素。扩散的目的是让明文中的单个数字影响密文中的多个数字，从而使明文的统计特征在密文中消失，相当于明文的统计结构被扩散。

扰乱是指让密钥与密文的统计信息之间的关系变得复杂，从而增加通过统计方法进行攻击的难度。扰乱可以通过各种代换算法实现。

设计安全的分组加密算法，需要考虑对现有密码分析方法的抵抗，如差分分析、线性分析等，还需要考虑密码安全强度的稳定性。此外，用软件实现的分组加密要保证每个组的长度适合软件编程（如 8，16，32…），尽量避免位置换操作，以及使用加法、乘法、移位等处理器提供的标准指令；从硬件实现的角度，加密和解密要在同一个器件上都可以实现，即加密解密硬件实现的相似性。

分组密码包括 DES、IDEA 等。

3.2.2 DES 算法

美国国家标准局 1973 年开始研究除国防部外的其他部门的计算机系统的数据加密标准，于 1973 年 5 月 15 日和 1974 年 8 月 27 日先后两次向公众发出了征求加密算法的公告。加密算法要达到的目的（通常称为 DES 密码算法要求）主要为以下四点：

① 提供高质量的数据保护，防止数据未经授权的泄露和未被察觉的修改；

② 具有相当高的复杂性，使得破译的开销超过可能获得的利益，同时又要便于理解和掌握；

③ DES 密码体制的安全性应该不依赖于算法的保密，其安全性仅以加密密钥的保密为基础；

④ 实现经济，运行有效，并且适用于多种完全不同的应用。

目前在国内，随着三金工程尤其是金卡工程的启动，DES 算法在 POS、ATM、磁卡及智能卡（IC 卡）、加油站、高速公路收费站等领域被广泛应用，以此来实现关键数据的保密，如信用卡持卡人的 PIN 的加密传输，IC 卡与 POS 间的双向认证、金融交易数据包的 MAC 校验等，均用到 DES 算法。

1. DES 算法过程

DES 算法是一种对二元数据进行加密的分组密码，数据分组长度为 64 位（8 B），该明文串为 $D_1D_2...D_{64}$（D_i=0 或 1），密文分组长度也是 64 位，密钥长度为 64 位，其中有效密钥长度为 56 位，第 8、16、24、32、40、48、56、64 位为奇偶校验位。

DES 算法的入口参数有三个：Key、Data、Mode。其中 Key 为 8 字节共 64 位，是 DES 算法的工作密钥；Data 也为 8 字节 64 位，是要被加密（明文）或被解密（密文）的数据；Mode 为 DES 的工作方式有两种：加密或解密。

DES 算法的工作过程如下：如 Mode 为加密，则用 Key 把数据 Data 进行加密，生成 Data 的密文形式（64 位）作为 DES 的输出结果；如 Mode 为解密，则用 Key 去把密码形式的数据 Data 解密，还原为 Data 的明文形式（64 位）作为 DES 的输出结果。在通信网络的两端，双方约定一致的 Key，在通信的源点用 Key 对核心数据进行 DES 加密，然后以密文形式在公共通信网（如电话网）中传输到通信网络的终点，数据到达目的地后，用同样的 Key 对密码数据进行解密，便再现了明文形式的核心数据。这样，便保证了核心数据（如 PIN、MAC 等）在公共通信网中传输的安全性和可靠性。

通过定期在通信网络的源端和目的端同时改用新的 Key，便能更进一步提高数据的保密性，这正是现在金融交易网络的流行做法。

2. DES 算法实现

DES 算法处理的数据对象是一组 64 位的明文串。设该明文串为 $D_1D_2\ldots D_{64}$（D_i=0 或 1）。明文串经过 64 位的密钥 K 来加密，最后生成长度为 64 比特的密文 E。其加密过程如图 3-2 所示。

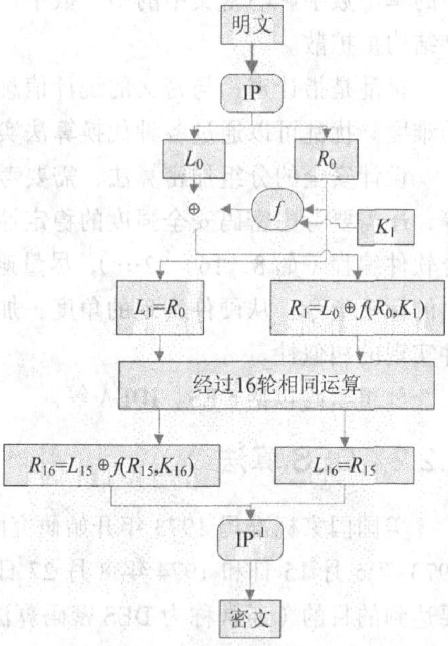

图 3-2　加密过程

DES 算法加密过程的功能是把输入的 64 位数据块按位重新组合，并把输出分为 L_0、R_0 两部分，每部分各长 32 位，经过 IP 置换后，得到的比特串的下标列表如表 3-1 所示。

即将输入的第 58 位换到第一位，第 50 位换到第 2 位……依此类推，最后一位是原来的第 7 位。L_0、R_0 则是换位输出后的两部分，L_0 是输出的左 32 位，R_0 是右 32 位，例：设置换前的输入值为 $D_1D_2D_3\ldots D_{64}$，则经过初始置换后的结果为 $L_0=D_{58}D_{50}\ldots D_8$；$R_0=D_{57}D_{49}\ldots D_7$。

表 3-1　经过 IP 置换后得到的比特串的下标列表

	58	50	42	34	26	18	10	2
	60	52	44	36	28	20	12	4
	62	54	46	38	30	22	14	6
IP	64	56	48	40	32	24	16	8
	57	49	41	33	25	17	9	1
	59	51	43	35	27	19	11	3
	61	53	45	37	29	21	13	5
	63	55	47	39	31	23	15	7

R_0 子密钥 K_1(子密钥的生成将在后面讲)经过变换 $f(R_0,K_1)$（f 变换将在下面讲）输出 32 位的比特串 f_1,f_1 与 L_0 做不进位的二进制加法运算。运算规则为：

$$1\oplus 0=0\oplus 1=1 \qquad 0\oplus 0=1\oplus 1=0$$

f_1 与 L_0 做不进位的二进制加法运算后的结果赋给 R_1，R_0 则原封不动的赋给 L_1。L_1 与 R_0 又做与以上完全相同的运算，生成 L_2，R_2…一共经过 16 次运算。最后生成 R_{16} 和 L_{16}。其中 R_{16} 为 L_{15} 与 $f(R_{15},K_{16})$做不进位二进制加法运算的结果，L_{16} 是 R_{15} 的直接赋值。

R_{16} 与 L_{16} 合并成 64 位的比特串。注意 R_{16} 一定要排在 L_{16} 前面。R_{16} 与 L_{16} 合并后成 64 位的比

特串，进行逆置换，即得到密文输出。逆置换正好是初始置换的逆运算，例如，第 1 位经过初始置换后，处于第 40 位，而通过逆置换，又将第 40 位换回到第 1 位，经过置换 IP^{-1} 后所得比特串的下标列表如表 3-2 所示。

表 3-2　经过置换 IP^{-1} 后所得比特串的下标列表

IP^{-1}	40	8	48	16	56	24	64	32
	39	7	47	15	55	23	63	31
	38	6	46	14	54	22	62	30
	37	5	45	13	53	21	61	29
	36	4	44	12	52	20	60	28
	35	3	43	11	51	19	59	27
	34	2	42	10	50	18	58	26
	33	1	41	9	49	17	57	25

经过置换 IP^{-1} 后生成的比特串就是密文 e。

（1）$f(R_{i-1},K_i)$算法

它的功能是将 32 位的输入再转化为 32 位的输出。其过程如图 3-3 所示。

对 f 变换说明如下：输入 R_{i-1}（32 位）经过变换 E 后，膨胀为 48 位。膨胀后的比特串的下标列表如表 3-3 所示。

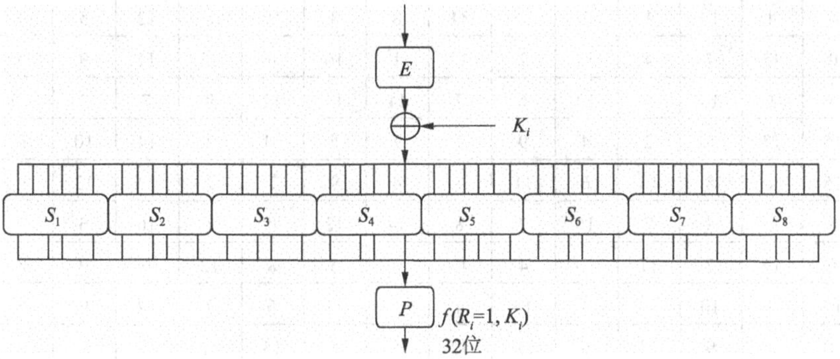

图 3-3　$f(R_{i-1},K_i)$算法

表 3-3　膨胀后的比特串的下标列表

E	32	1	2	3	4	5
	4	5	6	7	8	9
	8	9	10	11	12	13
	12	13	14	15	16	17
	16	17	18	19	20	21
	20	21	22	23	24	25
	24	25	26	27	28	29
	28	29	30	31	32	1

膨胀后的比特串分为 8 组，每组 6 位。各组经过各自的 S 盒后，又变为 4 位（具体过程见

后），合并后又成为 32 位。该 32 位经过 P 变换后，其下标列表如表 3-4 所示。

表 3-4　经过 P 变换后下标列表

P	16	7	20	21
	29	12	28	17
	1	15	23	26
	5	18	31	10
	2	8	24	14
	32	27	3	9
	19	13	30	6
	22	11	4	25

经过 P 变换后输出的比特串才是 32 位的 $f(R_{i-1},K_i)$。

（2）选择函数 S_i

在 $f(R_i,K_i)$算法描述图中，$S_1,S_2,\ldots,S_8$ 为选择函数，其功能是把 6 位数据变为 4 位数据（S 见表 3-5）。

表 3-5　选择函数 S_i

	行＼列	0	1	2	3	4	5	6	7	8	9	10	11	12	13	14	15
S_1	0	14	4	13	1	2	15	11	8	3	10	6	12	5	9	0	7
	1	0	15	7	4	14	2	13	1	10	6	12	11	9	5	3	8
	2	4	1	14	8	13	6	2	11	15	12	9	7	3	10	5	0
	3	15	12	8	2	4	9	1	7	5	11	3	14	10	0	6	13
S_2	0	15	1	8	14	6	11	3	4	9	7	2	13	12	0	5	10
	1	3	13	4	7	15	2	8	14	12	0	1	10	6	9	11	5
	2	0	14	7	11	10	4	13	1	5	8	12	6	9	3	2	15
	3	13	8	10	1	3	15	4	2	11	6	7	12	0	5	14	9
S_3	0	10	0	9	14	6	3	15	5	1	13	12	7	11	4	2	8
	1	13	7	0	9	3	4	6	10	2	8	5	14	12	11	15	1
	2	13	6	4	9	8	15	3	0	11	1	2	12	5	10	14	7
	3	1	10	13	0	6	9	8	7	4	15	14	3	11	5	2	12
S_4	0	7	13	14	3	0	6	9	10	1	2	8	5	11	12	4	15
	1	13	8	11	5	6	15	0	3	4	7	2	12	1	10	14	9
	2	10	6	9	0	12	11	7	13	15	1	3	14	5	2	8	4
	3	3	15	0	6	10	1	13	8	9	4	5	11	12	7	2	14
S_5	0	2	12	4	1	7	10	11	6	8	5	3	15	13	0	14	9
	1	14	11	2	12	4	7	13	1	5	0	15	10	3	9	8	6
	2	4	2	1	11	10	13	7	8	15	9	12	5	6	3	0	14
	3	11	8	12	7	1	14	2	13	6	15	0	9	10	4	5	3
S_6	0	12	1	10	15	9	2	6	8	0	13	3	4	14	7	5	11

续表

行 \ 列		0	1	2	3	4	5	6	7	8	9	10	11	12	13	14	15
S_6	1	10	15	4	2	7	12	9	5	6	1	13	14	0	11	3	8
	2	9	14	15	5	2	8	12	3	7	0	4	10	1	13	11	6
	3	4	3	2	12	9	5	15	10	11	14	1	7	6	0	8	13
S_7	0	4	11	2	14	15	0	8	13	3	12	9	7	5	10	6	1
	1	13	0	11	7	4	9	1	10	14	3	5	12	2	15	8	6
	2	1	4	11	13	12	3	7	14	10	15	6	8	0	5	9	2
	3	6	11	13	8	1	4	10	7	9	5	0	15	14	2	3	12
S_8	0	13	2	8	4	6	15	11	1	10	9	3	14	5	0	12	7
	1	1	15	13	8	10	3	7	4	12	5	6	11	0	14	9	2
	2	7	11	4	1	9	12	14	2	0	6	10	13	15	3	5	8
	3	2	1	14	7	4	10	8	13	15	12	9	0	3	5	6	11

在此以 S_1 为例说明其功能，我们可以看到：在 S_1 中，共有 4 行数据，命名为 0、1、2、3 行；每行有 16 列，命名为 0，1，2，3，…，14，15 列。

现设输入为：$D = D_1D_2D_3D_4D_5D_6$

令：列 $= D_2D_3D_4D_5$

行 $= D_1D_6$

然后在 S_1 表中查得对应的数，以 4 位二进制表示，此即为选择函数 S_1 的输出。

（3）子密钥 K_i（48 位）的生成算法

64 位的密钥生成 16 个 48 位的子密钥。其生成过程如图 3-4 所示。

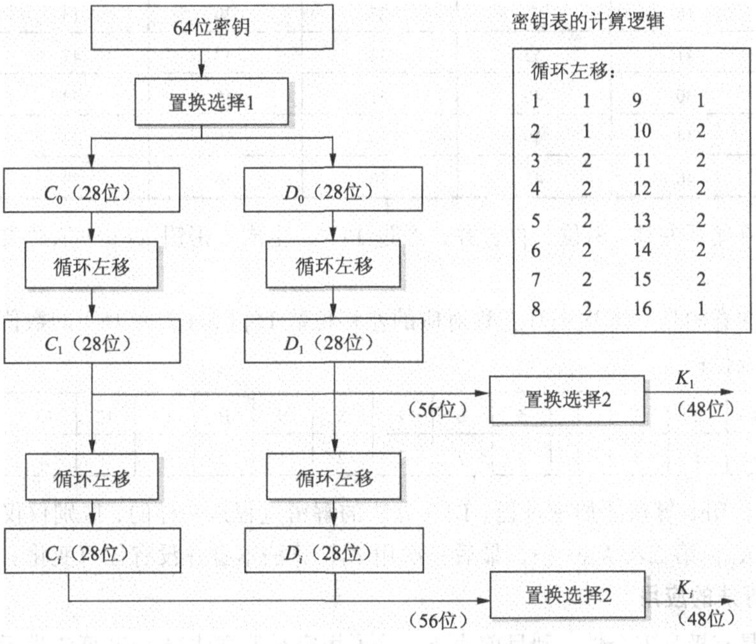

图 3-4　子密钥 K_i（48 位）的生成

从子密钥 K_i 的生成算法描述图中我们可以看到：初始 Key 值为 64 位，但 DES 算法规定，其中第 8，16，…，64 位是奇偶校验位，不参与 DES 运算。故 Key 实际可用位数便只有 56 位。经过置换选择 1 的变换后，Key 的位数变成了 56 位，此 56 位分为 C_0、D_0 两部分，各 28 位，然后分别进行第 1 次循环左移，得到 C_1、D_1，将 C_1（28 位）、D_1（28 位）合并得到 56 位，再经过置换选择 2，从而便得到了密钥 K_1（48 位）。依此类推，便可得到 K_2，K_3，…，K_{16}，64 位的密钥 K，经过 PC^{-1} 后，生成 56 位的串。其下标如表 3-6 所示。

表 3-6　经过 PC^{-1} 变换后生成比特串的下标

PC^{-1}	57	49	41	33	25	17	9
	1	58	50	42	34	26	18
	10	2	59	51	43	35	27
	19	11	3	60	52	44	36
	63	55	47	39	31	23	15
	7	62	54	46	38	30	22
	14	6	61	53	45	37	29
	21	13	5	28	20	12	4

该比特串分为长度相等的比特串 C_0 和 D_0。然后 C_0 和 D_0 分别循环左移 1 位，得到 C_1 和 D_1。C_1 和 D_1 合并起来生成 C_1D_1。C_1D_1 经过 PC^{-2} 变换后即生成 48 位的 K_1。K_1 的下标如表 3-7 所示。

表 3-7　C_1D_1 经过 PC^{-2} 变换后生成比特串的下标

PC^{-2}	14	17	11	24	1	5
	3	28	15	6	21	10
	23	19	12	4	26	8
	16	7	27	20	13	2
	41	52	31	37	47	55
	30	40	51	45	33	48
	44	49	39	56	34	53
	46	42	50	36	29	32

C_1、D_1 分别循环左移 LS_2 位，再合并，经过 PC^{-2}，生成子密钥 K_2……依此类推直至生成子密钥 K_{16}。

不过需要注意的是，16 次循环左移对应的左移位数 LS_i（i=1,2,…,16）的数值是不同的，要依据下述规则进行：

迭代顺序	1	2	3	4	5	6	7	8	9	10	11	12	13	14	15	16
左移位数	1	1	2	2	2	2	2	2	1	2	2	2	2	2	2	1

以上介绍了 DES 算法的加密过程。DES 算法的解密过程是一样的，区别仅仅在于第一次迭代时用子密钥 K_{16}，第二次 K_{15}……，最后一次用 K_1，算法本身并没有任何变化。

3. DES 算法的应用

DES 算法具有极高安全性，到目前为止，除了用穷举搜索法对 DES 算法进行攻击外，还没有发现更有效的办法。而 56 位长的密钥的穷举空间为 2^{56}，这意味着如果一台计算机的速度是每一秒检测一百万个密钥，则它搜索完全部密钥就需要将近 2 285 年的时间，可见，这是难以实现的，当然，随着科学技术的发展，当出现超高速计算机后，我们可考虑把 DES 密钥的长度再增长一些，以此来达到更高的保密程度。

由上述 DES 算法介绍我们可以看到：DES 算法中只用到 64 位密钥中的其中 56 位，而第 8，16，24，…，64 位 8 个位并未参与 DES 运算，这一点，向我们提出了一个应用上的要求，即 DES 的安全性是基于除了 8，16，24，…，64 位外的其余 56 位的组合变化才得以保证的。因此，在实际应用中，我们应避开使用第 8，16，24，…，64 位作为有效数据位，而使用其他的 56 位作为有效数据位，才能保证 DES 算法安全可靠地发挥作用。如果不了解这一点，把密钥 Key 的 8，16，24，…，64 位作为有效数据使用，将不能保证 DES 加密数据的安全性，对运用 DES 来达到保密作用的系统产生数据被破译的危险，这正是 DES 算法在应用上的误区，留下了被人攻击、被人破译的极大隐患。

3.2.3 IDEA 算法

IDEA（International Data Encryption Algorithm）是瑞士的 James Massey，来学嘉等人提出的加密算法，在密码学中属于数据块加密算法（Block Cipher）类。IDEA 使用长度为 128 bit 的密钥，数据块大小为 64 位。从理论上讲，IDEA 属于“强”加密算法，至今还没有出现对该算法的有效攻击算法。

类似于 DES，IDEA 算法也是一种数据块加密算法，它设计了一系列加密轮次，每轮加密都使用从完整的加密密钥中生成的一个子密钥。与 DES 的不同处在于，它采用软件实现和采用硬件实现同样快速。

IDEA 是一种由 8 个相似圈（Round）和一个输出变换（Output Transformation）组成的迭代算法。IDEA 的每个圈都由三种函数：模（2^{16}+1）乘法、模 2^{16} 加法和按位 XOR 组成。

在加密之前，IDEA 通过密钥扩展（Key Expansion）将 128bit 的密钥扩展为 52 B 的加密密钥 EK（Encryption Key），然后由 EK 计算出解密密钥 DK（Decryption Key）。EK 和 DK 分为 8 组半密钥，每组长度为 6 B，前 8 组密钥用于 8 圈加密，最后半组密钥（4 B）用于输出变换。IDEA 的加密过程和解密过程是一样的，只不过使用不同的密钥（加密时用 EK，解密时用 DK）。

1. IDEA 算法概述

IDEA 是一个迭代分组密码，分组长度为 64 位，密钥长度为 128 位。

IDEA 算法是由 8 轮迭代和随后的一个输出变换组成。它将 64 比特的数据分成 4 个子块，每个 16 位，令这四个子块作为迭代第一轮的输出，全部共 8 轮迭代。每轮迭代都是 4 个子块彼此间以及 16 位的子密钥进行异或，模 2^{16} 加运算，模 2^{16}+1 乘运算。除最后一轮外把每轮迭代输出的四个子块的第二和第三子块互换。该算法所需要的“混淆”可通过连续使用三个“不相容”的群运算于两个 16 位子块来获得，并且该算法所选择使用的 MA-（乘加）结构可提供必要的“扩散”。

2. IDEA 算法的具体描述

用户输入 128 位长密钥 Key = $k_1k_2k_3\ldots k_{127}k_{128}$，IDEA 总共进行 8 轮迭代操作，每轮需要 6 个子密钥，另外还需要 4 个额外子密钥，所以总共需要 52 个子密钥，这个 52 个子密钥都是从用户输入的 128 位密钥中扩展出来的。

首先把输入的 Key 分成 8 个 16 位的子密钥，1~6 号子密钥供第一轮加密使用，7~8 号子密钥供第二轮使用，然后把这个 128 位密钥循环左移 25 位，这样 Key = $k_{26}k_{27}k_{28}\ldots k_{24}k_{25}$ 把新生成的 Key 在分成 8 个 16 位的子密钥，1~4 号子密钥供第二轮加密使用（前面已经提供了两个）5~8 号子密钥供第三轮加密使用，到此我们已经得到了 16 个子密钥，如此继续，当循环左移了 5 次之后已经生成了 48 个子密钥，还有 4 个额外的子密钥需要生成，再次把 Key 循环左移 25 位，选取划分出来的 8 个 16 位子密钥的前 4 个作为那 4 个额外的加密密钥，供加密使用的 52 个子密钥生成完毕。

IDEA 算法相对来说是一个比较新的算法，其安全性研究也在不断进行之中。在 IDEA 算法公布后不久，就有学者指出：IDEA 的密钥扩展算法存在缺陷，导致在 IDEA 算法中存在大量弱密钥类，但这个弱点通过简单的修改密钥扩展算法（加入异或算子）即可克服。在 1997 年的 EuroCrypt'97 年会上，John Borst 等人提出了对圈数减少的 IDEA 的两种攻击算法：对 3.5 圈 IDEA 的截短差分攻击（Truncate Diffrential Attack）和对 3 圈 IDEA 的差分线性攻击（Diffrential Linear Attack）。但这两种攻击算法对整 8.5 圈的 IDEA 算法不可能取得实质性的攻击效果。目前尚未出现新的攻击算法，一般认为攻击整 8.5 圈 IDEA 算法唯一有效的方法是穷尽搜索 128 bit 的密钥空间。

目前 IDEA 在工程中已有大量应用实例，PGP（Pretty Good Privacy）就使用 IDEA 作为其分组加密算法；安全套接字层 SSL（Secure Socket Layer）也将 IDEA 包含在其加密算法库 SSLRef 中；IDEA 算法专利的所有者 Ascom 公司也推出了一系列基于 IDEA 算法的安全产品，包括：基于 IDEA 的 Exchange 安全插件、IDEA 加密芯片、IDEA 加密软件包等。IDEA 算法的应用和研究正在不断走向成熟。

3.2.4 序列密码

序列密码也称为流密码（Stream Cipher），它是对称加密算法的一种。序列密码具有实现简单、便于硬件实施、加解密处理速度快、没有或只有有限的错误传播等特点，因此在实际应用中，特别是专用或机密机构中保持着优势，典型的应用领域包括无线通信、外交通信。1949 年 Shannon 证明了只有一次一密的密码体制是绝对安全的，这给序列密码技术的研究以强大的支持，序列密码方案的发展是模仿一次一密系统的尝试，或者说“一次一密”的密码方案是序列密码的雏形。如果序列密码所使用的是真正随机方式的、与消息流长度相同的密钥流，则此时的序列密码就是一次一密的密码体制。若能以一种方式产生一随机序列（密钥流），这一序列由密钥所确定，则利用这样的序列就可以进行加密，即将密钥、明文表示成连续的符号或二进制，对应地进行加密，加解密时一次处理明文中的一位或几位。

分组密码以一定大小作为每次处理的基本单元，而序列密码则是以一个元素（一个字母或一个位）作为基本的处理单元。

序列密码是一个随时间变化的加密变换，具有转换速度快、低错误传播的优点，硬件实现电路更简单；其缺点是：低扩散（意味着混乱不够）、插入及修改的不敏感性。

分组密码使用的是一个不随时间变化的固定变换，具有扩散性好、插入敏感等优点；其缺点是：加解密处理速度慢、存在错误传播。

序列密码涉及大量的理论知识，提出了众多的设计原理，也得到了广泛的分析，但许多研究成果并没有完全公开，这也许是因为序列密码目前主要应用于军事和外交等机密部门的缘故。目前，公开的序列密码算法主要有 RC4、SEAL 等。

3.3 非对称加密技术

1976 年，美国学者 Dime 和 Henman 为解决信息公开传送和密钥管理问题，提出一种新的密钥交换协议，允许在不安全的媒体上的通信双方交换信息，安全地达成一致的密钥，这就是“公开密钥系统”。相对于“对称加密算法”这种方法又称“非对称加密算法”。与对称加密算法不同，非对称加密算法需要两个密钥：公开密钥（Publickey）和私有密钥（Privatekey）。公开密钥与私有密钥是一对，如果用公开密钥对数据进行加密，只有用对应的私有密钥才能解密；如果用私有密钥对数据进行加密，那么只有用对应的公开密钥才能解密。因为加密和解密使用的是两个不同的密钥，所以这种算法称为非对称加密算法。

RSA 公钥加密算法是 1977 年由罗纳德·李维斯特（Ron Rivest）、阿迪·萨莫尔（Adi Shamir）和伦纳德·阿德曼（Leonard Adleman）一起提出的。RSA 是目前最有影响力的公钥加密算法，它能够抵抗到目前为止已知的绝大多数密码攻击，已被 ISO 推荐为公钥数据加密标准。

RSA 算法是第一个能同时用于加密和数字签名的算法，也易于理解和操作。RSA 是被研究得最广泛的公钥算法，从提出至今，经历了各种攻击的考验，逐渐为人们接受，普遍认为是目前最优秀的公钥方案之一。

RSA 算法基于一个十分简单的数论事实：将两个大素数相乘十分容易，但想要对其乘积进行因式分解却极其困难，因此可以将乘积公开作为加密密钥。

3.3.1 RSA 基础知识

RSA 算法一直是最广为使用的“非对称加密算法”。这种算法非常可靠，密钥越长，越难破解。在了解 RSA 算法的原理之前首先介绍用到的数学基础知识。

1．互质关系

如果两个正整数，除了 1 以外，没有其他公因子，我们就称这两个数是互质关系（Coprime）。由互质关系，可以得到以下结论：

① 任意两个质数构成互质关系，比如 11 和 23。

② 一个数是质数，另一个数只要不是该质数的倍数，两者就构成互质关系，比如 5 和 18。

③ 如果两个数中较大的数是质数，则两者构成互质关系，比如 43 和 20。

④ 1 和任意一个自然数是都是互质关系，比如 1 和 50。

⑤ p 是大于 1 的整数，则 p 和 $p-1$ 构成互质关系，比如 100 和 99。

⑥ p 是大于 1 的奇数，则 p 和 $p-2$ 构成互质关系，比如 21 和 19。

2．欧拉函数

任意给定正整数 n，把{1，…，$n-1$}中与 n 互素（互质）的个数记作 $\varphi(n)$，称作欧拉函数。下面讨论计算 $\varphi(n)$的公式。

① 如果 $n=1$，则 $\varphi(1)=1$ 。因为 1 与任何数（包括自身）都构成互质关系。

② 如果 n 是质数，则 $\varphi(n)=n-1$ 。因为质数与小于它的每一个数，都构成互质关系。比如 5 与 1、2、3、4 都构成互质关系。

③ 如果 n 是质数的某一个次方，即 $n=p^k$（p 为质数，k 为大于等于 1 的整数），则 $\varphi(p^k)=p^{k-1}$

比如 $$\varphi(8)=\varphi(2^3)=2^3-2^2=8-4=4$$

这是因为只有当一个数不包含质数 p，才可能与 n 互质。而包含质数 p 的数一共有 p^{k-1} 个，即 $1\times p$，$2\times p$，$3\times p$，...，$p^{k-1}\times p$，把它们去除，剩下的就是与 n 互质的数。

上面的式子还可以写成下面的形式

$$\varphi(p^k)=p^k-p^{k-1}=p^k\left(1-\frac{1}{p}\right)$$

可以看出，上面的第二种情况是 $k=1$ 时的特例。

④ 如果 n 可以分解成两个互质的整数之积，$n=p_1\times p_2$

则 $$\varphi(n)=\varphi(p_1p_2)=\varphi(p_1)\varphi(p_2)$$

即积的欧拉函数等于各个因子的欧拉函数之积。

⑤ 因为任意一个大于 1 的正整数，都可以写成一系列质数的积。

$$n=p_1^{k_1}p_2^{k_2}\cdots p_r^{k_r}$$

根据第④条的结论，得到

$$\varphi(n)=\varphi(p_1^{k_1})\,\varphi(p_2^{k_2})\cdots\varphi(p_r^{k_r})$$

再根据第③条的结论，得到

$$\varphi(n)=p_1^{k_1}p_2^{k_2}\cdots p_r^{k_r}\left(1-\frac{1}{p_1}\right)\left(1-\frac{1}{p_2}\right)\cdots\left(1-\frac{1}{p_r}\right)$$

也就等于 $$\varphi(n)=n\left(1-\frac{1}{p_1}\right)\left(1-\frac{1}{p_2}\right)\cdots\left(1-\frac{1}{p_r}\right)$$

这就是欧拉函数的通用计算公式。比如，1323 的欧拉函数，计算过程为

$$\varphi(1323)=\varphi(3^3\times 7^2)=1323\times\left(1-\frac{1}{3}\right)\times\left(1-\frac{1}{7}\right)=756$$

3. 欧拉定理

如果两个正整数 a 和 n 互素，则

$$a^{\varphi(n)}=1(\text{mod } n)$$

也就是说，a 的 $\varphi(n)$次方被 n 除的余数为 1。比如，3 和 7 互质，而 7 的欧拉函数 $\varphi(7)$等于 6，所以 3 的 6 次方（729）减去 1，可以被 7 整除（728/7=104）。

欧拉定理可以大大简化某些运算。比如，7 和 10 互质，根据欧拉定理，

$$7^{\varphi(10)}=1(\text{mod } 10)$$

已知 $\varphi(10)$等于 4，所以马上得到 7 的 4 倍数次方的个位数肯定是 1。

$$7^{4k}=1(\text{mod } 10)$$

欧拉定理有一个特殊情况。

假设正整数 a 与质数 p 互质，因为质数 p 的 $\varphi(p)$等于 $p-1$，则欧拉定理可以写成

$$a^{p-1}=1(\bmod p)$$

这就是著名的费马小定理。它是欧拉定理的特例。

欧拉定理是 RSA 算法的核心。理解了这个定理，就可以理解 RSA。

4. 模反元素

如果两个正整数 a 和 n 互质，那么一定可以找到整数 b，使得 $ab-1$ 被 n 整除，或者说 ab 被 n 除的余数是 1。

$$ab=1(\bmod n)$$

这时，b 就叫做 a 的“模反元素”。

比如，3 和 11 互质，那么 3 的模反元素就是 4，因为 $(3\times4)-1$ 可以被 11 整除。显然，模反元素不止一个， 4 加减 11 的整数倍都是 3 的模反元素 $\{\cdots,-18,-7,4,15,26,\cdots\}$，即如果 b 是 a 的模反元素，则 $b+k_n$ 都是 a 的模反元素。

欧拉定理可以用来证明模反元素必然存在。

$$a^{\varphi(n)}=a\times a^{\varphi(n)-1}=1(\bmod n)$$

可以看到，a 的 $\varphi(n)-1$ 次方，就是 a 的模反元素。

3.3.2 RSA 算法公钥和私钥的生成

下面介绍公钥和私钥到底是怎么生成的。可以通过一个例子，来理解 RSA 算法。

假设 A 要与 B 进行加密通信，该怎么生成公钥和私钥呢？

① 随机选择两个不相等的质数 p 和 q。

假设 A 选择了 3 和 11。（实际应用中，这两个质数越大，就越难破解。）

② 计算 p 和 q 的乘积 n。

$$n=3\times11=33$$

n 的长度就是密钥长度。33 写成二进制是 100001，一共有 6 位，所以这个密钥就是 6 位。实际应用中，RSA 密钥一般是 1024 位，重要场合则为 2048 位。

③ 计算 n 的欧拉函数 $\varphi(n)$。

根据公式

$$\varphi(n)=(p-1)(q-1)$$

计算出 $\varphi(33)$等于 2×10，即 20。

④ 随机选择一个整数 e，条件是 $1< e <\varphi(n)$，且 e 与 $\varphi(n)$互质。

假设在 1 到 20 之间，随机选择了 7（实际应用中，常常选择 65537）。

⑤ 计算 e 对于 $\varphi(n)$的模反元素 d。

$$ed \equiv 1\ (\bmod \varphi(n))$$

这个式子等价于

$$ed-1=k\varphi(n)$$

已知 $e=7, \varphi(n)=20$，则

$$7d-20k=1$$

可以算出一组整数解为 $(d,k)=(3,1)$，即 $d=3$。

⑥ 将 n 和 e 封装成公钥，n 和 d 封装成私钥。

在本例中，n=33，e=7，d=3，所以公钥就是(n,e)= (33,7)，私钥就是(n,d)=（33, 3）。

实际应用中，公钥和私钥的数据都采用 ASN.1 格式表达。

3.3.3 加密和解密

有了公钥和密钥，就能进行加密和解密了。

RSA 密码算法，首先将明文数字化，然后把明文分成若干段，每一个明文段的值小于 n，对每一个明文段 m，

加密算法 $c=E(m)=m^e \bmod n$

解密算法 $m=D(c)=c^d \bmod n$

（1）加密要用公钥(n,e)

假设 Bob 要向 Alice 发送加密信息 m，他就要用 Alice 的公钥 (n,e) 对 m 进行加密。这里需要注意，m 必须是整数，且 m 必须小于 n。

所谓“加密”，就是算出下式的 c：

$$m^e \equiv c \pmod n$$

Alice 的公钥是 (33, 7)，Bob 的 m 假设是 19，那么可以算出下面的等式：

$$19^7 \equiv 13 \bmod (33)$$

于是，c 等于 13，Bob 就把 13 发给了 Alice。

（2）解密要用私钥(n,d)

Alice 拿到 Bob 发来的 13 以后，就用自己的私钥(33, 3) 进行解密。可以证明，下面的等式一定成立：

$$c^d \equiv m \pmod n$$

也就是说，c 的 d 次方除以 n 的余数为 m。现在，c 等于 13，私钥是(33, 3)，那么，Alice 算出

$$13^3 \equiv 19 \pmod{33}$$

因此，Alice 知道了 Bob 加密前的原文就是 19。

至此，“加密-解密”的整个过程全部完成。

我们可以看到，如果不知道 d，就没有办法从 c 求出 m。而前面已经说过，要知道 d 就必须分解 n，这是极难做到的，所以 RSA 算法保证了通信安全。

3.3.4 RSA 算法的特性

1. 可靠性

上面的密钥生成步骤，一共出现六个数字：

$$p，q，n，\varphi(n)，e，d$$

这六个数字之中，公钥用到了两个（n 和 e），其余四个数字都是不公开的。其中最关键的是 d，因为 n 和 d 组成了私钥，一旦 d 泄露，就等于私钥泄露。但是大整数的因数分解，是一件非常困难的事情。目前，除了暴力破解，还没有发现别的有效方法。对极大整数做因数分解的难度决定了 RSA 算法的可靠性，因数分解愈困难，RSA 算法愈可靠。

假如有人找到一种快速因数分解的算法，那么 RSA 的可靠性就会极度下降。但找到这样的算法的可能性是非常小的。只要密钥长度足够长，用 RSA 加密的信息实际上是不能被破解的。

2．安全性

RSA 的安全性依赖于大数分解，但是否等同于大数分解一直未能得到理论上的证明，因为没有证明破解 RSA 就一定需要作大数分解。假设存在一种无须分解大数的算法，那它肯定可以修改成为大数分解算法。RSA 的一些变种算法已被证明等价于大数分解。不管怎样，分解 n 是最显然的攻击方法。人们已能分解多个十进制位的大素数。因此，模数 n 必须选大一些，因具体适用情况而定。

3．速度

由于进行的都是大数计算，使得 RSA 最快的情况也比 DES 慢上好几倍，无论是软件还是硬件实现。速度一直是 RSA 的缺陷。一般来说只用于少量数据加密。RSA 的速度是对应同样安全级别的对称密码算法的 1/1000 左右。

目前国内已经有学者提出了公钥密码等功耗编码的综合优化方法，佐证了安全性和效率的可兼顾性。截至目前，研究团队已针对著名公钥密码算法 RSA 的多种实现算法和方式成功实施了计时攻击、简单功耗和简单差分功耗分析攻击，实验验证了多种防御方法，包括“等功耗编码”方法的有效性，并完成了大规模功耗分析自动测试平台的自主开发。

4．缺点

RSA 算法也有一些缺点。

① RSA 算法产生密钥很麻烦，受到素数产生技术的限制，因而难以做到一次一密。

② RSA 的安全性依赖于大数的因子分解，但并没有从理论上证明破译 RSA 的难度与大数分解难度等价，而且密码学界多数人士倾向于因子分解不是 NP 问题。现今，人们已能分解 140 多个十进制位的大素数，这就要求使用更长的密钥，速度更慢；另外，人们正在积极寻找攻击 RSA 的方法，如选择密文攻击，一般攻击者是将某一信息进行伪装（Blind），让拥有私钥的实体签署。然后，经过计算就可得到它所想要的信息。这个固有的问题来自于公钥密码系统的最有用的特征——每个人都能使用公钥。但从算法上无法解决这一问题，主要措施有两条：一条是采用好的公钥协议，保证工作过程中一实体不对其他实体任意产生的信息解密，不对自己一无所知的信息签名；另一条是决不对陌生人送来的随机文档签名，签名时首先使用 One-Way Hash Function 对文档做 Hash 处理，或同时使用不同的签名算法。除了利用公共模数，人们还尝试一些利用解密指数或 $\varphi(n)$ 等攻击。

③ 速度太慢，由于 RSA 的分组长度太大，为保证安全性，n 至少也要 600 bit 以上，使运算代价很高，尤其是速度较慢，较对称密码算法慢几个数量级；且随着大数分解技术的发展，这个长度还在增加，不利于数据格式的标准化。SET（Secure Electronic Transaction）协议中要求 CA 采用 2048 bit 长的密钥，其他实体使用 1024 bit 的密钥。为了速度问题，人们广泛使用单、公钥密码结合使用的方法，优缺点互补：单钥密码加密速度快，人们用它来加密较长的文件，然后用 RSA 来给文件密钥加密，极好地解决了单钥密码的密钥分发问题。

3.4 密钥管理

密钥，即密匙，一般范指生产、生活所应用到的各种加密技术，能够对各人资料、企业机密进行有效的监管，密钥管理就是指对密钥进行管理的行为，如加密、解密、破解等。

密钥管理包括从密钥的产生到密钥的销毁的各个方面。主要表现于管理体制、管理协议和密钥的产生、分配、更换和注入等。对于军用计算机网络系统，由于用户机动性强，隶属关系和协同作战指挥等方式复杂，因此，对密钥管理提出了更高的要求。

3.4.1 密钥管理内容

1. 密钥生成

密钥长度应该足够长。一般来说，密钥长度越大，对应的密钥空间就越大，攻击者使用穷举猜测密码的难度就越大。选择密钥时应选择好密钥，避免弱密钥。由自动处理设备生成的随机的比特串是好密钥，选择密钥时，应该避免选择一个弱密钥。对公钥密码体制来说，密钥生成更加困难，因为密钥必须满足某些数学特征。密钥生成可以通过在线或离线的交互协商方式实现，如密码协议等。

2. 密钥分发

采用对称加密算法进行保密通信，需要共享同一密钥。通常是系统中的一个成员先选择一个秘密密钥，然后将它传送另一个成员或别的成员。X9.17 标准描述了两种密钥：密钥加密密钥和数据密钥。密钥加密密钥加密其他需要分发的密钥；而数据密钥只对信息流进行加密。密钥加密密钥一般通过手工分发。为增强保密性，也可以将密钥分成许多不同的部分然后用不同的信道发送出去。

3. 密钥验证

密钥附着一些检错和纠错位来传输，当密钥在传输中发生错误时，能很容易地被检查出来，并且如果需要，密钥可被重传。

接收端也可以验证接收的密钥是否正确。发送方用密钥加密一个常量，然后把密文的前 2～4 字节与密钥一起发送。在接收端，做同样的工作，如果接收端解密后的常数能与发端常数匹配，则传输无错。

4. 密钥更新

当密钥需要频繁改变时，频繁进行新的密钥分发的确是困难的事，一种更容易的解决办法是从旧的密钥中产生新的密钥，有时称为密钥更新。可以使用单向函数进行更新密钥。如果双方共享同一密钥，并用同一个单向函数进行操作，就会得到相同的结果。

5. 密钥存储

密钥可以存储在脑、磁条卡、智能卡中。也可以把密钥平分成两部分，一半存入终端一半存入 ROM 密钥。还可采用类似于密钥加密密钥的方法对难以记忆的密钥进行加密保存。

6. 密钥备份

密钥的备份可以采用密钥托管、秘密分割、秘密共享等方式。

最简单的方法，是使用密钥托管中心。密钥托管要求所有用户将自己的密钥交给密钥托管中心，由密钥托管中心备份保管密钥（如锁在某个地方的保险柜里或用主密钥对它们进行加密保存），一旦用户的密钥丢失（如用户遗忘了密钥或用户意外死亡），按照一定的规章制度，可从密钥托管中心索取该用户的密钥。另一个备份方案是用智能卡作为临时密钥托管。如 Alice 把密钥存入智能卡，当 Alice 不在时就把它交给 Bob，Bob 可以利用该卡进行 Alice 的工作，当 Alice 回来后，Bob 交还该卡，由于密钥存放在卡中，所以 Bob 不知道密钥是什么。

秘密分割把秘密分割成许多碎片，每一片本身并不代表什么，但把这些碎片放到一块，秘密就会重现出来。

一个更好的方法是采用一种秘密共享协议。将密钥 K 分成 n 块，每部分称为它的“影子”，知道任意 m 个或更多的块就能够计算出密钥 K，知道任意 m-1 个或更少的块都不能够计算出密钥 K，这叫做（m,n）门限（阈值）方案。目前，人们基于拉格朗日内插多项式法、射影几何、线性代数、孙子定理等提出了许多秘密共享方案。

秘密共享解决了两个问题：一是若密钥偶然或有意地被暴露，整个系统就易受攻击；二是若密钥丢失或损坏，系统中的所有信息就不能用了。

7. 密钥有效期

加密密钥不能无限期使用，有以下有几个原因：密钥使用时间越长，它泄露的机会就越大；如果密钥已泄露，那么密钥使用越久，损失就越大；密钥使用越久，人们花费精力破译它的诱惑力就越大——甚至采用穷举攻击法；对用同一密钥加密的多个密文进行密码分析一般比较容易。

不同密钥应有不同有效期。

数据密钥的有效期主要依赖数据的价值和给定时间里加密数据的数量。价值与数据传送率越大所用的密钥更换越频繁。

密钥加密密钥无须频繁更换，因为它们只是偶尔地用作密钥交换。在某些应用中，密钥加密密钥仅一月或一年更换一次。

用来加密保存数据文件的加密密钥不能经常地变换。通常是每个文件用唯一的密钥加密，然后再用密钥加密密钥把所有密钥加密，密钥加密密钥要么被记忆下来，要么保存在一个安全地点。当然，丢失该密钥意味着丢失所有的文件加密密钥。

公开密钥密码应用中的私钥的有效期是根据应用的不同而变化的。用作数字签名和身份识别的私钥必须持续数年(甚至终身),用作抛掷硬币协议的私钥在协议完成之后就应该立即销毁。即使期望密钥的安全性持续终身，两年更换一次密钥也是要考虑的。旧密钥仍需保密，以防用户需要验证从前的签名。但是新密钥将用作新文件签名，以减少密码分析者所能攻击的签名文件数目。

8. 密钥销毁

如果密钥必须替换，旧密钥就必须销毁，密钥必须物理地销毁。

3.4.2 管理技术

1. 对称密钥管理

对称加密是基于共同保守秘密来实现的。采用对称加密技术的贸易双方必须要保证采用的是相同的密钥，要保证彼此密钥的交换是安全可靠的，同时还要设定防止密钥泄密和更改密钥的程序。这样，对称密钥的管理和分发工作将变成一件潜在危险的和烦琐的过程。通过公开密钥加密技术实现对称密钥的管理使相应的管理变得简单和更加安全，同时还解决了纯对称密钥模式中存在的可靠性问题和鉴别问题。贸易方可以为每次交换的信息（如每次的 EDI 交换）生成唯一一把对称密钥并用公开密钥对该密钥进行加密，然后再将加密后的密钥和用该密钥加密的信息（如 EDI 交换）一起发送给相应的贸易方。由于对每次信息交换都对应生成了唯一一把密钥，因此各贸易方就不再需要对密钥进行维护和担心密钥的泄露或过期。这种方式的另一优点是，即使泄露了一把密钥也只会影响一笔交易，而不会影响到贸易双方之间所有的交易关系。这种方式还提供了贸易伙伴间发布对称密钥的一种安全途径。

2．公开密钥管理/数字证书

贸易伙伴间可以使用数字证书（公开密钥证书）来交换公开密钥。国际电信联盟（ITU）制定的标准 X.509，对数字证书进行了定义。该标准等同于国际标准化组织（ISO）与国际电工委员会（IEC）联合发布的 ISO/IEC 9594-8：195 标准。数字证书通常包含有唯一标识证书所有者（即贸易方）的名称、唯一标识证书发布者的名称、证书所有者的公开密钥、证书发布者的数字签名、证书的有效期及证书的序列号等。证书发布者一般称为证书管理机构（CA），它是贸易各方都信赖的机构。数字证书能够起到标识贸易方的作用，是目前电子商务广泛采用的技术之一。

3．密钥管理相关的标准规范

目前国际有关的标准化机构都着手制定关于密钥管理的技术标准规范。ISO 与 IEC 下属的信息技术委员会（JTC1）已起草了关于密钥管理的国际标准规范。该规范主要由三部分组成：一是密钥管理框架；二是采用对称技术的机制；三是采用非对称技术的机制。该规范现已进入国际标准草案表决阶段，并将很快成为正式的国际标准。

3.5 电子邮件加密软件 PGP

自从互联网普及以来，电子邮件在人们的工作和生活中的地位越来越高。有时候我们会通过电子邮件传送比较重要的信息，然而电子邮件通过开放的网络传输，网络上的其他人都可以监听或者截取邮件，来获得邮件的内容，因而邮件的安全问题就令人担忧。要解决这些问题，目前最好的办法是对电子邮件进行加密。PGP（Pretty Good Privacy）就是主要应用于电子邮件和文件的加密软件。

PGP 就是主要应用于电子邮件和文件的加密软件。它本身并不是一种加密算法，它将一些加密算法（如 RSA、IDEA、AES 等）综合在一起，实现了一个完整的安全软件包。PGP 基于 RSA 公钥加密体系，可以用它对邮件保密以防止非授权者阅读，它还能对邮件加上数字签名从而使收信人可以确认邮件的发送者，并能确信邮件没有被篡改。它可以提供一种安全的通信方式，而事先并不需要任何保密的渠道用来传递密钥。PGP 主要是由 Philip R. Zimmermann 开发的，他选择比较好的算法，例如 RSA、IDEA 等作为加密算法的基础构件；将这些算法集成在一个便于用户使用的应用程序中；制作了软件包及其文档，且源代码免费公开。现在用户可以从 www.pgp.com 下载 PGP。

PGP 结合了一些大部分人认为很安全的算法，包括传统的对称密钥加密算法和公开密钥算法，充分利用这两类加密算法的特性，实现了鉴别、加密、压缩等。PGP 密钥体系包含对称加密算法（IDEA）、非对称加密算法（RSA）、单向散列算法（MD5）以及随机数产生器（从用户击键频率产生伪随机数序列的种子），每种算法都是 PGP 不可分割的组成部分。

当发送者用 PGP 加密一段明文时， PGP 首先压缩明文，然后建立一个一次性会话密钥，采用传统的对称加密算法（例如 AES 等）加密刚才压缩后的明文，产生密文。然后用接收者的公开密钥加密刚才的一次性会话密钥，随同密文一同传输给接收方。接收方首先用私有密钥解密，获得一次性会话密钥，最后用这个密钥解密密文。

PGP 结合了常规密钥加密和公开密钥加密算法，一是时间上的考虑，对称加密算法比公开密钥加密速度快大约 10000 倍；二是公开密钥解决了会话密钥分配问题，因为只有接收者才能用私有密钥解密一次性会话密钥。PGP 巧妙地将常规密钥加密和公开密钥加密结合起来，从而使会话安全得到保证。

用户使用 PGP 时，应该首先生成一个公开密钥/私有密钥对。其中公开密钥可以公开，而私有密钥绝对不能公开。PGP 将公开密钥和私有密钥用两个文件存储，一个用来存储该用户的公开/私有密钥，称为私有密钥环；另一个用来存储其他用户的公开密钥，称为公开密钥环。

为了确保只有该用户可以访问私有密钥环，PGP 采用了比较简洁和有效的算法。当用户使用 RSA 生成一个新的公开/私有密钥对时，输入一个口令短语，然后使用散列算法生成该口令的散列编码，将其作为密钥，采用常规加密算法对私有密钥加密，存储在私有密钥环中。当用户访问私有密钥时，必须提供相应的口令短语，然后 PGP 根据口令短语获得散列编码，将其作为密钥，对加密的私有密钥解密。通过这种方式，就保证了系统的安全性依赖于口令的安全性。

实训 3　用 PGP 进行邮件加密

一、实训目的

学会 Windows 下 PGP 软件的安装和使用，掌握 PGP 的主要功能，能够对邮件、文件等加密与传输。

二、实训环境

可以联网的计算机、PGP 软件安装包。

三、实训内容

1. PGP 软件的安装、注册和密钥生成

① PGP 软件的安装和其他软件类似，按照系统提示进行安装和注册即可，如图 3-5 所示。

② 生成密钥。注册完成之后，就会引导生成密钥，如图 3-6 所示。

③ 填写用户名和自己的邮箱，方便使用密钥，如图 3-7 所示。

④ 输入密钥口令，请牢记，如图 3-8 所示。

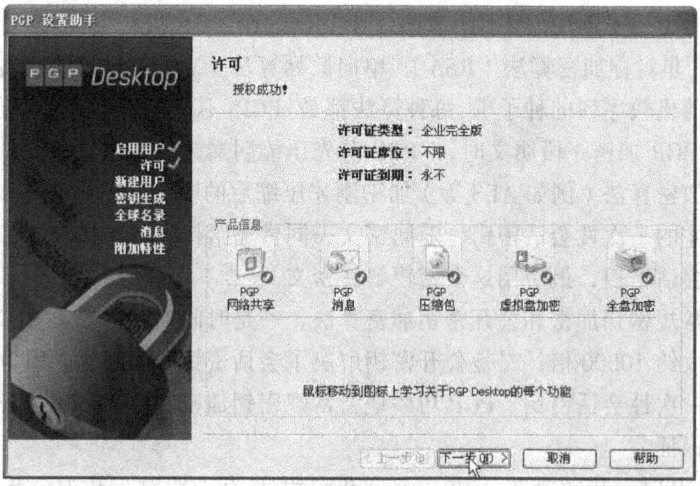

图 3-5　PGP 软件的安装

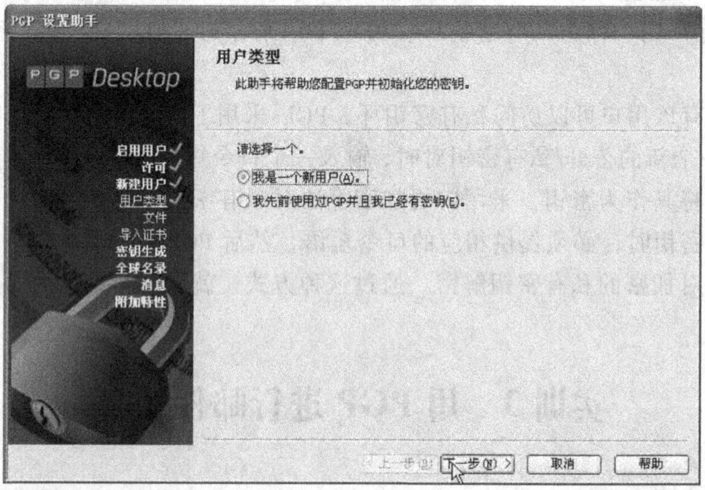

图 3-6　选择用户类型

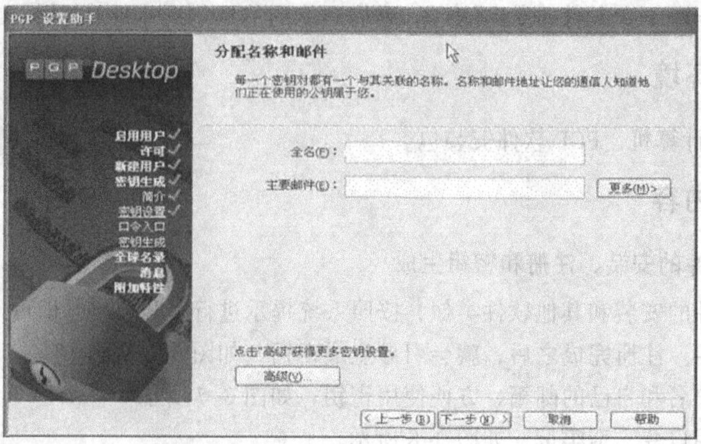

图 3-7　输入用户名和邮箱

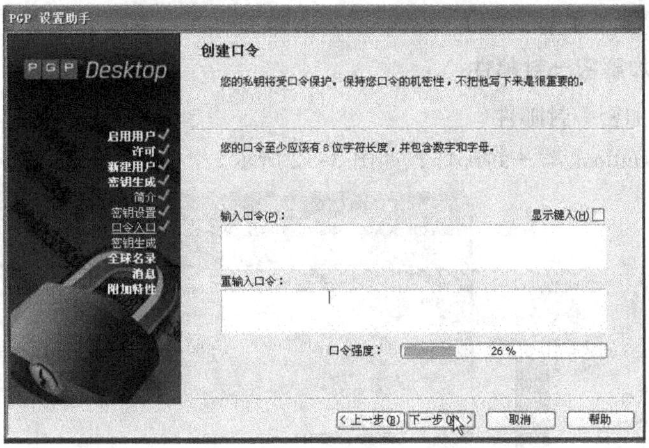

图 3-8　输入密钥口令

⑤ 生成密钥及传输密钥到服务器、邮件账号等设置，如图 3-9 和图 3-10 所示。

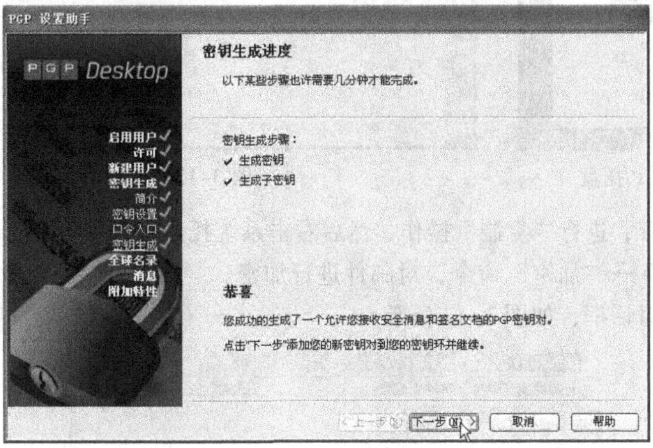

图 3-9　生成密钥

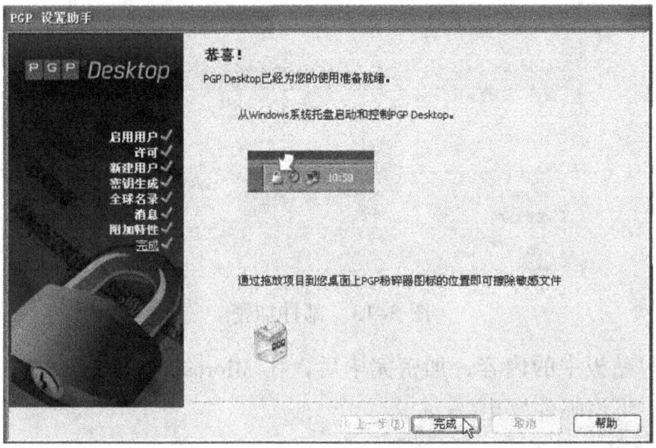

图 3-10　安装完成

至此，PGP 软件的安装、注册和密钥生成结束。可以看到在任务栏里有了 PGP 托盘，你可以打开使用，如图 3-11 所示。

2. 使用 PGP 加解密一封邮件

（1）使用 PGP 加密一封邮件

使用 Microsoft Outlook 写一封邮件，如图 3-12 所示。

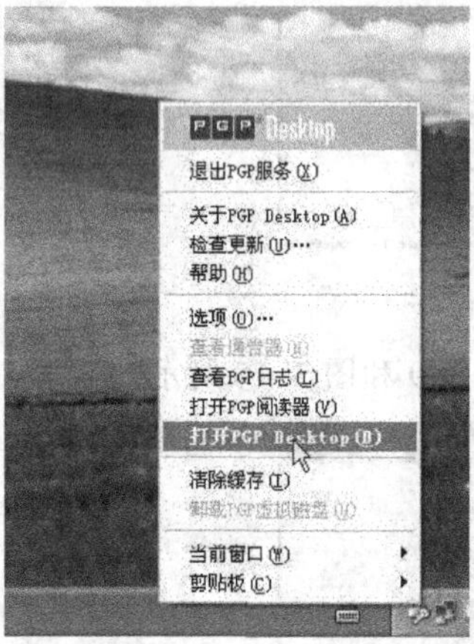

图 3-11　PGP 托盘

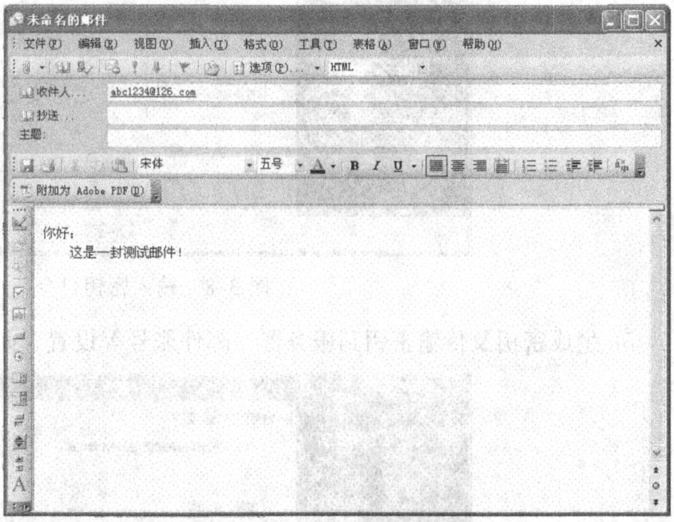

图 3-12　建立新邮件

先选中邮件内容，进行“复制”操作，然后右击系统托盘中的“PGPtray”图标，在快捷菜单中选择“剪贴板”→“加密”命令，对邮件进行加密。

弹出公钥选择对话框，如图 3-13 所示。

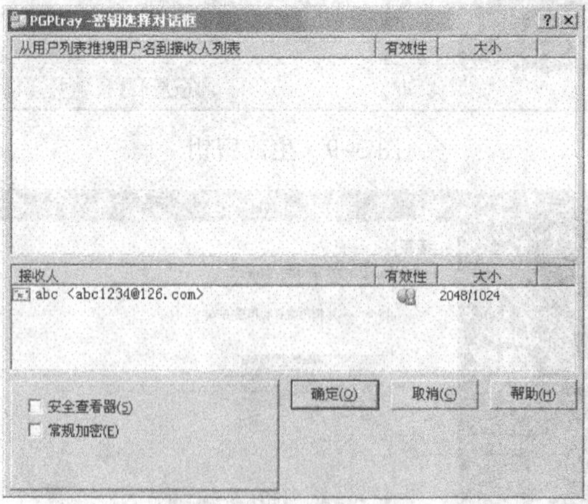

图 3-13　邮件加密

PGP 开始加密剪贴板中的内容，加密完毕后，在 Microsoft Outlook 邮件内容处，粘贴剪贴板中加密过的内容，将该邮件发出。

（2）使用 PGP 解密一封邮件

对方收到经过 PGP 加密的邮件，先选中邮件文本中“-----BEGIN PGP MESSAGE-----”到“-----END PGP MESSAGE-----”的内容，进行“复制”操作，然后右击系统托盘中的

"PGPtray"图标，在快捷菜单中选择"剪贴板"→"解密&校验"命令，对邮件进行解密，此时弹出输入私钥密码窗口，如图 3-14 所示。

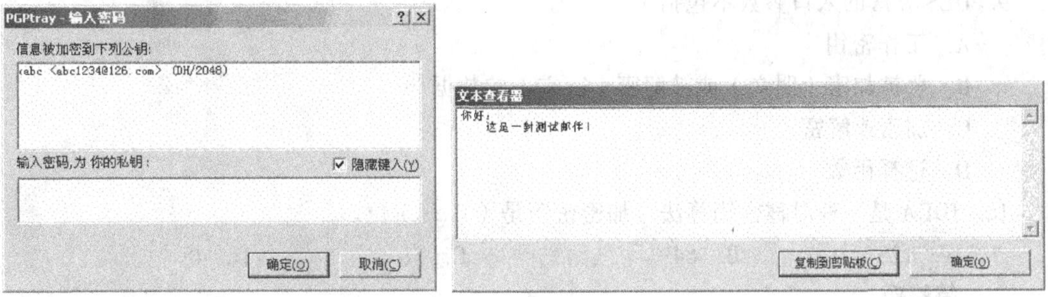

图 3-14　解密邮件

习　　题

一、选择题

1. 密码学的目的是（　　）。

   A. 研究数据加密　　　　B. 研究数据解密

   C. 研究数据保密　　　　D. 研究信息安全

2. 把明文变成密文的过程，称为（　　）。

   A. 加密　　B. 密文　　C. 解密　　D. 加密算法

3. （　　）是最常用的公钥密码算法。

   A. RSA　　B. DSA　　C. 椭圆曲线　　D. 量子密码

4. 假设使用一种加密算法，它的加密方法很简单：将每一个字母加 5，即 a 加密成 f。这种算法的密钥就是 5，那么它属于（　　）。

   A. 对称加密技术　　　　B. 分组密码技术

   C. 公钥加密技术　　　　D. 单向函数密码技术

5. A 方有一对密钥（KA 公开，KA 秘密），B 方有一对密钥（KB 公开，KB 秘密），A 方向 B 方发送数字签名 M，对信息 M 加密为：M'＝KB 公开（KA 秘密（M））。B 方收到密文的解密方案是（　　）。

   A. KB 公开（KA 秘密（M'））　　B. KA 公开（KA 公开（M'））

   C. KA 公开（KB 秘密（M'））　　D. KB 秘密（KA 秘密（M'））

6. "公开密钥密码体制"的含义是（　　）。

   A. 将所有密钥公开　　　　B. 将私有密钥公开，公开密钥保密

   C. 将公开密钥公开，私有密钥保密　　D. 两个密钥相同

7. 关于密钥的安全保护下列说法不正确的是（　　）。

   A. 私钥送给 CA

   B. 公钥送给 CA

   C. 密钥加密后存入计算机的文件中

   D. 定期更换密钥

8. DES 算法密钥是 64 位，其中密钥有效位是（　　）位。

A. 64　　B. 56　　C. 48　　D. 32

9. DES 算法的入口参数不包括（　　）。

A. 工作密钥

B. 要被加密（明文）或被解密（密文）的数据

C. 加密或解密

D. 选择函数

10. IDEA 是一种对称密钥算法，加密密钥是（　　）位。

A. 128　　B. 64　　C. 56　　D. 48

二、简答题

1. 简述对称密钥密码体制的原理和特点。
2. 对称密码算法存在哪些问题?
3. 什么是序列密码和分组密码?
4. 简述公开密钥密码机制的原理和特点?
5. 密钥的产生需要注意哪些问题?
6. 什么是密钥管理？为什么要进行密钥管理？密钥管理的内容是什么？

单元 4 认证技术

本章主要介绍身份认证、消息认证及数字签名的基本概念和静态认证和动态认证的应用以及安全协议的种类及应用。

通过本章的学习，使读者：

（1）理解报文鉴别码和散列（Hash）函数的原理及应用范围；

（2）理解 Kerberos 应用原理；

（3）了解认证技术及其消息认证、数字签名、身份认证的基本概念，以及它们在信息安全中的重要性和它们的具体应用；

（4）了解安全协议的基本理论及其优缺点。

4.1 认证技术概述

网络安全认证技术是网络安全技术的重要组成部分之一。安全认证指的是证实被认证对象是否属实和是否有效的一个过程。其基本思想是通过验证被认证对象的属性来达到确认被认证对象是否真实有效的目的。被认证对象的属性可以是口令、数字签名或者像指纹、声音、视网膜这样的生理特征。认证常常被用于通信双方相互确认身份，以保证通信的安全。一般可以分为两种：

① 身份认证：用于鉴别用户身份。

② 消息认证：用于保证信息的完整性和抗否认性；在很多情况下，用户要确认网上信息是不是假的，信息是否被第三方修改或伪造，这就需要消息认证。

4.2 身 份 认 证

认证（Authentication）是证实实体身份的过程，是保证系统安全的重要措施之一。当服务器提供服务时，需要确认来访者的身份，访问者有时也需要确认服务提供者的身份。身份认证是指计算机及网络系统确认操作者身份的过程。计算机网络系统是一个虚拟的数字世界。在这个数字世界中，一切信息包括用户的身份信息都是用一组特定的数据来表示的，计算机只能识别用户的数字身份，所有对用户的授权也是针对用户数字身份的授权。而现实世界是一个真实的物理世界，每个人都拥有独一无二的物理身份。如何保证以数字身份进行操作的操作者就是这个数字身份合法拥有者，也就是说，保证操作者的物理身份与数字身份相对应，就成为一个很重要的问题。身份认证技术的诞生就是为了解决这个问题。如何通过技术手段保证用户的物理身份与数字身份相对应呢？在真实世界中，验证一个人的身份主要通过三种方式判定：一是根据你所知道的信息来证明你的身份（what you know），假设某些信息只有某个人知道，比如暗号等，通过询问这个信息就可以确认这个人的身份；二是根据你所拥有的东西来证明你的身份（what you have），假设某一个东西只有某个人有，比如印章等，通过出示这个东西也可以确认个人的身份；三是直接根据你独一无二的身体特征来证明你的身份（who you are），比如指纹、面貌等。在信息系统中，一般来说，有三个要素可以用于认证过程，即用户的知识（Knowledge），如口令等；用户的物品（Possession），如 IC 卡等；用户的特征（Characteristic），如指纹等。现在计算机及网络系统中常用的身份认证方法如下：

身份认证技术从是否使用硬件来看，可以分为软件认证和硬件认证；从认证需要验证的条件来看，可以分为单向认证和双向认证;从认证信息来看，可以分为静态认证和动态认证。身份认证技术的发展，经历了从软件认证到硬件认证，从单向认证到双向认证，从静态认证到动态认证的过程。下面介绍常用的身份认证方法。

1. 单向认证

如果通信的双方只需要一方被另一方鉴别身份，这样的认证过程就是一种单向认证，前面提到的口令核对法，实际也可以算是一种单向认证，只是这种简单的单向认证还没有与密钥分发相结合。

与密钥分发相结合的单向认证主要有两类方案：一类采用对称密钥加密体制，需要一个可信赖的第三方——通常称为 KDC（密钥分发中心）或 AS（认证服务器），由这个第三方来实现通信双方的身份认证和密钥分发；另一类采用非对称密钥加密体制，无须第三方参与。

需要第三方参与的单向认证：

① A → KDC ：IDA||IDB|| N1

② KDC → A ：EKa[Ks || IDB || N1 || EKb [Ks || IDA]]

③ A → B：EKb [Ks || IDA] || EKs[M]

无须第三方参与的单向认证：

A → B：EKUb[Ks]|| EKs[M]

当信息不要求保密时，这种无须第三方的单向认证可简化为

A → B：M || EKRa[H(M)]

2. 双向认证

在双向认证过程中，通信双方需要互相认证鉴别各自的身份，然后交换会话密钥，双向认证的典型方案是 Needham/Schroeder 协议。

Needham/Schroeder Protocol [1978]

① A → KDC ：IDA||IDB||N1

② KDC → A ：EKa[Ks||IDB||N1||EKb[Ks||IDA]]

③ A → B ：EKb[Ks||IDA]

④ B → A ：EKs[N2]

⑤ A → B ：EKs[f(N2)]

3. 静态认证

静态认证是利用用户自己设定的密码。在网络登录时输入正确的密码，计算机就认为操作

者就是合法用户。实际上，由于许多用户为了防止忘记密码，经常采用诸如生日、电话号码等容易被猜测的字符串作为密码，或者把密码抄在纸上放在一个自认为安全的地方，这样很容易造成密码泄露。如果密码是静态的数据，则在验证过程中，在计算机内存中和在传输过程中可能会被木马程序等截获。因此，静态密码机制无论是使用还是部署都非常简单，但从安全性上讲，用户名/密码方式是一种不安全的身份认证方式。

4. 动态认证

动态认证又分为以下几种方式：

（1）智能卡

它是一种内置集成电路的芯片，芯片中存有与用户身份相关的数据，智能卡由专门的厂商通过专门的设备生产，是不可复制的硬件。智能卡由合法用户随身携带，登录时必须将智能卡插入专用的读卡器读取其中的信息，以验证用户的身份。

智能卡认证是通过智能卡硬件不可复制来保证用户身份不会被仿冒。然而由于每次从智能卡中读取的数据是静态的，通过内存扫描或网络监听等技术还是很容易截取到用户的身份验证信息，因此还是存在安全隐患。

（2）短信密码

以手机短信形式请求包含6位随机数的动态密码，这也是一种手机动态口令形式，身份认证系统以短信形式发送随机的6位密码到客户的手机上。客户在登录或者交易认证时候输入此动态密码，从而确保系统身份认证的安全性，如图4-1所示。

硬件令牌：它是客户手持用来生成动态密码的终端，主流的是基于时间同步方式的，每60 s变换一次OTP口令，口令一次有效，它产生6位动态数字进行一次一密的方式认证，目前应用广泛的有RSA、VASCO、dKey等动态口令牌。

手机令牌：手机令牌与硬件令牌功能相同，都是用来生成动态口令的载体，手机令牌作为一种手机客户端软件，在生成动态口令的过程中，不会产生任何通信，因此不会在通信信道中被截取，欠费和无信号对其不产生任何影响，由于其具有高安全性、零成本、无须携带、获取简便以及无物流等优势，相比硬件令牌其更符合互联网的精神，由于以上优势，手机令牌可能会成为3G时代动态密码身份认证令牌的主流形式，如图4-2所示。

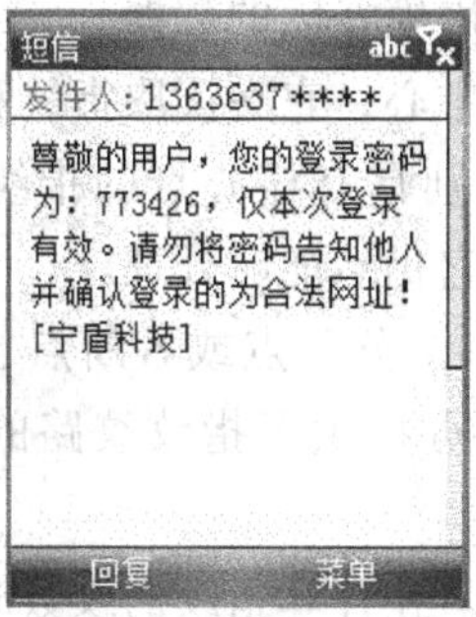

图4-1 短信密码

图4-2 手机令牌

USB Key：基于 USB Key 的身份认证方式是近几年发展起来的一种方便、安全的身份认证技术。它采用软硬件相结合、一次一密的强双因子认证模式，很好地解决了安全性与易用性之间的矛盾。USB Key 是一种 USB 接口的硬件设备，它内置单片机或智能卡芯片，可以存储用户的密钥或数字证书，利用 USB Key 内置的密码算法实现对用户身份的认证。基于 USB Key 身份认证系统主要有两种应用模式：一是基于冲击/响应的认证模式，二是基于 PKI 体系的认证模式，如图 4-3 所示。

图 4-3　USB Key

5．生物识别技术

生物识别技术是通过可测量的身体或行为等生物特征进行身份认证的一种技术。生物特征是指唯一的可以测量或可自动识别和验证的生理特征或行为方式。生物特征分为身体特征和行为特征两类。身体特征包括：指纹、掌型、视网膜、虹膜、人体气味、脸型、手的血管和 DNA 等；行为特征包括：签名、语音、行走步态等。目前部分学者将视网膜识别、虹膜识别和指纹识别等归为高级生物识别技术；将掌型识别、脸型识别、语音识别和签名识别等归为次级生物识别技术；将血管纹理识别、人体气味识别、 DNA 识别等归为“深奥的”生物识别技术。指纹识别技术目前应用广泛的有微型支付，如指付通。

指纹识别：指纹其实是比较复杂的。与人工处理不同，许多生物识别技术公司并不直接存储指纹的图像。多年来在各个公司及其研究机构产生了许多数字化的算法。但指纹识别算法最终都归结为在指纹图像上找到并比对指纹的特征。

我们定义了指纹的两类特征来进行指纹的验证：总体特征和局部特征。在考虑局部特征的情况下，英国学者 E.R.Herry 认为，只要比对 13 个特征点重合，就可以确认为是同一个指纹。

（1）总体特征

总体特征是指那些用人眼直接就可以观察到的特征，如图 4-4 所示（图中 1~102 为指纹特征采样点），包括：

① 纹形：环型（Loop）、弓型（Arch）、螺旋型（Whorl）。

其他的指纹图案都基于这三种基本图案。仅仅依靠纹形来分辨指纹是远远不够的，这只是一个粗略的分类，通过更详细的分类使得在大数据库中搜寻指纹更为方便快捷。

② 模式区（Pattern Area）。模式区是指指纹上包括了总体特征的区域，即从模式区就能够分辨出指纹是属于那一种类型的。有的指纹识别算法只使用模式区的数据。

③ 核心点（Core Point）。核心点位于指纹纹路的渐进中心，它在读取指纹和比对指纹时作为参考点。许多算法是基于核心点的，即只能处理和识别具有核心点的指纹。核心点对于 securetouch 的指纹识别算法很重要，但没有核心点的指纹它仍然能够处理。

④ 三角点（Delta）。三角点位于从核心点开始的第一个分叉点或者断点、或者两条纹路会聚处、孤立点、折转处，或者指向这些奇异点。三角点提供了指纹纹路的计数跟踪的开始之处。

⑤ 纹数（Ridge Count）。指模式区内指纹纹路的数量。在计算指纹的纹数时，一般先连接核心点和三角点，这条连线与指纹纹路相交的数量即可认为是指纹的纹数。

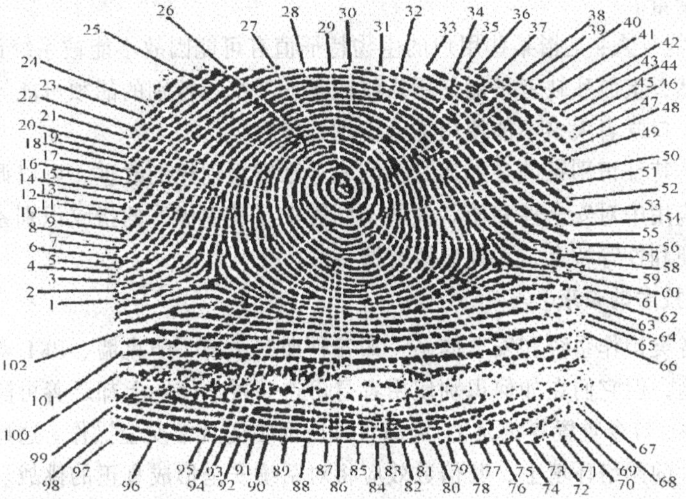

图 4-4　指纹特征

（2）局部特征

局部特征是指指纹上的节点的特征，这些具有某种特征的节点称为特征点。两枚指纹经常会具有相同的总体特征，但它们的局部特征——特征点，却不可能完全相同。指纹纹路并不是连续的、平滑笔直的，而是经常出现中断、分叉或打折。这些断点、分叉点和转折点就称为“特征点”。就是这些特征点提供了指纹唯一性的确认信息。

指纹识别技术是目前最方便、可靠、非侵害和价格便宜的生物识别技术解决方案，对于广大市场的应用有着很大的潜力。

虹膜识别：是利用在眼睛中瞳孔内的织物状的各色环状物进行识别的技术，每一个虹膜都包含一个独一无二的基于像冠、水晶体、细丝、斑点、结构、凹点、射线、皱纹和条纹等特征的结构，据称，没有任何两个虹膜是一样的。虹膜扫描安全系统包括一个全自动照相机来寻找你的眼睛并在发现虹膜时，就开始聚焦，想通过眨眼睛来欺骗系统是不行的。虹膜识别技术只需用户位于设备之前而无须物理的接触。

面部识别：面部识别技术通过对面部特征和它们之间的关系来进行识别，识别技术基于这些唯一的特征时是非常复杂的，这需要人工智能和机器知识学习系统，用于捕捉面部图像的两项技术为标准视频和热成像技术。标准视频技术通过一个标准的摄像头摄取面部的图像或者一系列图像，在面部被捕捉之后，一些核心点被记录。例如，眼睛、鼻子和嘴的位置以及它们之间的相对位置被记录下来然后形成模板；热成像技术通过分析由面部的毛细血管的血液产生的热线来产生面部图像，与视频摄像头不同，热成像技术并不需要在较好的光源条件下，因此即使在黑暗情况下也可以使用。一个算法和一个神经网络系统加上一个转化机制就可将一幅指纹图像变成数字信号，最终产生匹配或不匹配信号。

不过，生物识别技术也会发生三类错误：

① 拒认：即将正当的使用者拒绝，导致需要多次尝试才能验证通过。该类型错误通常用称为“拒认率”的参数来衡量。

② 误认：即将系统非法入侵者误认为正当用户，导致致命错误。该类型错误通常用称为“误

认率”的参数来衡量。

③ 特征值不能录入：是指某些用户的生物特征值有可能因故不能被系统记录，导致用户不能使用系统。显然，上肢残缺者不能使用指纹或掌形系统，特别的胡须可能导致某些人不能使用面容识别系统，口吃者大多不能使用语音识别系统等。

发展中的生物特征识别系统在上述三类问题上已有很理想的改进，可以调节误认率和拒认率，以照顾实际应用中对安全性和便利性的不同需求。其中优秀的指纹识别系统更以其出色的性价比和使用的便利性等特点，为社会所普遍接受。

6．身份认证技术的未来

虽然现有的各类操作系统和安全体系（如各种加密系统、防火墙、PKI 等）都为用户提供了相当的安全措施，但它们在如何识别使用者身份这一根本问题上却乏善可陈；使用者登录系统、访问应用软件、口令重置等都是 IT 资源管理所面临的日常安全操作，这些看上去很小的细节问题，到了庞大的网络环境上，其倍数效应将对系统安全形成真正的挑战。

身份认证技术的发展经历了三个时代：口令、各种证卡和令牌、生物特征识别，生物特征才能解决根本的认证问题：证明“你是你”。这三种认证因素的组合，可以达到比单向认证更高的安全等级；三种认证技术都有其局限，同时客户的偏好和选择也是多样化的，因此，一套行之有效的认证系统应该兼容所有认证技术，并可以在认证因素之间进行任意组合。组合认证将是身份认证技术的发展方向。

在实际应用中，认证方案的选择应当从系统需求和认证机制的安全性能两个方面来综合考虑，安全性能最高的不一定是最好的。当然认证理论和技术还在不断发展之中，尤其是移动计算环境下的用户身份认证技术和对等实体的相互认证机制发展还不完善，另外如何减少身份认证机制和信息认证机制中的计算量和通信量，而同时又能提供较高的安全性能，是信息安全领域的研究人员进一步需要研究的课题。

4.3 消息认证

消息认证就是验证消息的完整性，当接收方收到发送方的报文时，接收方能够验证收到的报文是真实的未被篡改的。它包含两个含义：一个是验证信息的发送者是真正的而不是冒充的，即数据起源认证；二是验证信息在传送过程中未被篡改、重放或延迟等。

1．鉴别的需求

在需通过网络进行通信的环境中，会遇到以下攻击：

① 泄露：将报文内容透露给没有拥有合法密钥的任何人或相关过程。

② 通信量分析：发现通信双方的通信方式。在面向连接的应用中，连接的频率和连接持续时间就能确定下来。在面向连接或无连接的环境中，通信双方的报文数量和长度也能确定下来。

③ 伪装：以假的源点身份将报文插入网络中。这包括由敌方伪造一条报文却声称它源自己授权的实体。另外，还包括由假的报文接收者对收到报文发回假确认，或者不予接收。

④ 内容篡改：篡改报文的内容，包括插入、删除、调换及修改。

⑤ 序号篡改：对通信双方报文序号的任何修改，包括插入、删除和重排序。

⑥ 计时篡改：报文延迟或回放。在面向连接的应用中，一个完整的会话或报文的序列可

以是在之前某些有效会话的回放，或者序列中的单个报文能被延迟或回放。在无连接环境中，单个报文（如数据报）能被延迟或回放。

⑦ 抵赖：终点否认收到某报文或源点否认发过某报文。

解决头两种攻击的措施是加强报文的保密性，这将在书中的第一部分介绍。对付前面列表中的第 3 到第 6 种攻击方法称为报文鉴别。处理第 7 项的机制称为数字签名。一般地，数字签名技术也能对付表中第 3 项到第 6 项的部分或全部攻击。

总之，报文鉴别是一个证实收到的报文来自可信的源点且未被篡改的过程；报文鉴别也可证实序列编号和及时性：数字签名是一种包括防止源点或终点抵赖的鉴别技术。

数据完整性机制有两种类型：一种用来保护单个数据单元的完整性，另一种既保护单个数据单元的完整性，也保护一个连接上整个数据单元流序列的完整性（对消息流的篡改检测）。

消息认证的检验内容应包括：证实报文的信源和宿源及报文内容是否遭到偶然或有意地篡改，报文的序号是否正确，报文的到达时间是否在指定的期限内。总之，消息认证使接收者能识别报文的源，内容的真伪，时间有效性等。这种认证只在相互通信的双方之间进行，而不允许第三者进行上述认证。

本节介绍两种用于产生一个鉴别符的函数报文鉴别码：以一个报文的公共函数和用于产生一个定长值的密钥作为鉴别符。

散列函数：一个将任意长度的报文映射为定长的散列值的公共函数，以散列值作为鉴别符。

2．报文鉴别码

报文鉴别码（Message Authentication Codes，MAC）由于采用共享密钥，是一种广泛使用的消息认证技术。它是使用一个密钥产生一个短小的定长数据分组，并将它附加在报文中。该技术假定通信双方，比如说 A 和 B，共享一个共有的密钥 K。当 A 有要发往 B 的报文时，它将计算 MAC，MAC 作为报文和密钥 K 的一个函数值。

发送方 A 要发送消息 M 时，A 使用一个双方共享的密钥 k 产生一个短小的定长数据块，即消息校验码 MAC=TK(M)，发送给接收方 B 时，将它附加在报文中。

A → B ：M || TK(M)

接收方对收到的报文使用相同的密钥 k 执行相同的计算，得到新的 MAC。接收方将收到的 MAC 与计算得到的 MAC 进行比较，如果相匹配，那么可以保证报文在传输过程中维持了完整性：

① 接收者确信报文未被更改过。攻击者如果修改了消息，而不修改 MAC，接收者重新计算得到的 MAC 将不同于接收到的 MAC。由于 MAC 的生成使用了双方共享的秘密密钥，攻击者不能够更改 MAC 来对应修改过的消息。

② 接收者确信报文来自真实的发送者。因为没有其他人知道密钥，所以没有人能够伪造出消息及其对应的 MAC。

利用 MAC 进行消息认证的过程如下（见图 4-5）：

以上过程中，消息是明文传送的，故只提供消息认证而不提供保密功能。机密性可通过使用 MAC 算法之前或之后的加密来实现。以下过程提供认证与保密：

A → B ：EK2(M || TK1(M))

A → B ：EK2(M) || TK1(Ek2(M)))

这里 K1、K2 均由 A 和 B 共享。

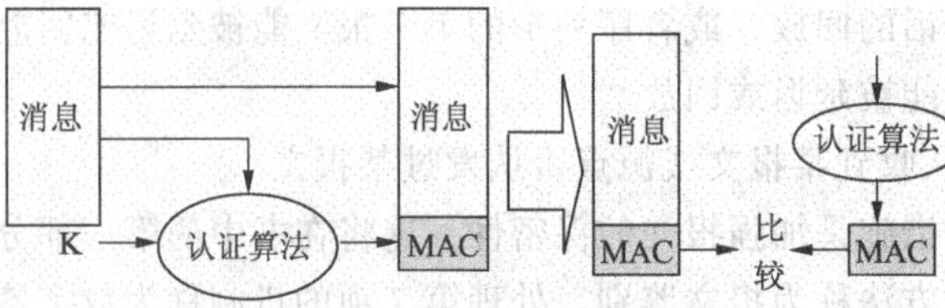

图 4-5　报文鉴别码的使用

一般常规的加密能提供鉴别，同时也有已广泛使用的现成产品，为什么不简单地使用它而要采用独立的报文鉴别码？这主要是因为：

① 有许多应用要求将相同的报文对许多终点进行广播，这样的例子如通知用户目的网络不通或军用控制中心发出告警信息。仅使用一个终点负责报文的真实性这一方法既经济又可靠。这样，报文必须以明文加对应报文鉴别码的形式广播。负责鉴别的系统拥有相应的密钥，

并执行鉴别操作。如果鉴别不正确，其他终点将收到一个一般的告警。

② 另一个可用的情形是一方有繁重的处理任务，无法负担对所有收到报文进行解密的工作量。仅进行有选择地鉴别，对报文进行随机检查。

③ 对明文形式的计算机程序进行鉴别是一项吸引人的服务。计算机程序每次执行时无须进行耗费处理机资源的解密。如果将报文鉴别码附加到该程序上，通过检查能随时确信该程序的完整性。

常用的构造 MAC 的方法包括：利用已有的分组密码构造，如利用 DES 构造的 CBC-MAC。

3．散列（Hash）函数

散列函数（又称杂凑函数）是对不定长的输入产生定长输出的一种特殊函数其中 M 是变长的，消息 h=H(M)是定长的散列值或称为消息摘要。散列函数 H 是公开的，散列值在信源处被附加在消息上，接收方通过重新计算散列值来保证消息未被窜改。由于函数本身公开，传送过程中对散列值需要另外的加密保护（如果没有对散列值的保护窜改者可以在修改消息的同时修改散列值从而使散列值的认证功能失效）。

散列函数的目的是为文件、报文或其他的分组数据产生“指纹”。要用于报文鉴别，散列函数 H 必须具有如下性质：

① H 能用于任何大小的数据分组。

② H 产生定长输出。

③ 对任何给定的 M，H(M)要相对易于计算，使得硬件和软件实现成为实际可行。

④ 对任何给定的码 h，寻找 M 使得 H(M) = h 在计算上是不可行的。这就是有些书中所称的单向性质。

⑤ 对任何给定的分组 M，寻找不等于 M 的 W，使得 H(W)=H(M)在计算上是不可行的，称为弱抗冲突。

⑥ 寻找对任何的(M,W)对使得 H(M) = H(W)在计算上是不可行的，称为强抗冲突。

注意到前两个性质使得散列函数用于消息认证成为可能。第 2 和第 3 个性质保证 H 的单向性：给定消息产生散列值很简单，反过来由散列值产生消息计算上不可行。这保证了攻击者无法通过散列值恢复消息。第 4 个性质保证了攻击者无法在不修改散列值的情况下替换消息而不被察觉。第 5 个性质比第 4 个性质更强，保证了一种被称为生日攻击的方法无法奏效。

散列码不同的使用方式可以提供不同要求的消息认证，这里列出如下四种：

① 使用对称密码体制对附加了散列码的消息进行加密。这种方式与用对称密码体制加密附加检错码的消息在结构上是一致的。认证的原理也相同，而且这种方式也提供保密性。

② 使用对称密码体制仅对附加的散列码进行加密。在这种方式中，如果将散列函数与加密函数合并为一个整体函数实际上就是一个 MAC 函数。

③ 使用公钥密码体制用发方的私有密钥仅对散列码进行加密。这种方式与第二种方式一样提供认证，而且还提供数字签名。

④ 发送者将消息 M 与通信各方共享的一个秘密值 S 串接，然后计算出散列值，并将散列值附在消息 M 后发送出去。由于秘密值 S ，并不发送攻击者无法产生假消息。

本节将简单介绍两种重要的散列函数：MD5、SHA-1。

MD5 报文摘要算法(RFC 1321)是由 Rivest 提出的。MD5 曾是使用最普遍的安全散列算法。该算法以一个任意长度的报文作为输入,产生一个 128bit 的报文摘要作为输出。输入是按 512bit 的分组进行处理的。

安全散列算法（SHA）由美国国家标准和技术协会（NIST）提出，并作为联邦信息处理标准在 1993 年公布；1995 年又发布了一个修订版，通常称之为 SHA-1。SHA 是基于 MD4 算法的，并且它的设计在很大程度上是模仿 MD4 的。该算法输入报文的最大长度不超过 2^{64}bit，产生的输出是一个 1160bit 的报文摘要。输入是按 512bit 的分组进行处理的。

两者的优缺点比较如下：

① 抗强力攻击的能力：对与弱碰撞攻击，这两个算法都是无懈可击的。MD5 很容易遭遇强碰撞的生日攻击，而 SHA-1 目前是安全的。

② 抗密码分析攻击的能力：对 MD5 的密码分析已经取得了很大的进展，而 SHA-1 有很高的抗密码分析攻击的能力。

③ 计算速度：两个算法的主要运算都是模 2^{32} 加法和按位逻辑运算，因而都易于在 32 位的结构上，实现但 SHA-1 的迭代次数较多，复杂性较高，因此速度较 MD5 慢。

④ 存储方式：两者在低位字节优先与高位字节优先都没有明显的优势。

4.4 数字签名

所谓“数字签名”就是通过某种密码运算生成一系列符号及代码组成电子密码进行签名，来代替书写签名或印章，对于这种电子式的签名还可进行技术验证，其验证的准确度是一般手工签名和图章的验证而无法比拟的。“数字签名”是目前电子商务、电子政务中应用最普遍、技术最成熟的、可操作性最强的一种电子签名方法。它采用了规范化的程序和科学化的方法，用于鉴定签名人的身份以及对一项电子数据内容的认可。它还能验证出文件的原文在传输过程中有无变动，确保传输电子文件的完整性、真实性和不可抵赖性。

数字签名在 ISO7498-2 标准中定义为：“附加在数据单元上的一些数据，或是对数据单元所作的密码变换，这种数据和变换允许数据单元的接收者用以确认数据单元来源和数据单元的完整性，并保护数据，防止被人(例如接收者)进行伪造”。美国电子签名标准(DSS，FIPS186-2)对数字签名作了如下解释：“利用一套规则和一个参数对数据计算所得的结果，用此结果能够确认签名者的身份和数据的完整性。”

数字签名要实现的功能是人们平常的手写签名要实现功能的扩展。平常在书面文件上签名的主要作用有两点，一是因为对自己的签名本人难以否认，从而确定了文件已被自己签署这一事实；二是因为自己的签名不易被别人模仿，从而确定了文件是真的这一事实。采用数字签名，也能完成这些功能：

① 确认信息是由签名者发送的；

② 确认信息自签名后到收到为止，未被修改过；

③ 签名者无法否认信息是由自己发送的。

4.4.1 数字签名的实现方法

数字签名的技术基础是公钥密码技术，而建立在公钥密码技术上的数字签名方法有很多，如 RSA 签名、DSA 签名和椭圆曲线数字签名算法（ECDSA）等。下面对 RSA 签名进行详细分析。

RSA 签名的整个过程可以用图 4-6 表示。

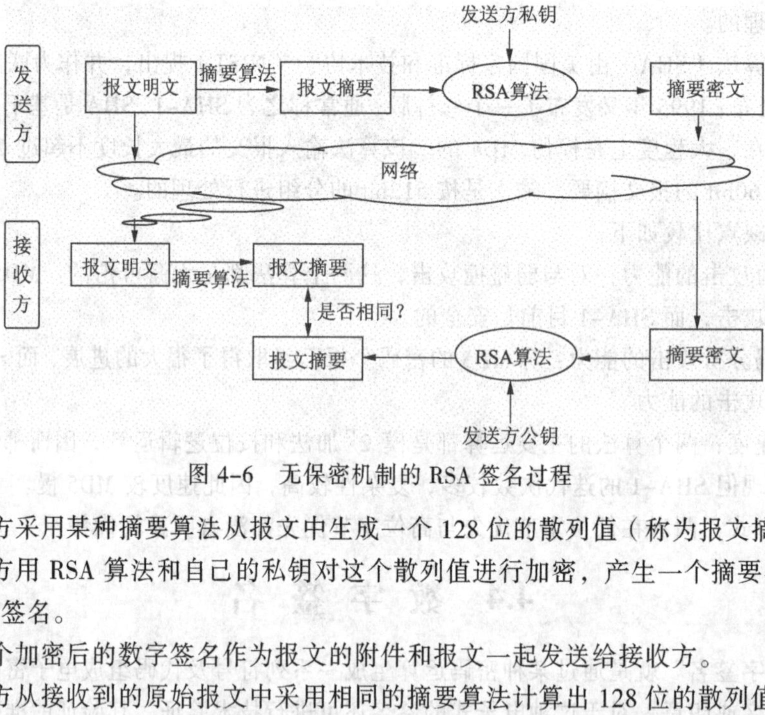

图 4-6 无保密机制的 RSA 签名过程

① 发送方采用某种摘要算法从报文中生成一个 128 位的散列值（称为报文摘要）。

② 发送方用 RSA 算法和自己的私钥对这个散列值进行加密，产生一个摘要密文，这就是发送方的数字签名。

③ 将这个加密后的数字签名作为报文的附件和报文一起发送给接收方。

④ 接收方从接收到的原始报文中采用相同的摘要算法计算出 128 位的散列值。

⑤ 报文的接收方用 RSA 算法和发送方的公钥对报文附加的数字签名进行解密。

⑥ 如果两个散列值相同，那么接收方就能确认报文是由发送方签名的。

最常用的摘要算法叫做 MD5(Message Digest 5), MD5 采用单向 Hash 函数将任意长度的“字节”"变换成一个 128 位的散列值，并且它是一个不可逆的字符串变换算法，换言之，即使看到 MD5 的算法描述和实现它的源代码，也无法将一个 MD5 的散列值变换回原始的字符串。这一个 128 位的散列值亦称为数字指纹，就像人的指纹一样，它就成为验证报文身份的“指纹”了。

数字签名是如何完成与手写签名类同的功能的呢？如果报文在网络传输过程中被修改，接收方收到此报文后，使用相同的摘要算法将计算出不同的报文摘要，这就保证了接收方可以判断报文自签名后到收到为止，是否被修改过。如果发送方 A 想让接收方误认为此报文是由发送方 B 签名发送的，由于发送方 A 不知道发送方 B 的私钥，所以接收方用发送方 B 的公钥对发送方 A 加密的报文摘要进行解密时，也将得出不同的报文摘要，这就保证了接收方可以判断报文是否是由指定的签名者发送。同时也可以看出，当两个散列值相同时，发送方 B 无法否认这个报文是他签名发送的。

在上述签名方案中，报文是以明文方式发生的。所以不具备保密功能。如果报文包含不能泄漏的信息，就需要先进行加密，然后再进行传送。具有保密机制的 RSA 签名的整个过程如下图 4-7 所示。

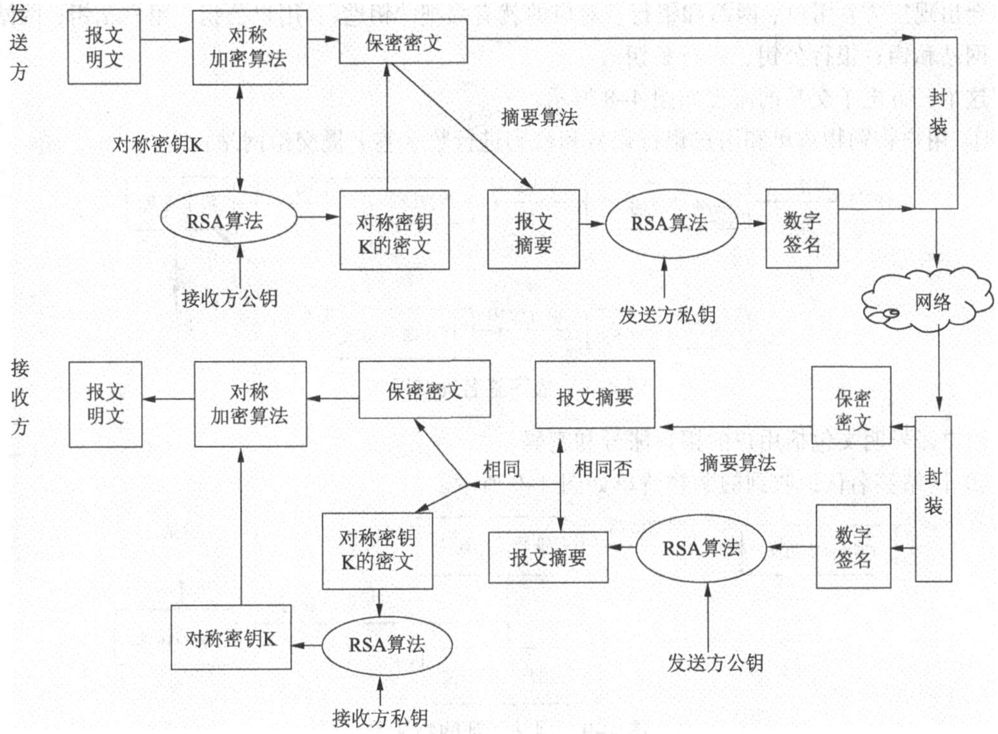

图 4-7　有保密机制的 RSA 签名过程

① 发送方选择一个对称加密算法（比如 DES）和一个对称密钥对报文进行加密；

② 发送方用接收方的公钥和 RSA 算法对第①步中的对称密钥进行加密，并且将加密后的对称密钥附加在密文中；

③ 发送方使用一个摘要算法从第②步的密文中得到报文摘要，然后用 RSA 算法和发送方的私钥对此报文摘要进行加密，这就是发送方的数字签名；

④ 将第③步得到的数字签名封装在第②步的密文后，并通过网络发送给接收方；

⑤ 接收方使用 RSA 算法和发送方的公钥对收到的数字签名进行解密，得到一个报文摘要；

⑥ 接收方使用相同的摘要算法，从接收到的报文密文中计算出一个报文摘要；

⑦ 如果第⑤步和第⑥步的报文摘要是相同的，就可以确认密文没有被篡改，并且是由指定的发送方签名发送的；

⑧ 接收方使用 RSA 算法和接收方的私钥解密出对称密钥；

⑨ 接收方使用对称加密算法（比如 DES）和对称密钥对密文解密，得到原始报文。

4.4.2 数字签名在电子商务中的应用

下面用一个使用 SET 协议的例子来说明数字签名在电子商务中的作用。SET 协议（Secure Electronic Transaction，安全电子交易）是由 VISA 和 MasterCard 两大信用卡公司于 1997 年联合推出的规范。

SET 主要针对用户、商家和银行之间通过信用卡支付的电子交易类型而设计的，所以在下例中会出现三方：用户、网站和银行。对应的就有六把“钥匙”：用户公钥、用户私钥；网站公钥、网站私钥；银行公钥、银行私钥。

这个三方电子交易的流程如图 4-8 所示。

① 用户将购物清单和用户银行账号和密码进行数字签名提交给网站：

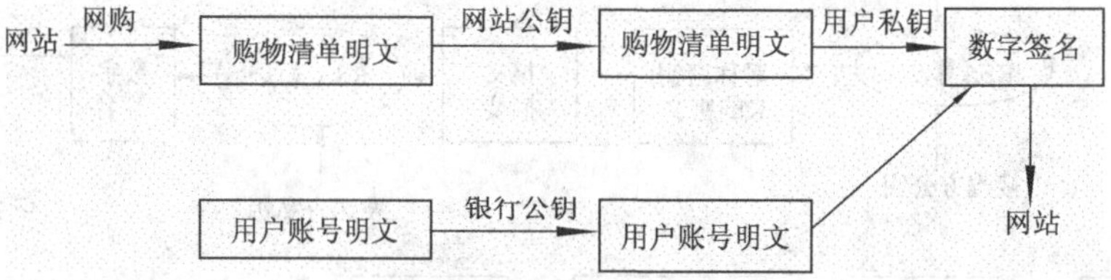

图 4-8　数字签名提交网站

用户账号明文包括用户的银行账号和密码。

② 网站签名认证收到的购物清单如图 4-9 所示。

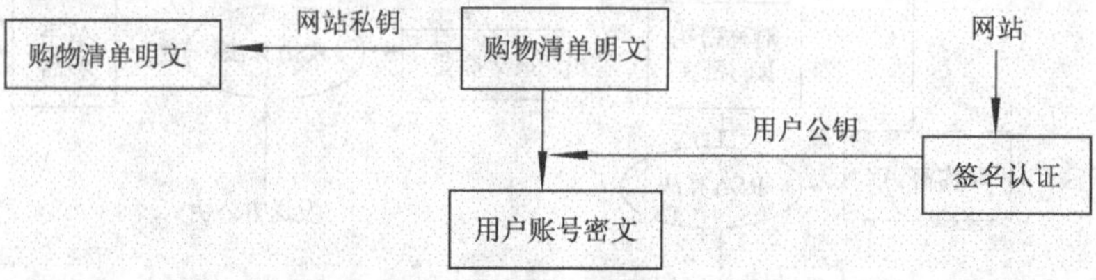

图 4-9　网站认证购物清单

③ 网站将网站申请密文和用户账号密文进行数字签名提交给银行如图 4-10 所示。

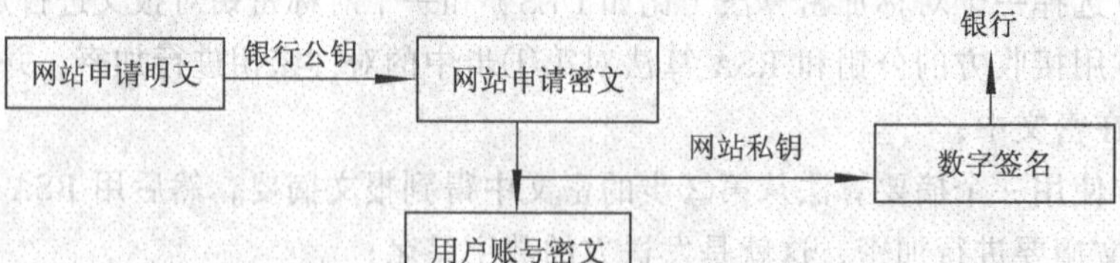

图 4-10　网站将签名后的密文交给银行

网站申请明文包括购物清单款项统计、网站账户和用户需付金额。

④ 银行签名认证收到的相应明文如图 4-11 所示。

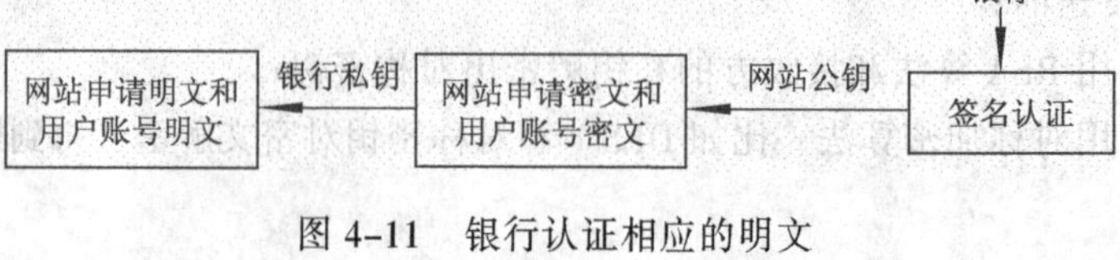

图 4-11　银行认证相应的明文

从上面的交易过程可知，这个电子商务具有以下几个特点：

① 网站无法得知用户的银行账号和密码，只有银行可以看到用户的银行账号和密码；

② 银行无法从其他地方得到用户的银行账号和密码的密文；

③ 由于数字签名技术的使用，从用户到网站到银行的数据，每一个发送端都无法否认；

④ 由于数字签名技术的使用，从用户到网站到银行的数据，均可保证未被篡改。

可见，这种方式已基本解决电子商务中三方进行安全交易的要求，即便有“四方”“五方”等更多方交易，也可以按 SET 以此类推完成。

4.5 安全认证协议

一般的网络协议都没考虑安全性需求。这就带来了互联网许多的攻击行为，如窃取信息、篡改信息、假冒等，为保证网络传输和应用的安全，出现了很多运行在基础网络协议上的安全协议以增强网络协议的安全。下面在介绍 Kerberos 等几种常用网络安全协议所在层次，所能承担的安全服务、加密机制、应用领域等的同时，重点对具有相似功能的协议进行比较，本章节重点介绍一下 Kerberos 认证协议。

4.5.1 网络认证协议 Kerberos

在希腊神话中 Kerberos（又称 Cerberus）是有三个头的看门狗。1983 年麻省理工学院在雅典娜（Athena）项目工程开始使用命名为 Kerberos 的身份认证协议。1995 年公布的 Kerberos V5 安全协议是其最新的网络身份验证服务。Kerberos 认证系统就一直在 UNIX 系统中被广泛地采用，常用的有两个版本：第 4 版和第 5 版，其他的是内部版本。其中版本 5 更正了版本 4 中的一些安全缺陷，并已经发布为 Internet 提议标准（RFC 1510）。Microsoft 公司在其推出的 Windows 2000 中也实现了这一认证系统，并作为它的默认的认证系统。

Athena 项目的计算环境是 Kerberos 的开发背景，了解这个环境对理解 Kerberos 系统会有所帮助，所以在这里有必要加以描述：Athena 的计算环境由大量的匿名工作站和相对较少的独立服务器组成。服务器提供例如文件存储、打印、邮件等服务，工作站主要用于交互和计算。我们希望服务器能够限定仅能被授权用户访问，能够验证服务的请求。在此环境中，工作站不能够确保它的用户就是网络服务正确的用户。也就是说，工作站是不可信的。特别是存在如下 3 种威胁：

① 用户可以访问特定的工作站并伪装成其他工作站用户。

② 用户可以改动工作站的网络地址，这样，改动过的工作站发出的请求就像是从伪装工作站发出的一样。

③ 用户可以根据交换窃取消息，并使用重放攻击来进入服务器或破坏操作。

在这样的环境下，为了减轻每个服务器的负担，Kerberos 把身份认证的任务集中在身份认证服务器（AS）上执行。AS 中保存了所有用户的口令。另外，为了使用户输入口令的次数最小化，在 Kerberos 认证体制中，还增加了另外一种授权服务器 TGS（Ticket-Granting Server）。用户登录系统并表明访问某个系统资源时，系统并不传送用户口令，而是由 AS 从用户口令产生一个密钥 KU,AS，并传送给用户 U 一个可以访问 TGS 的门票 Ttgs，以及用 KU,AS 加密的密钥 Ku,tgs。如果用户 U 知道口令，则可以利用口令产生密钥 KU,AS，解密后获得 Ku,tgs，用户 U 需要请求某服务时，可以把 Ttgs 连同其个人化信息发送给 TGS。TGS 认证消息后，发送给用户 U 一个可以访问某个服务器的门票 TS 以及用 Ku,tgs 加密的密钥 Ku,s。用户 U 将获得的 TS 连同其个人化信息发送给 Server。Server 对信息认证后，给用户提供相应的服务。整个过程如图 4-12 所示。

Kerberos 作为基于私钥加密算法并需可信任第三方作为认证服务器的网络认证协议，有以下几方面的特征：

① 在 TCP / IP 协议栈中所处的层次如图 4-13 所示。

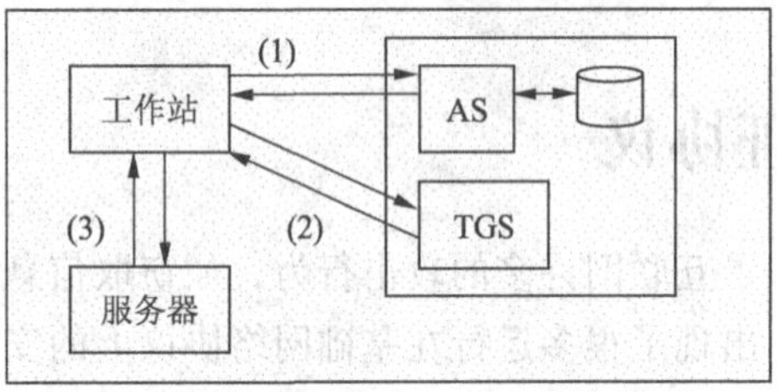

图 4-12　Kerberos 认证过程

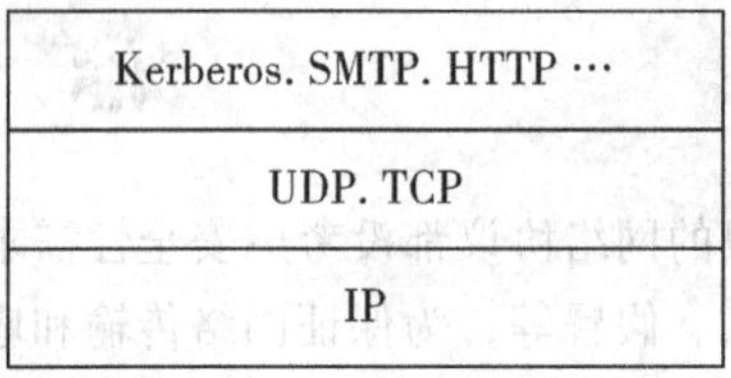

图 4-13　Kerberos 在 TCP / IP 协议栈中所处的层次

② 安全服务：Kerberos 可提供防旁听、防重放及通信数据的保密性和完整性等安全服务，但最重要的是：认证；授权、记账与审计。

③ 加密机制：Kerberos 用 DES 进行加密和认证。

④ 工作原理：Kerberos 根据称为密钥分配中心 KDC 的第三方服务中心来验证网络中计算机相互的身份，并建立密钥以保证计算机间安全连接。KDC 由认证服务器 AS 和票据授权服务器 TGS 两部分组成。

⑤ 应用领域：需解决连接窃听或需用户身份认证的领域。

⑥ 优点：安全性较高，Kerberos 对用户的口令加密后作为用户的私钥，使窃听者难以在网上取得相应的口令信息；用户透明性好，用户在使用过程中仅在登录时要求输入口令；扩展性较好，Kerberos 为每个服务提供认证，可方便地实现用户数的动态改变。

⑦ 缺点：Kerberos 服务器与用户共享的秘密是用户的口令字，服务器在回应时不验证用户的真实性，若攻击者记录申请回答报文，就易形成代码攻击，随着用户数的增加，密钥管理较复杂；AS 和 TGS 是集中式管理，易形成瓶颈，系统的性能和安全严重依赖于 AS 和 TGS 的性能和安全；Kerberos 增加了网络环境管理的复杂性，系统管理须维护 Kerberos 认证服务器以支持网络；Kerberos 中旧认证码很有可能被存储和重用；它对猜测口令攻击很脆弱，攻击者可收集票据试图破译目标 Kerberos 以及依赖于 Kerberos 的软件，黑客能用完成 Kerberos 协议和记录口令的软件来代替所有客户的 Kerberos 软件。

4.5.2　安全电子交易协议 SET

网上交易时持卡人希望在交易中保密自己的账户信息，商家则希望客户的订单不可抵赖，且在交易中交易各方都希望验明他方身份以防被骗。为此 Visa 和 MasterCard 联合多家科研机构共同制定了应用于 Interact 上以银行卡为基础进行在线交易的安全标准 SET（Secure Electronic Transaction）。

① 在 TCP/IP 协议栈中所处的层次如图 4-14 所示。

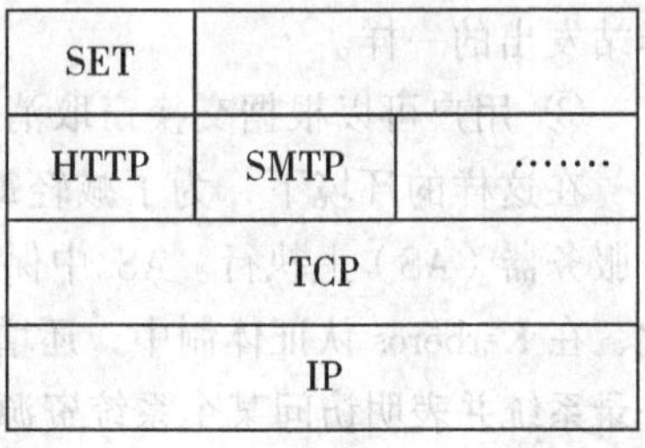

图 4-14　SET 在 TCP/IP 协议栈中所处的层次

② 安全服务：SET 提供消费者、商家和银行间多方的认证，并确保交易数据的安全性、完整可靠性和交易的不可否认性。

③ 加密机制：SET 中采用的公钥加密算法是 RSA，私钥加密算法是 DES。

④ 工作原理：持卡人将消息摘要用私钥加密得到数字签名。随机产生一对称密钥，用它对消息摘要、教字签名与证书（含客户的公钥）进行加密，组成加密信息，接着将这个对称密钥用商家的公钥加密得到数字信封；当商家收到客户传来的加密信息与数字信封后，用他的私钥解密数字信封得到对称密钥，再用它对加密信息解密，接着验证数字签名：用客户的公钥对数字签名解密，得到消息摘要，再与消息摘要对照；认证完毕，商家与客户即可用对称密钥对信息加密传送。

⑤ 应用领域：主要用于保障网上购物信息的安全性。

⑥ 优点：安全性高，因为所有参与交易的成员都必须先申请数字证书来识别身份。通过数字签名商家可免受欺诈，消费者可确保商家的合法性，而且信用卡号不会被窃取。

⑦ 缺点：SET 过于复杂，使用麻烦，要进行多次加解密、数字签名、验证数字证书等，故成本高，处理效率低，商家服务器负荷重；它只支持 B2C 模式，不支持 B2B 模式，且要求客户具有“电子钱包”；它只适用于卡支付业务；它要求客户、商家，银行都要安装相应软件。

4.5.3 安全套接层协议 SSL

SSL（Secure Sockets Layer）是 Netscape 公司提出的基于 Web 应用的安全协议，它指定了一种在应用程序协议和 TCP/IP 协议间提供数据安全性分层的机制，但常用于安全 Web 应用的 HTTP 协议。

① 在 TCP/IP 协议栈中所处的层次如图 4-15 所示。

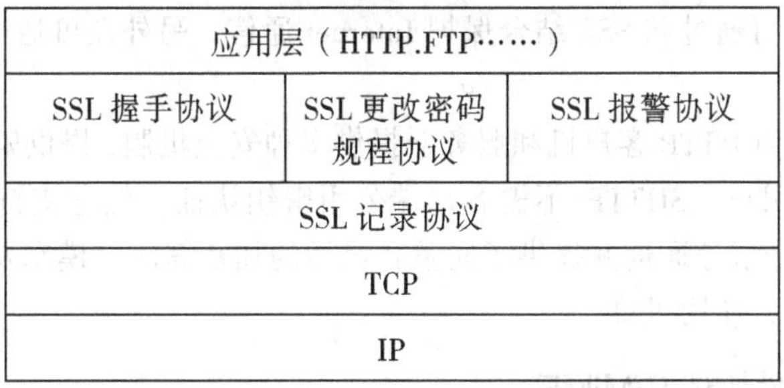

图 4-15　SSL 在 TCP/IP 协议栈中所处的层次

② 安全服务：SSL 为 TCP/IP 连接提供数据加密、服务器认证、消息完整性以及可选的客户机认证。

③ 加密机制：SSL 采用 RSA、DES、三重 DES 等密码体制以及 MD 系列 HASH 函数、Diffie-Hellman 密钥交换算法。

④ 工作原理：客户机向服务器发送 SSL 版本号和选定的加密算法；服务器回应相同信息外还回送一个含 RSA 公钥的数字证书；客户机检查收到的证书是否在可信任 CA 列表中，若在就用对应 CA 的公钥对证书解密获取服务器公钥，若不在，则断开连接终止会话。客户机随机产生一个 DES 会话密钥，并用服务器公钥加密后再传给服务器，服务器用私钥解密出会话密钥后发回一个确认报文，以后双方就用会话密钥对传送的报文加密。

⑤ 应用领域：主要用于 Web 通信安全、电子商务，还被用在对 SMTP、POP3、Telnet 等应

用服务的安全保障上。

⑥ 优点：SSL 设置简单成本低，银行和商家无须大规模系统改造；凡构建于 TCP/IP 协议簇上的 C/S 模式需进行安全通信时都可使用，持卡人想进行电子商务交易，无须在自己的计算机上安装专门软件，只要浏览器支持即可；SSL 在应用层协议通信前就已完成加密算法，通信密钥的协商及服务器认证工作，此后应用层协议所传送的所有数据都会被加密，从而保证通信的安全性。

⑦ 缺点：SSL 除了传输过程外不能提供任何安全保证；不能提供交易的不可否认性；客户认证是可选的，所以无法保证购买者就是该信用卡合法拥有者；SSL 不是专为信用卡交易而设计，在多方参与的电子交易中，SSL 协议并不能协调各方间的安全传输和信任关系。

4.5.4 安全超文本传输协议 SHTTP

SHTTP（Secure HyperText Transfer Protocol）是 EIT 公司结合 HTTP 而设计的一种消息安全通信协议，是 HTTP 的安全增强版，SHTTP 提供基于 HTTP 框架的数据安全规范及完整的客户机/服务器认证机制。

① 在 TCP / IP 协议栈中所处的层次如图 4-16 所示。

SHTTP. SMTP. HTTP …..
TCP
IP

图 4-16 SHTTP 在 TCP/IP 协议栈中所处的层次

② 安全服务：SHTTP 可提供通信保密、身份识别、可信赖的信息传输服务及数字签名等。

③ 加密机制：SHTTP 用于签名的非对称算法有 RSA 和 DSA 等，用于对称加解密的算法有 DES 和 RC2 等。

④ 工作原理：SHTTP 支持端对端安全传输。它通过在 SHTTP 所交换包的特殊头标志来建立安全通信。

⑤ 应用领域：它可通过和 SSL 结合保护 Internet 通信，另外还可通过和 SET、SSL 结合保护 Web 事务。

⑥ 优点：SHTTP 为 HTTP 客户机和服务器提供多种安全机制，提供安全服务选项是为适用于万维网上各类潜在用户。SHTTP 不需客户端公用密钥认证，但它支持对称密钥操作模式；SHTTP 支持端对端安全事务通信并提供了完整且灵活的加密算法、模态及相关参数。

⑦ 缺点：实现难，使用更难。

4.5.5 安全电子邮件协议 S/MIME

S/MIME（Secure/Multi-purpose Internet Mail Extensions）由 RSA 公司提出，是电子邮件的安全传输标准，它是一个用于发送安全报文的 IETF 标准。目前大多数电子邮件产品都包含对 S/MIME 的内部支持。

① 在 TCP/IP 协议栈中所处的层次如图 4-17 所示。

<table>
<tr><td>S/MIME</td><td colspan="2"></td></tr>
<tr><td>SMTP</td><td>HTTP</td><td>…….</td></tr>
<tr><td colspan="3">TCP</td></tr>
<tr><td colspan="3">IP</td></tr>
</table>

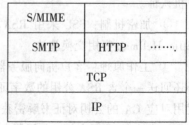

图 4-17 S/MIME 在 TCP/IP 协议栈中所处的层次

② 安全服务：它用 PKI 数字签名技术支持消息和附件的加密。

③ 加密机制：S/MIME 采用单向散列算法，如 SHA-1、MD5 等，也采用公钥机制的加密体系。S/MIME 的证书格式采用 X.509 标准。

④ 工作原理：S/MIME 的认证机制依赖于层次结构的

证书认证机构，所有下一级组织和个人的证书均由上一级组织认证，而最上一级的组织（根证书）间相互认证，整个信任关系是树状结构。另外 S/MIME 将信件内容加密签名后作为特殊附件传送。

⑤ 应用领域：各种安全电子邮件发送的领域。

⑥ 优点：与传统 PEM 不同，因其内部采用 MIME 的消息格式，所以不仅能发送文本，还可携带各种附加文档，如包含国际字符集、HTML、音频、语音邮件、图像等不同类型的数据内容。

4.5.6 网络层安全协议 IPSec

IPSec（Internet Protocol Security）由 IETF 制定，面向 TCMP，它是为 IPv4 和 IPv6 协议提供基于加密安全的协议。

① 在 TCP/IP 协议栈中所处的层次如图 4-18 所示。

② 安全服务：IPSec 提供访问控制、无连接完整性、数据源的认证、防重放攻击、机密性（加密）、有限通信量的机密性等安全服务。另外 IPSec 的 DOI 也支持 IP 压缩。

③ 加密机制：IPSec 通过支持 DES，三重 DES、IDEA、AES 等确保通信双方的机密性；身份认证用 DSS 或 RSA 算法；用消息鉴别算法 HMAC 计算 MAC，以进行数据源验证服务。

④ 工作原理：IPSec 有两种工作模式（见图 4-19），传输模式和隧道模式。传输模式用于两台主机之间，保护传输层协议头，实现端对端的安全性。隧道模式用于主机与路由器之间，保护整个 IP 数据包。

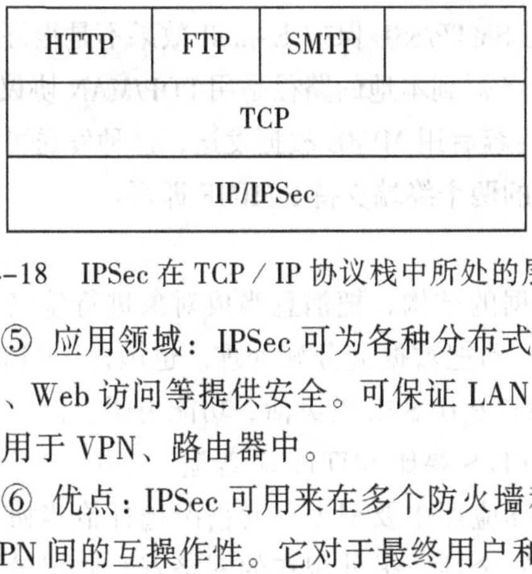

图 4-18 IPSec 在 TCP / IP 协议栈中所处的层次

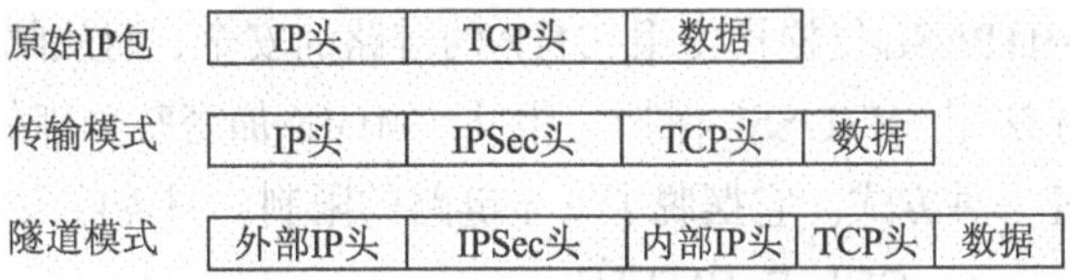

图 4-19 IPSec 的两种工作模式

⑤ 应用领域：IPSec 可为各种分布式应用，如远程登录、客户，服务器、电子邮件、文件传输、Web 访问等提供安全。可保证 LAN、专用和公用 WAN 以及 Internet 的通信安全。目前主要应用于 VPN、路由器中。

⑥ 优点：IPSec 可用来在多个防火墙和服务器间提供安全性，可确保运行在 TCP/IP 协议上的 VPN 间的互操作性。它对于最终用户和应用程序是透明的。

⑦ 缺点：IPSec 系统复杂，且不能保护流量的隐蔽性；除 TCP / IP 外，不支持其他协议；IPSec 与防火墙、NAT 等的安全结构也是一个复杂的问题。

4.5.7 安全协议对比分析

1. SSL 与 IPSec

① SSL 保护在传输层上通信的数据的安全，IPSec 除此之外还保护 IP 层上的数据包的安全，如 UDP 包。

② 对一个在用系统，SSL 不需改动协议栈但需改变应用层，而 IPSec 却相反。

③ SSL 可单向认证（仅认证服务器），但 IPSec 要求双方认证。当涉及应用层中间节点，IPSec

只能提供链接保护，而 SSL 提供端到端保护。

④ IPSec 受 NAT 影响较严重，而 SSL 可穿过 NAT 而毫无影响。

⑤ IPSec 是端到端一次握手，开销小；而 SSL/TLS 每次通信都握手，开销大。

2．SSL 与 SET

① SET 仅适用于信用卡支付。而 SSL 是面向连接的网络安全协议。SET 允许各方的报文交换非实时，SET 报文能在银行内部网或其他网上传输，而 SSL 上的卡支付系统只能与 Web 浏览器捆在一起。

② SSL 只占电子商务体系中的一部分（传输部分）。而 SET 位于应用层，对网络上其他各层也有涉及，它规范了整个商务活动的流程。

③ SET 的安全性远比 SSL 高。SET 完全确保信息在网上传输时的机密性、可鉴别性、完整性和不可抵赖性。SSL 也提供信息机密性、完整性和一定程度的身份鉴别功能，但 SSL 不能提供完备的防抵赖功能。因此从网上安全支付来看，SET 比 SSL 针对性更强更安全。

④ SET 协议交易过程复杂庞大，比 SSL 处理速度慢，因此 SET 中服务器的负载较重，而基于 SSL 网上支付的系统负载要轻得多。

⑤ SET 比 SSL 贵，对参与各方有软件要求，且目前很少用网上支付，所以 SET 很少用到。而 SSL 因其使用范围广、所需费用少、实现方便，所以普及率较高。但随着网上交易安全性需求的不断提高，SET 必将是未来的发展方向。

3．SSL 与 S/MIME

S/MIME 是应用层专门保护 E-mail 的加密协议。而 SMTP/SSL 保护 E-mail 效果不是很好，因 SMTP/SSL 仅提供使用 SMTP 的链路的安全，而从邮件服务器到本地的路径是用 POP/MAN 协议，这无法用 SMTP/SSL 保护。相反 S/MIME 加密整个邮件的内容后用 MIME 数据发送，这种发送可以是任一种方式。它摆脱了安全链路的限制，只需收发邮件的两个终端支持 S/MIME 即可。

4．SSL 与 SHTTP

SHTTP 是应用层加密协议，它能感知到应用层数据的结构，把消息当成对象进行签名或加密传输。它不像 SSL 完全把消息当作流来处理。SSL 主动把数据流分帧处理。也因此 SHTTP 可提供基于消息的抗抵赖性证明，而 SSL 不能。所以 SHTTP 比 SSL 更灵活，功能更强，但它实现较难，而使用更难，正因如此现在使用基于 SSL 的 HTTPS 要比 SHTTP 更普遍。

综上，每种网络安全协议都有各自的优缺点，实际应用中要根据不同情况选择恰当协议并注意加强协议间的互通与互补，以进一步提高网络的安全性。另外现在的网络安全协议虽已实现了安全服务，但无论哪种安全协议建立的安全系统都不可能抵抗所有攻击，要充分利用密码技术的新成果，在分析现有安全协议的基础上不断探索安全协议的应用模式和领域。

实训 4　PGP 软件在数字签名中的应用

一、实训目的

通过使用 PGP 软件进行加密解密和数字签名，加深对公开密钥体制的加密解密和数字签名的理解。

二、实训环境

Windows 2003、Windows 7 等操作系统，PGP Desktop 8.03。

三、实训内容

1. 生成新的密钥对

① 选择“开始”→“程序”→“PGP”→“PGPKeys”命令。

② 在弹出的窗口的菜单栏中，选择“keys”→“New Key”命令。

③ 在弹出的 PGP Key Generation Wizard（PGP 密钥生成向导）窗口中，单击“下一步”按钮，进入 Name and Email Assignment（用户名和电子邮件分配）界面，在 Full name 处输入用户名，Email address 处输入用户所对应的电子邮件地址，完成后单击“下一步”按钮。

④ 在 Passphrase Assignment（密码设定）界面，在 Passphrase 处输入设定的密码，Confirmation（确认）处再输入一次，密码长度必须大于 8 位。完成后单击“下一步”按钮，进入 Key Generation Progress（密钥生成进程），等待主密钥（Key）和次密钥（Subkey）生成完毕（出现 Done）。单击“下一步”按钮，进入 Completing the PGP Key Generation Wizard（完成该 PGP 密钥生成向导）再单击“完成”按钮，密钥对即创建完成，如图 4-20 所示。

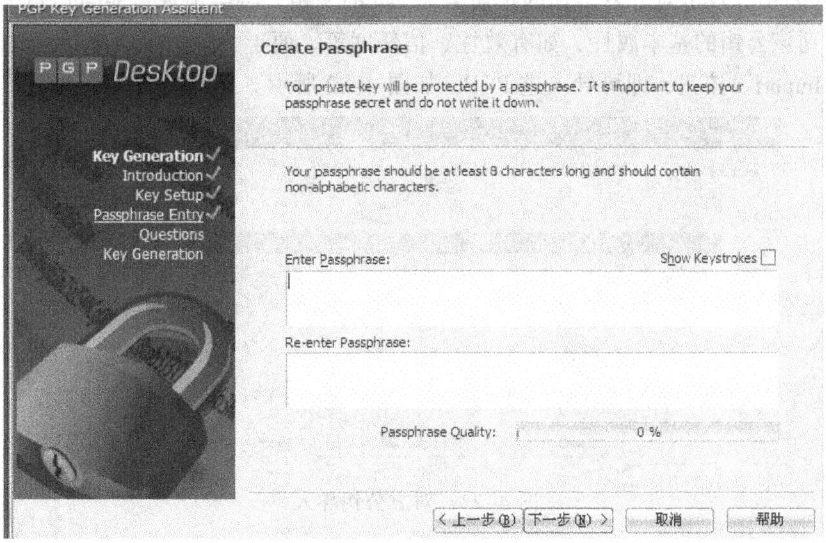

图 4-20　PGP 密钥生成

2. 导出并分发公钥

① 启动 PGPkeys，在 PGPkeys 界面可以看到所创建的密钥（对）。在这里将看到密钥的一些基本信息，如：Validity（有效性）、Trust（信任度）、Size（大小）、Description（描述）等。需要注意的是：这里的密钥其实是以一个“密钥对”形式存在的，也就是说其中包含了一个公钥和一个私钥。现在我们要做的就是要从这个“密钥对”内导出包含的公钥，如图 4-21 所示。

图 4-21　PGP 公钥导出

② 单击刚才创建的密钥（对），再在上面右击，选择“Export”命令，在出现的保存对话框中，选择一个目录，再单击“保存”按钮，即可导出公钥，扩展名为.asc。

③ 使用 U 盘或磁盘或电子邮件或文件共享等方式，将所导出的公钥文件（.asc）发给同组人员。

3．导入并设置其他人的公钥

① 导入公钥。双击对方发给你的扩展名为.asc 的公钥，将会出现“Select key（s）”窗口，在这里能看到该公钥的基本属性，如有效性、信任度等，便于了解是否应该导入此公钥。选好后，单击“Import”按钮，即可导入进 PGP，如图 4-22 所示。

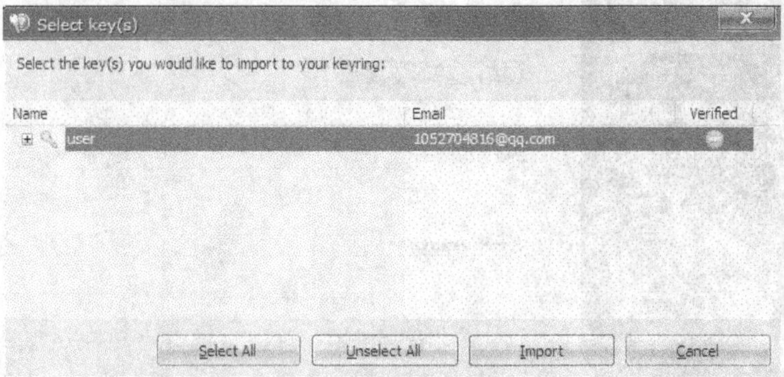

图 4-22　对方公钥导入

② 打开 PGPkeys，就能看到刚才导入的密钥如图 4-23 所示。

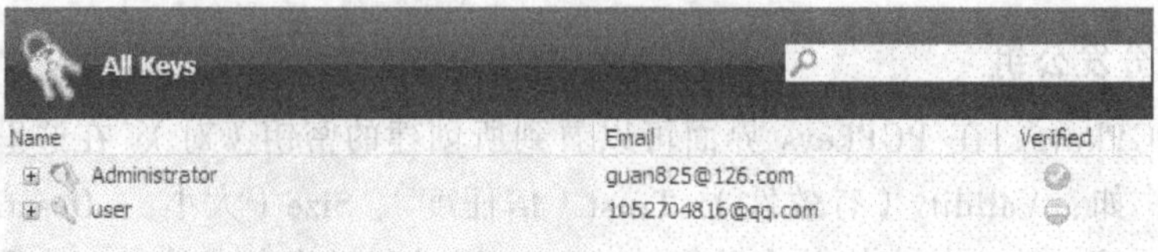

图 4-23　所有的密钥

选中密钥右击，选择“Key Properties（密钥属性）”命令，这里能查看到该密钥的全部信息，如是否为有效的密钥，是否可信任等。在这里，如果直接拖动 Untrusted（不信任的）的滑块到

Trusted（信任的），将会出现错误信息。正确的做法应该是关闭此对话框，然后在该密钥上右击，选择“Sign（签名）”命令，在出现的“PGP Sign Key（PGP 密钥签名）”对话框中，单击“OK”按钮，会出现要求为该公钥输入 Passphrase 的对话框，这时就要输入创建密钥对时的那个密码来调用自己私钥，然后继续单击“OK”按钮。即完成签名操作，查看 PGPkeys 窗口里该公钥的属性，应该在“Validity”栏显示为绿色，表示该密钥有效，如图 4-24 所示。

然后右击该公钥，选择“Key Properties”命令，将 Untrusted 处的滑块拉到 Trusted，再点“关闭”按钮即可，这时再看 PGPkeys 窗口里的公钥，Trust 处就不再是灰色了，说明这个公钥被 PGP 加密系统正式接受，可以投入使用了，如图 4-25 所示。

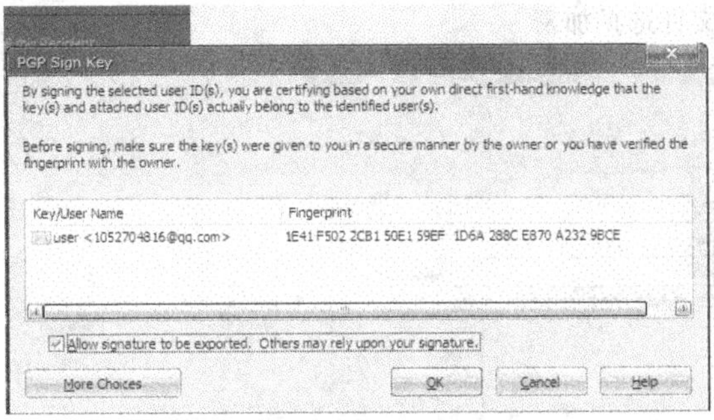

图 4-24　签名对方的公钥

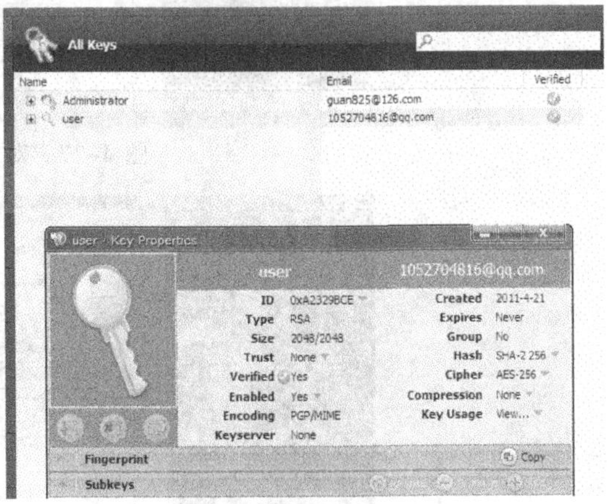

图 4-25　信任对方公钥

4．使用公钥加密文件

① 打开 PGP Zip 界面的 New PGP Zip 界面，如图 4-26 所示。

图 4-26　New PGP Zip 界面

② 将要加密的文件拉入界面中，如图 4-27 所示。

③ 使用 U 盘、磁盘或电子邮件或文件共享等方式，将所生成.pgp 文件发给同组人员，如图 4-28 所示。注：刚才使用哪个公钥加密的，就只能发给该公钥所有人，别人无法解密。只有该公钥所有人的私钥才能解密。

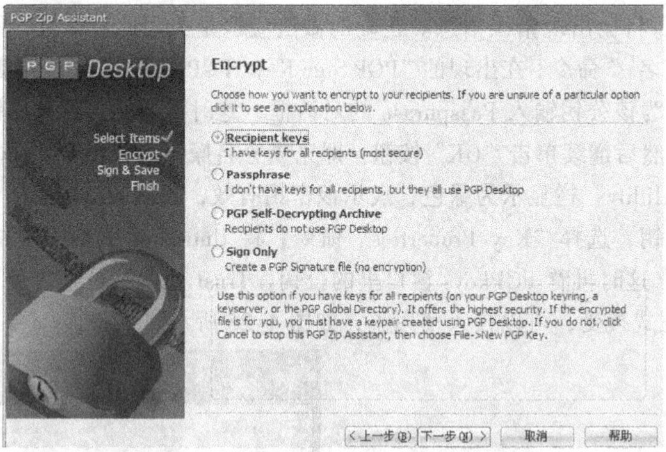

图 4-27　对文件选择加密

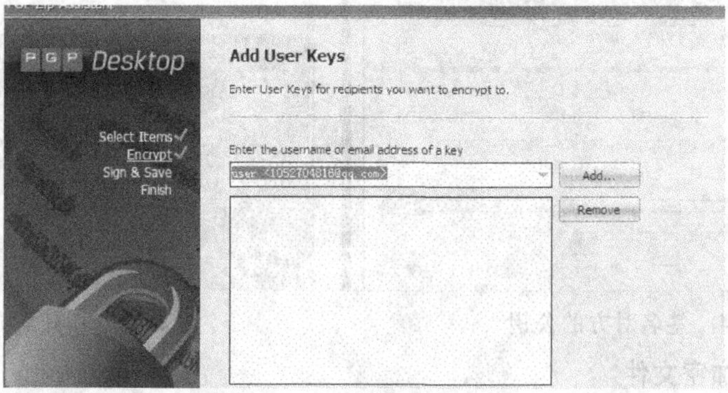

图 4-28　选择加密的公钥

5. 解密文件

双击对方发给自己的扩展名为.pgp 文件，解密并选择一个路径保存即可，如图 4-29 和图 4-30 所示。双击解密后的文件，可以正常看到文件的内容。

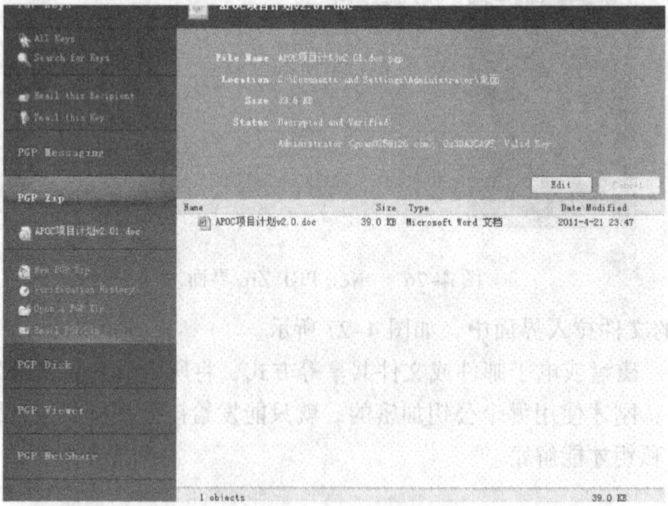

图 4-29　解密的界面

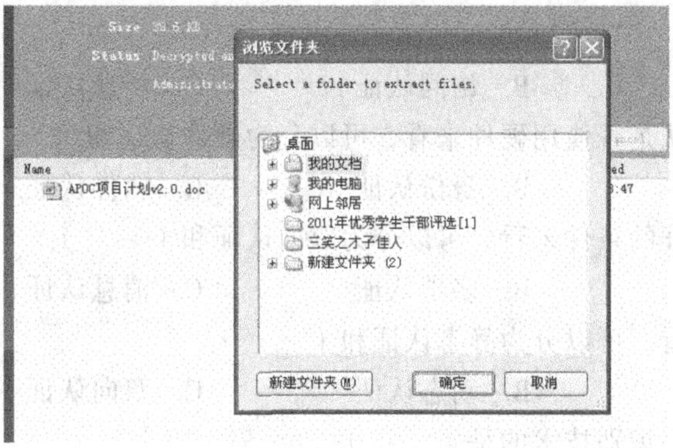

图 4-30　选择解密文件存放路径

双击“APOC 项目计划 v2.0.doc”文件（见图 4-31）后就可以直接看到对方发过来的原文了，如图 4-32 所示。

图 4-31　解密文件

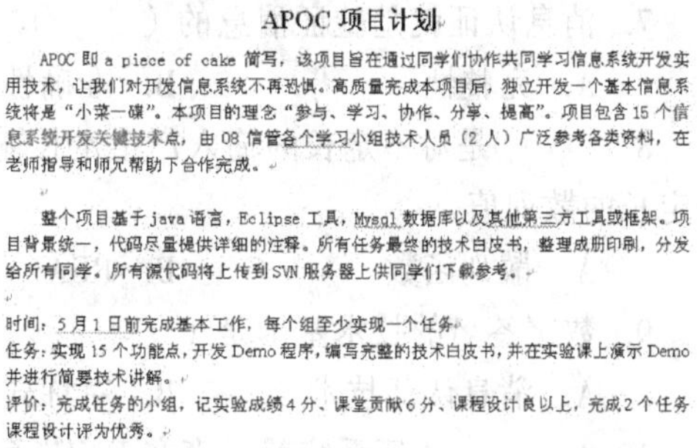

APOC 项目计划

APOC 即 a piece of cake 简写，该项目旨在通过同学们协作共同学习信息系统开发实用技术，让我们对开发信息系统不再恐惧。高质量完成本项目后，独立开发一个基本信息系统将是“小菜一碟”。本项目的理念“参与、学习、协作、分享、提高”。项目包含 15 个信息系统开发关键技术点，由 08 信管各个学习小组技术人员（2 人）广泛参考各类资料，在老师指导和师兄帮助下合作完成。

整个项目基于 java 语言，Eclipse 工具，Mysql 数据库以及其他第三方工具或框架。项目背景统一，代码尽量提供详细的注释。所有任务最终的技术白皮书，整理成册印刷，分发给所有同学。所有源代码将上传到 SVN 服务器上供同学们下载参考。

时间：5 月 1 日前完成基本工作，每个组至少实现一个任务

任务：实现 15 个功能点，开发 Demo 程序，编写完整的技术白皮书，并在实验课上演示 Demo 并进行简要技术讲解。

评价：完成任务的小组，记实验成绩 4 分、课堂贡献 6 分、课程设计良以上，完成 2 个任务课程设计评为优秀。

图 4-32　解密文件原文

6．数字签名

① 在需要加密的文件上右击，选择“PGP”→“Sign（加密）”命令。

② 在出现的对话框中的 Enter passphrase for above key 文本框中输入创建密钥对时的那个密码。

③ 在弹出的“Enter filename for encrypted file”对话框中，单击“保存”按钮。经过 PGP 的短暂处理，会在想要签名的那个文件的同一目录生成一个格式为：签名的文件名.sig 的文件。这个.sig 文件就是数字签名。如果用“记事本”程序打开该文件，看到的是一堆乱码（签名的结果）。

④ 使用 U 盘或磁盘或电子邮件或文件共享等方式，将所生成.sig 文件连同原文件一起发给同组人员。注：必须连同原文件一起。

7．验证签名

双击对方发给你的扩展名为.sig 文件，在弹出的 PGPlog 窗口中可以看到的验证记录的 Validity 栏为绿色，表明验证成功。

习　题

一、选择题

1．认证常常被用于通信双方相互确认身份，以保证通信的安全。一般可以分为两种：分别

是身份认证和（　　）。

A. 第三方认证　　B. 访问认证　　C. 消息认证　　D. ID 认证

2. 身份认证技术从是否使用硬件来看，可以分为硬件认证和（　　）。

A. 消息认证　　B. 身份认证　　C. 软件认证　　D. 口令认证

3. 从认证需要验证的条件来看，可以分为双向认证和（　　）。

A. 单向认证　　B. 多项认证　　C. 消息认证　　D. 软件认证

4. 从认证信息来看，可以分为静态认证和（　　）。

A. 单向认证　　B. 动态认证　　C. 双向认证　　D. 消息认证

5. 下面不属于生物识别技术的是（　　）。

A. 虹膜技术　　B. 指纹技术　　C. U 盾技术　　D. 语音技术

6. 目前的防火墙主要有三种类型，它们是包过滤防火墙、混合防火墙和（　　）。

A. 代理防火墙　　B. 个人防火墙　　C. 企业防火墙　　D. 堡垒防火墙

7. 消息认证就是验证消息的（　　）。

A. 完整性　　B. 准确性　　C. 保密性　　D. 安全性

8.（　　）是对不定长的输入产生定长输出的一种特殊函数。其中 M 是变长的，消息 h=H(M) 是定长的散列值。

A. 散列函数　　B. RSA　　C. DES　　D. 数字签名

9. 数字签名的技术基础是（　　）。

A. 消息认证技术　　B. 对称式密码技术　　C. 私钥密码技术　　D. 公钥密码技术

10.（　　）认证系统就一直在 UNIX 系统中被广泛地采用，常用的有两个版本：第 4 版和第 5 版。

A. SSL　　B. Kerberos　　C. SET　　D. HTTP

二、简答题

1. 认证技术一般可分几种，它们各是什么？
2. 身份认证技术可分几类？分别举例说明。
3. 什么是静态认证，什么是动态认证，二者的区别是什么？
4. 生物特征分哪两类？分别举例说明。
5. 什么是消息认证？
6. 什么是数字签名，它有哪些功能？
7. 举例说明数字签名在电子商务中的作用？
8. 目前安全协议包括哪些，它们各有哪些优缺点？

单元 5 访问控制与网络隔离技术

本章主要介绍了访问控制的功能、原理、类型及机制，并对防火墙的定义和相关技术进行了较详细的介绍，本章也对目前的各种物理隔离技术进行了比较和讲解，并介绍了我国目前物理隔离技术的发展方向。

通过本章的学习，使读者：

（1）了解访问控制列表；

（2）理解防火墙原理；

（3）了解物理隔离的定义和原理；

（4）掌握防火墙和物理隔离的基本配置。

5.1 访问控制

访问控制（Access Control）指系统对用户身份及其所属的预先定义的策略组限制其使用数据资源能力的手段。通常用于系统管理员控制用户对服务器、目录、文件等网络资源的访问。访问控制是系统保密性、完整性、可用性和合法使用性的重要基础，是网络安全防范和资源保护的关键策略之一，也是主体依据某些控制策略或权限对客体本身或其资源进行的不同授权访问。

访问控制的主要目的是限制访问主体对客体的访问，从而保障数据资源在合法范围内得以有效使用和管理。为了达到上述目的，访问控制需要完成两个任务：识别和确认访问系统的用户、决定该用户可以对某一系统资源进行何种类型的访问。

访问控制包括三个要素：主体、客体和控制策略。

① 主体（Subject）。是指提出访问资源具体请求。是某一操作动作的发起者，但不一定是动作的执行者，可能是某一用户，也可以是用户启动的进程、服务和设备等。

② 客体（Object）。是指被访问资源的实体。所有可以被操作的信息、资源、对象都可以是客体。客体可以是信息、文件、记录等集合体，也可以是网络上硬件设施、无限通信中的终端，甚至可以包含另外一个客体。

③ 控制策略（Attribution）。是主体对客体的相关访问规则集合，即属性集合。访问策略体现了一种授权行为，也是客体对主体某些操作行为的默认。

5.1.1 访问控制的功能及原理

访问控制的主要功能包括：保证合法用户访问受权保护的网络资源，防止非法的主体进入受保护的网络资源，或防止合法用户对受保护的网络资源进行非授权的访问。访问控制首先需要对用户身份的合法性进行验证，同时利用控制策略进行选用和管理工作。当用户身份和访问权限验证之后，还需要对越权操作进行监控。因此，访问控制的内容包括认证、控制策略实现和安全审计，其功能及原理如图 5–1 所示。

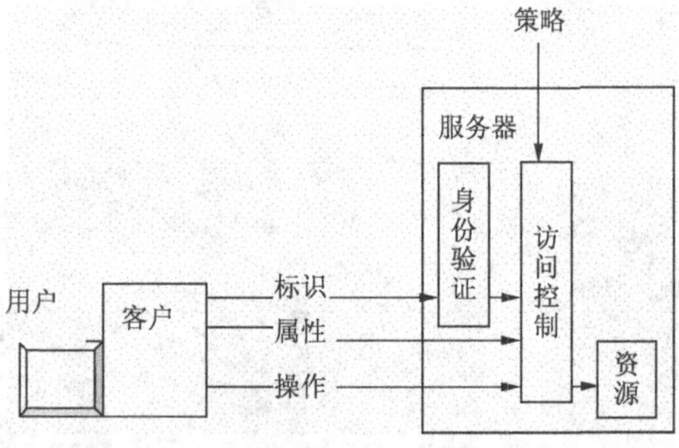

图 5–1　访问控制功能及原理

（1）认证

包括主体对客体的识别及客体对主体的检验确认。

（2）控制策略

通过合理地设定控制规则集合，确保用户对信息资源在授权范围内的合法使用。既要确保授权用户的合理使用，又要防止非法用户侵权进入系统，使重要信息资源泄露。同时对合法用户，也不能越权行使权限以外的功能及访问范围。

（3）安全审计

系统可以自动根据用户的访问权限，对计算机网络环境下的有关活动或行为进行系统的、独立的检查验证，并做出相应评价与审计。

5.1.2　访问控制的类型及机制

访问控制可以分为两个层次：物理访问控制和逻辑访问控制。物理访问控制如符合标准规定的用户、设备、门、锁和安全环境等方面的要求，而逻辑访问控制则是在数据、应用、系统、网络和权限等层面进行实现的。对银行、证券等重要金融机构的网站，信息安全重点关注的是二者兼顾，物理访问控制则主要由其他类型的安全部门负责。

1. 访问控制的类型

主要的访问控制类型有 3 种模式：自主访问控制（DAC）、强制访问控制（MAC）和基于角色访问控制（RBAC）。

（1）自主访问控制

自主访问控制（Discretionary Access Control，DAC）是一种接入控制服务，通过执行基于系统实体身份及其到系统资源的接入授权。包括在文件，文件夹和共享资源中设置许可。用户有权对自身所创建的文件、数据表等访问对象进行访问，并可将其访问权授予其他用户或收回其访问权限。允许访问对象的属主制定针对该对象访问的控制策略，通常可通过访问控制列表（见表 5–1）来限定针对客体可执行的操作。

表 5–1　访问控制列表

主　体	客体 1	客体 2	客体 3
主体 1	Own R W		Own R W
主体 2	Own R W	Own R W	Own R W
主体 3	Own R W	Own R W	

① 每个客体有一个所有者，可按照各自意愿将客体访问控制权限授予其他主体。

② 各客体都拥有一个限定主体对其访问权限的访问控制列表（ACL）。

③ 每次访问时都以基于访问控制列表检查用户标志，实现对其访问权限控制。

④ DAC 的有效性依赖于资源的所有者对安全政策的正确理解和有效落实。

DAC 提供了适合多种系统环境的灵活方便的数据访问方式，是应用最广泛的访问控制策略。然而，它所提供的安全性可被非法用户绕过，授权用户在获得访问某资源的权限后，可能传送给其他用户。主要是在自由访问策略中，用户获得文件访问后，若不限制对该文件信息的操作，则无法没有限制数据信息的分发。所以 DAC 提供的安全性相对较低，无法对系统资源提供严格保护。

（2）强制访问控制

强制访问控制（MAC）是系统强制主体服从访问控制策略。是由系统对用户所创建的对象，按照规定的规则控制用户权限及操作对象的访问。主要特征是对所有主体及其所控制的进程、文件、段、设备等客体实施强制访问控制。在 MAC 中，每个用户及文件都被赋予一定的安全级别，只有系统管理员才可确定用户和组的访问权限，用户不能改变自身或任何客体的安全级别。系统通过比较用户和访问文件的安全级别，决定用户是否可以访问该文件。此外，MAC 不允许通过进程生成共享文件，以通过共享文件将信息在进程中传递。MAC 可通过使用敏感标签对所有用户和资源强制执行安全策略，一般采用 3 种方法：限制访问控制、过程控制和系统限制。MAC 常用于多级安全军事系统，对专用或简单系统较有效，但对通用或大型系统并不太有效。

MAC 的安全级别有多种定义方式，常用的分为 4 级：绝密级（Top Secret）、秘密级（Secret）、机密级（Confidential）和无级别级（Unclassified），其中 T>S>C>U。所有系统中的主体（用户，进程）和客体（文件、数据）都分配安全标签，以标识安全等级，如图 5-2 所示。

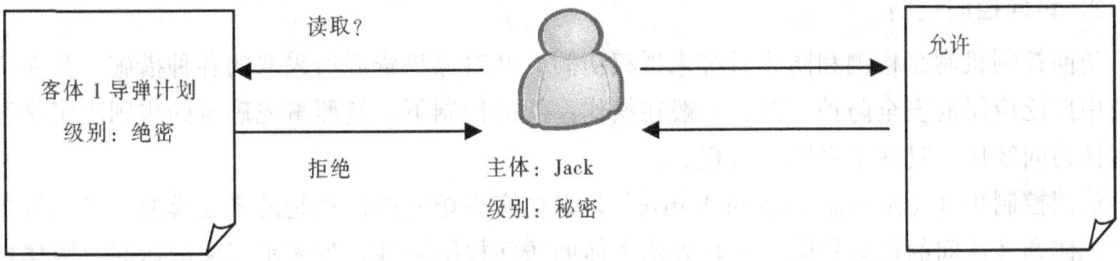

图 5-2　强制访问控制

通常 MAC 与 DAC 结合使用，并实施一些附加的、更强的访问限制。一个主体只有通过自主与强制性访问限制检查后，才能访问其客体。用户可利用 DAC 来防范其他用户对自己客体的攻击，由于用户不能直接改变强制访问控制属性，所以强制访问控制提供了一个不可逾越的、更强的安全保护层，以防范偶然或故意地滥用 DAC，如表 5-2 所示。

表 5-2　访问控制安全标签列表

用户	安全级别	文件	安全级别
用户 A	S	File 1	R
用户 B	C	File 2	T
…	…	…	…
用户 X	T	File n	S

表 5-2 用户 A 的安全级别为 S，那么他请求访问文件 File 2 时，由于 T > S，访问会被拒绝；当他访问 File 1 时，由于 S > R，所以允许访问。

（3）基于角色的访问控制

角色（Role）是一定数量的权限的集合。指完成一项任务必须访问的资源及相应操作权限的集合。角色作为一个用户与权限的代理层，表示为权限和用户的关系，所有的授权应该给予角色而不是直接给用户或用户组。

基于角色的访问控制（Role-Based Access Control，RBAC）是通过对角色的访问所进行的控制。使权限与角色相关联，用户通过成为适当角色的成员而得到其角色的权限。可极大地简化权限管理。为了完成某项工作创建角色，用户可依其责任和资格分派相应的角色，角色可依新需求和系统合并赋予新权限，而权限也可根据需要从某角色中收回。减小了授权管理的复杂性，降低管理开销，提高企业安全策略的灵活性。

RBAC 模型的授权管理方法，主要有 3 种：

① 根据任务需要定义具体不同的角色。

② 为不同角色分配资源和操作权限。

③ 给一个用户组（Group，权限分配的单位与载体）指定一个角色。

RBAC 支持三个著名的安全原则：最小权限原则、责任分离原则和数据抽象原则。前者可将其角色配置成完成任务所需要的最小权限集。第二个原则可通过调用相互独立互斥的角色共同完成特殊任务，如核对账目等。后者可通过权限的抽象控制一些操作，如财务操作可用借款、存款等抽象权限，而不用操作系统提供的典型的读、写和执行权限。这些原则需要通过 RBAC 各部件的具体配置才可实现。

2. 访问控制机制

访问控制机制是检测和防止系统未授权访问，并对保护资源所采取的各种措施。是在文件系统中广泛应用的安全防护方法，一般在操作系统的控制下，按照事先确定的规则决定是否允许主体访问客体，贯穿于系统全过程。

访问控制矩阵（Access Control Matrix）是最初实现访问控制机制的概念模型，以二维矩阵规定主体和客体间的访问权限。其行表示主体的访问权限属性，列表示客体的访问权限属性，矩阵格表示所在行的主体对所在列的客体的访问授权，空格为未授权，Y 为有操作授权。以确保系统操作按此矩阵授权进行访问。通过引用监控器协调客体对主体访问，实现认证与访问控制的分离。在实际应用中，对于较大系统，由于访问控制矩阵将变得非常大，其中许多空格，造成较大的存储空间浪费，因此，较少利用矩阵方式，主要采用以下 2 种方法。

（1）访问控制列表

访问控制列表（Access Control List，ACL）是应用在路由器接口的指令列表，用于路由器利用源地址、目的地址、端口号等的特定指示条件对数据包的抉择。是以文件为中心建立访问权限表，表中记载了该文件的访问用户名和权隶属关系。利用 ACL，容易判断出对特定客体的授权访问，可访问的主体和访问权限等。当将该客体的 ACL 置为空，可撤销特定客体的授权访问。

图 5-3 中对于客体 Object1，用户 A 具有管理、读和写的权力，用户 B 具有读和写的权力，用户 C 只能读。

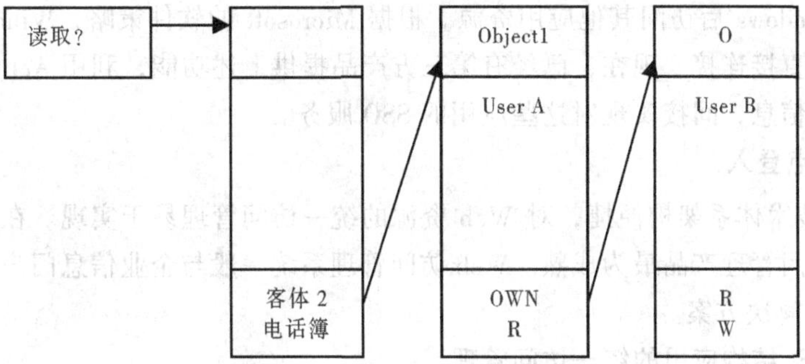

图 5-3　文件为中心的访问权限表

基于 ACL 的访问控制策略简单实用。在查询特定主体访问客体时，虽然需要遍历查询所有客体的 ACL，耗费较多资源，但仍是一种成熟且有效的访问控制方法。许多通用的操作系统都使用 ACL 来提供该项服务。如 UNIX 和 VMS 系统利用 ACL 的简略方式，以少量工作组的形式，而不许单个个体出现，可极大地缩减列表大小，增加系统效率。

（2）能力关系表

能力关系表（Capabilities List）是以用户为中心建立访问权限表。与 ACL 相反，表中规定了该用户可访问的文件名及权限，利用此表可方便地查询一个主体的所有授权。相反，检索具有授权访问特定客体的所有主体，则需查遍所有主体的能力关系表。

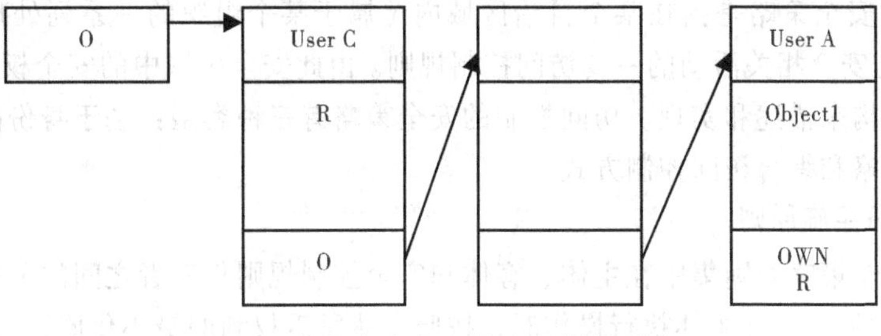

图 5-4　能力为中心的访问控制列表

图 5-4 中是以用户为中心建立访问权限表，为每个主体附加一个该主体能够访问的客体的明细表。

5.1.3　单点登入的访问管理

通过单点登入 SSO 的基本概念和优势，主要优点是，可集中存储用户身份信息，用户只需一次向服务器验证身份，即可使用多个系统的资源，无须再向各客户机验证身份，可提高网络用户的效率，减少网络操作的成本，增强网络安全性。根据登入的应用类型不同，可将 SSO 分为 3 种类型。

1. 对桌面资源的统一访问管理

对桌面资源的访问管理，包括两个方面：

① 登入 Windows 后统一访问 Microsoft 应用资源。Windows 本身就是一个“SSO”系统。随着.NET 技术的发展，“Microsoft SSO”将成为现实。通过 Active Directory 的用户组策略并结合 SMS 工具，可实现桌面策略的统一制定和统一管理。

② 登入 Windows 后访问其他应用资源。根据 Microsoft 的软件策略，Windows 并不主动提供与其他系统的直接连接。现在，已经有第三方产品提供上述功能，利用 Active Directory 存储其他应用的用户信息，间接实现对这些应用的 SSO 服务。

2. Web 单点登入

由于 Web 技术体系架构便捷，对 Web 资源的统一访问管理易于实现。在目前的访问管理产品中，Web 访问管理产品最为成熟。Web 访问管理系统一般与企业信息门户结合使用，提供完整的 Web SSO 解决方案。

3. 传统 C/S 结构应用的统一访问管理

在传统 C/S 结构应用上，实现管理前台的统一或统一入口是关键。采用 Web 客户端作为前台是企业最为常见的一种解决方案。

在后台集成方面，可以利用基于集成平台的安全服务组件或不基于集成平台的安全服务 API，通过调用信息安全基础设施提供的访问管理服务，实现统一访问管理。

在不同的应用系统之间，同时传递身份认证和授权信息是传统 C/S 结构的统一访问管理系统面临的另一项任务。采用集成平台进行认证和授权信息的传递是当前发展的一种趋势。可对 C/S 结构应用的统一访问管理结合信息总线（EAI）平台建设一同进行。

5.1.4 访问控制的安全策略

访问控制的安全策略是指在某个自治区域内（属于某个组织的一系列处理和通信资源范畴），用于所有与安全相关活动的一套访问控制规则。由此安全区域中的安全权力机构建立，并由此安全控制机构来描述和实现。访问控制的安全策略有三种类型：基于身份的安全策略、基于规则的安全策略和综合访问控制方式。

1. 安全策略实施原则

访问控制安全策略原则集中在主体、客体和安全控制规则集三者之间的关系。

① 最小特权原则。在主体执行操作时，按照主体所需权利的最小化原则分配给主体权力。优点是最大限度地限制了主体实施授权行为，可避免来自突发事件、操作错误和未授权主体等意外情况的危险。为了达到一定目的，主体必须执行一定操作，但只能做被允许的操作，其他操作除外。这是抑制特洛伊木马和实现可靠程序的基本措施。

② 最小泄露原则。主体执行任务时，按其所需最小信息分配权限，以防泄密。

③ 多级安全策略。主体和客体之间的数据流向和权限控制，按照安全级别的绝密（TS）、秘密（S）、机密（C）、限制（RS）和无级别（U）5 级来划分。其优点是避免敏感信息扩散。具有安全级别的信息资源，只有高于安全级别的主体才可访问。

在访问控制实现方面，实现的安全策略包括 8 个方面：入网访问控制、网络权限限制、目录级安全控制、属性安全控制、网络服务器安全控制、网络监测和锁定控制、网络端口和节点的安全控制和防火墙控制。

2. 基于身份和规则的安全策略

授权行为是建立身份安全策略和规则安全策略的基础，两种安全策略为：

（1）基于身份的安全策略

主要是过滤主体对数据或资源的访问。只有通过认证的主体才可以正常使用客体的资源。

这种安全策略包括基于个人的安全策略和基于组的安全策略。

① 基于个人的安全策略。是以用户个人为中心建立的策略，主要由一些控制列表组成。这些列表针对特定的客体，限定了不同用户所能实现的不同安全策略的操作行为。

② 基于组的安全策略。基于个人策略的发展与扩充，主要指系统对一些用户使用同样的访问控制规则，访问同样的客体。

（2）基于规则的安全策略

在基于规则的安全策略系统中，所有数据和资源都标注了安全标记，用户的活动进程与其原发者具有相同的安全标记。系统通过比较用户的安全级别和客体资源的安全级别，判断是否允许用户进行访问。这种安全策略一般具有依赖性与敏感性。

3. 综合访问控制策略

综合访问控制策略（HAC）继承和吸取了多种主流访问控制技术的优点，有效地解决了信息安全领域的访问控制问题，保护了数据的保密性和完整性，保证授权主体能访问客体和拒绝非授权访问。HAC具有良好的灵活性、可维护性、可管理性、更细粒度的访问控制性和更高的安全性，为信息系统设计人员和开发人员提供了访问控制安全功能的解决方案。综合访问控制策略主要包括：

（1）入网访问控制

入网访问控制是网络访问的第一层访问控制。对用户可规定所能登入到的服务器及获取的网络资源，控制准许用户入网的时间和登入入网的工作站点。用户的入网访问控制分为用户名和口令的识别与验证、用户账号的默认限制检查。该用户若有任何一个环节检查未通过，就无法登入网络进行访问。

（2）网络的权限控制

网络的权限控制是防止网络非法操作而采取的一种安全保护措施。用户对网络资源的访问权限通常用一个访问控制列表来描述。

从用户的角度，网络的权限控制可分为以下3类用户：

① 特殊用户。具有系统管理权限的系统管理员等。

② 一般用户。系统管理员根据实际需要而分配到一定操作权限的用户。

③ 审计用户。专门负责审计网络的安全控制与资源使用情况的人员。

（3）目录级安全控制

目录级安全控制主要是为了控制用户对目录、文件和设备的访问，或指定对目录下的子目录和文件的使用权限。用户在目录一级制定的权限对所有目录下的文件仍然有效，还可进一步指定子目录的权限。在网络和操作系统中，常见的目录和文件访问权限有：系统管理员权限（Supervisor）、读权限（Read）、写权限（Write）、创建权限（Create）、删除权限（Erase）、修改权限（Modify）、文件查找权限（File Scan）、控制权限（Access Control）等。一个网络系统管理员应为用户分配适当的访问权限，以控制用户对服务器资源的访问，进一步强化网络和服务器的安全。

（4）属性安全控制

属性安全控制可将特定的属性与网络服务器的文件及目录网络设备相关联。在权限安全的基础上，对属性安全提供更进一步的安全控制。网络上的资源都应先标示其安全属性，将用户对应网络资源的访问权限存入访问控制列表中，记录用户对网络资源的访问能力，以便进行访问控制。

属性配置的权限包括：向某个文件写数据、复制一个文件、删除目录或文件、查看目录和文件、执行文件、隐含文件、共享、系统属性等。安全属性可以保护重要的目录和文件，防止用户越权对目录和文件的查看、删除和修改等。

（5）网络服务器安全控制

网络服务器安全控制允许通过服务器控制台执行的安全控制操作包括：用户利用控制台装载和卸载操作模块、安装和删除软件等。操作网络服务器的安全控制还包括设置口令锁定服务器控制台，主要防止非法用户修改、删除重要信息。另外，系统管理员还可通过设定服务器的登入时间限制、非法访问者检测，以及关闭的时间间隔等措施，对网络服务器进行多方位地安全控制。

（6）网络监控和锁定控制

在网络系统中，通常服务器自动记录用户对网络资源的访问，如有非法的网络访问，服务器将以图形、文字或声音等形式向网络管理员报警，以便引起警觉进行审查。对试图登入网络者，网络服务器将自动记录企图登入网络的次数，当非法访问的次数达到设定值时，就会将该用户的账户自动锁定并进行记载。

（7）网络端口和结点的安全控制

网络中服务器的端口常用自动回复器、静默调制解调器等安全设施进行保护，并以加密的形式来识别结点的身份。自动回复器主要用于防范假冒合法用户，静默调制解调器用于防范黑客利用自动拨号程序进行网络攻击。还应经常对服务器端和用户端进行安全控制，如通过验证器检测用户真实身份，然后，用户端和服务器再进行相互验证。

5.2 防火墙技术

5.2.1 防火墙概述

防火墙是设置在不同网络（如可信任的企业内部和不可信的公共网）或网络安全域之间的一系列部件的组合，是网或网络安全域之间信息的唯一出入口，能根据用户的安全策略控制（允许、拒绝、监测）出入网络的信息流，且本身具有较强的抗攻击能力。它是提供信息安全服务，实现网络和信息安全的基础设施。在逻辑上，防火墙是一个分离器，一个限制器，也是一个分析器，能有效地监控内部网和Internet之间的任何活动，保证内部网络的安全，如图 5-5 所示。

1. 防火墙的目的

在网络中，防火墙是一种用来加强网络之间访问控制的特殊网络互联设备，如路由器、网关等。它对两个或多个网络之间传输的数据包和连接方式按照一定的安全策略进行检查，以决定网络之间的通信是否被允许。其中被保护的网络称为内部网络，另一方则称为外部网络或公用网络。它能有效地控制内部网络与外部网络之间的访问及数据传送，从而达到保护内部网络的信息不受外部非授权用户的访问和过滤不良信息的目的。

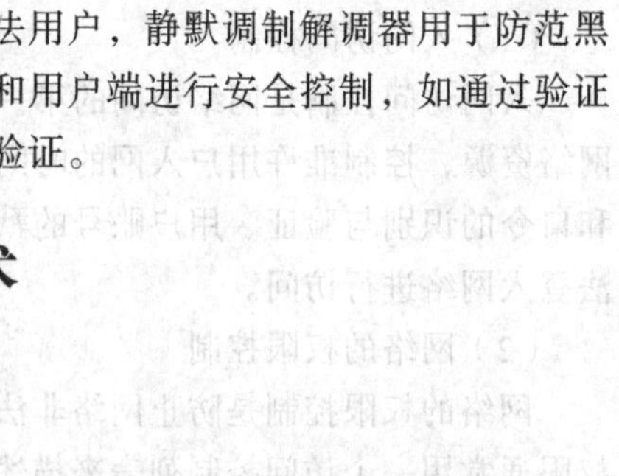

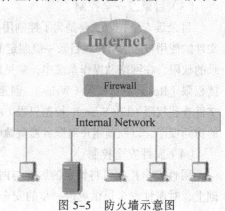

图 5-5 防火墙示意图

防火墙是一个或一组在两个网络之间执行访问控制

策略的系统，包括硬件和软件，目的是保护网络不被可疑人侵扰。本质上，它遵从的是一种允许或阻止业务来往的网络通信安全机制，也就是提供可控的过滤网络通信，只允许授权的通信。

一个防火墙系统通常由屏蔽路由器和代理服务器组成。屏蔽路由器是一个多端口的IP路由器，它通过对每一个到来的IP包依据一组规则进行检查来判断是否对之进行转发。屏蔽路由器从包头取得信息，例如协议号、收发报文的IP地址和端口号，连接标志以至另外一些IP选项，对IP包进行过滤。

通常，防火墙就是位于内部网或Web站点与Internet之间的一个路由器或一台计算机，又称为堡垒主机。其目的如同一个安全门，为门内的部门提供安全，控制那些可被允许出入该受保护环境的人或物。就像工作在前门的安全卫士，控制并检查站点的访问者。

从理论上讲，防火墙用来防止Internet上的各类危险传播到内部的网络内。事实上，防火墙服务用于多个目的：

① 限定人们从一个特别的节点进入；

② 防止入侵者接近防御设施；

③ 限定人们从一个特别的节点离开；

④ 有效地阻止破坏者对正常用户的计算机系统进行破坏。

Internet防火墙常常被安装在内部网络和Internet的连接节点上，如图5-6所示。所有来自Internet的信息或从内部网络发出的信息都必须穿过防火墙，因此，防火墙能够确保诸如电子邮件、文件传输、远程登录或特定的系统间信息交换的安全。防火墙中有个DMZ区也称为“停火区”或者“非军事区”，网络管理员可将堡垒主机、信息服务器、Modem组以及其他公用服务器放在DMZ网络中。DMZ网络很小，处于Internet和内部网络之间，通过DMZ网络直接进行信息传输是严格禁止的。子网上还可放置一些服务器，以便于公众访问。这些服务器可能会受到攻击，即使这些服务器受到攻击，但内部网络还是被保护着的。

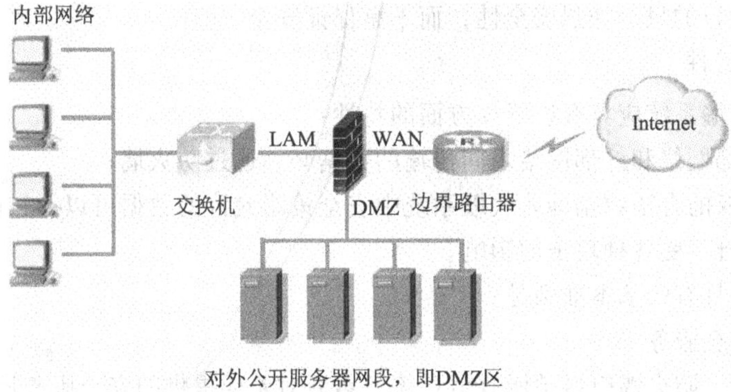

图5-6 防火墙的位置

防火墙是既要保护内部网络免遭外界非授权访问，又要允许与Internet连接实现正常的信息交流。因此，防火墙应当根据安全计划和安全策略中的定义来保护网络，并具有以下功能：

① 所有进出网络的通信流应该通过防火墙；

② 所有穿过防火墙的通信流都必须有安全策略和计划的确认和授权；

③ 理论上说，防火墙是穿不透的。

利用防火墙能保护站点不被任意连接，甚至能建立跟踪工具，帮助总结并记录有关正在进行的连接资源、服务器提供的通信量以及试图闯入者的任何企图。

总之，防火墙是阻止外面的人对内部网络进行访问的设备，此设备通常是软件和硬件的组合体，它通常根据一些规则来挑选想要或不想要的地址。

随着 Internet 上越来越多的用户要访问 Web，运行例如 Telnet、FTP 和 E-Mail 之类的服务，系统管理者和 LAN 管理者必须能够在提供访问的同时，保护他们的内部网络，不给闯入者留有可乘之机。

需要防火墙防范的 3 种基本进攻：

① 间谍：试图偷走敏感信息的黑客、入侵者和闯入者。

② 盗窃：盗窃对象包括数据、Web 表格、磁盘空间、CPU 资源、联接等。

③ 破坏系统：通过路由器或主机/服务器蓄意破坏文件系统或阻止授权用户访问内部网络（外部网络）和服务器。

这里防火墙的作用是保护 Web 站点和公司的内部网络，使之免遭 Internet 上各种危险的侵犯。典型的防火墙建立在一个服务器/主机机器上，亦称"堡垒"，是一个多边协议路由器。这个堡垒有两个网络连接：一边与内部网相连，另一边与 Internet 相连。它的主要作用除了防止未经授权的或来自对 Internet 访问的用户外，还应包括为安全管理提供详细的系统活动的记录。在有的配置中，这个堡垒主机经常作为一个公共 Web 服务器或一个 FTP 或 E-mail 服务器使用。

通过在防火墙上运行的专门 HTTP 服务器，可使用"代理"服务器，以访问防火墙另一边的 Web 服务器。

防火墙的基本目的之一就是防止黑客侵扰站点。网络站点经常暴露于无数威胁之中，而防火墙可以帮助防止外部连接。此外，还应小心局域网内的非法 Modem 连接，特别是当 Web 服务器在受保护的局域内时。

当 Web 站点置于内部网中时，也要提防内部袭击，对于这种情况，防火墙几乎无用。例如，若一个心怀不满的雇员拔掉 Web 服务器的插头，将其关闭，防火墙将对此无能为力。防火墙不是万无一失的，其目的只是加强安全性，而不是保证安全。

2. 防火墙的特性

一个好的防火墙系统应具有以下 3 方面的特性：

① 所有在内部网络和外部网络之间传输的数据必须通过防火墙；

② 只有被授权的合法数据即防火墙系统中安全策略允许的数据可以通过防火墙；

③ 防火墙本身不受各种攻击的影响。

同时，防火墙具有的基本准则是：

（1）过滤不安全服务

基于这个准则，防火墙应封锁所有信息流，然后对希望提供的安全服务逐项开放，把不安全的服务或可能有安全隐患的服务一律扼杀在萌芽之中。这是一种非常有效而实用的方法，可以形成十分安全的环境，因为只有经过仔细挑选的服务才能允许被用户使用。

（2）过滤非法用户和访问特殊站点

基于这个准则，防火墙应允许所有的用户和站点对内部网络进行访问，然后网络管理员按照 IP 地址对未授权的用户或不信任的站点进行逐项屏蔽。这种方法构成了一种更为灵活的应用环境，网络管理员可以针对不同的服务面向不同的用户开放，也就是能自由地设置各个用户的不同访问权限。

3. 防火墙的优点

（1）防火墙能强化安全策略

因为在 Internet 上每天都有上百万的人浏览和交换信息，所以不可避免地会出现个别品德不良或违反 Internet 规则的人。防火墙是为了防止不良现象发生的“交通警察”，它执行网络的安全策略，仅仅允许经许可的、符合规则的请求通过。

（2）防火墙能有效地记录 Internet 上的活动

因为所有进出内部网信息都必须通过防火墙，所以防火墙非常适合收集网络信息。作为网间访问的唯一通路，防火墙能够记录内部网络和外部网络之间发生的所有事件。

（3）防火墙可以实现网段控制

防火墙能够用来隔开网络中的某一个网段，这样它就能够有效地控制这个网段中的问题在整个网络中的传播。

（4）防火墙是一个安全策略的检查站

所有进出网络的信息都必须通过防火墙，这样防火墙便成为一个安全检查站，把所有可疑的访问拒之门外。

4. 防火墙的缺点

防火墙技术是内部网络最重要的安全技术之一，但防火墙也有其明显的局限性：

（1）防火墙防外不防内

防火墙的安全控制只能作用于外对内或内对外，即：对外可屏蔽内部的拓扑结构，封锁外部网上的用户连接内部网上的重要站点或某些端口；对内可屏蔽外部危险站点，但它很难解决内部网控制内部人员的安全问题，即防外不防内。若用户不通过网络，比如将数据复制到光盘或 U 盘上，然后放在公文包中带出去。如果入侵者是在防火墙内部，那么它也是无能为力的。内部用户可以不通过防火墙而偷窃数据、破坏硬件和软件等。而据权威部门统计表明，网络上的安全攻击事件有 80%以上来自内部。

（2）防火墙难于管理和配置，易造成安全漏洞

防火墙的管理及配置相当复杂，要想成功维护防火墙，就要求防火墙管理员对网络安全攻击的手段及其与系统配置的关系有相当深刻的了解；防火墙的安全策略无法进行集中管理，一般来说，由多个系统（路由器、过滤器、代理服务器、网关、堡垒主机）组成的防火墙，管理上有所疏忽是在所难免的。

（3）很难为用户在防火墙内外提供一致的安全策略

许多防火墙对用户的安全控制主要是基于用户所有机器的 IP 地址而不是用户身份，这样就很难为同一用户在防火墙内外提供一致的安全控制策略，限制了网络的物理范围。

（4）防火墙只实现了粗粒度的访问控制

防火墙只实现了粗粒度的访问控制，且不能与网络内部使用的其他安全（如访问控制）集中使用。这样，就必须为网络内部的身份验证和访问控制管理维护单独的数据库。

（5）防火墙不能防范病毒

防火墙不能防范网络上或 PC 中的病毒。虽然许多防火墙可以扫描所有通过它的信息，以决定是否允许它通过，但这种扫描是针对源地址、目标地址和端口号，而不是数据的具体内容。即使是先进的数据包过滤系统，也难以防范病毒，因为病毒的种类太多，而且病毒可以通过多

种手段隐藏在数据中。防火墙要检测随机数据中的病毒十分困难，因为它难以做到以下要求：

① 确认数据包是程序的一部分；

② 确定程序的功能；

③ 确定病毒引起的改变。

事实上，大多数防火墙采用不同的方式来保护不同类型的机器。当数据在网络上进行传输时，要被打包并经常被压缩，这样便给病毒带来了可乘之机。无论防火墙多么安全，用户只能在防火墙后面清除病毒。

5.2.2 防火墙的类型

防火墙是近期发展起来的一种保护计算机网络安全的技术性措施，它是一个用以阻止网络中的黑客访问某个机构网络的屏障，也可称之为控制进/出两个方向通信的门槛。在网络边界上通过建立起来的相应网络通信监控系统来隔离内部和外部网络，以阻挡外部网络的侵入。目前的防火墙主要有以下三种类型；

1. 包过滤防火墙

包过滤防火墙设置在网络层，可以在路由器上实现包过滤。首先应建立一定数量的信息过滤表，信息过滤表是以其收到的数据包头信息为基础而建成的。信息包头含有数据包源 IP 地址、目的 IP 地址、传输协议类型（TCP、UDP、ICMP 等）、协议源端口号、协议目的端口号、连接请求方向、ICMP 报文类型等。当一个数据包满足过滤表中的规则时，则允许数据包通过，否则禁止通过。这种防火墙可以用于禁止外部不合法用户对内部的访问，也可以用来禁止访问某些服务类型。但包过滤技术不能识别有危险的信息包，无法实施对应用级协议的处理，也无法处理 UDP、RPC 或动态的协议。

2. 代理防火墙

代理防火墙又称应用层网关级防火墙，它由代理服务器和过滤路由器组成，是目前较流行的一种防火墙。它将过滤路由器和软件代理技术结合在一起。过滤路由器负责网络互连，并对数据进行严格选择，然后将筛选过的数据传送给代理服务器。代理服务器起到外部网络申请访问内部网络的中间转接作用，其功能类似于一个数据转发器，它主要控制哪些用户能访问哪些服务类型。当外部网络向内部网络申请某种网络服务时，代理服务器接收申请，然后它根据其服务类型、服务内容、被服务的对象、服务者申请的时间、申请者的域名范围等来决定是否接受此项服务，如果接受，它就向内部网络转发这项请求。代理防火墙无法快速支持一些新出现的业务（如多媒体）。现要较为流行的代理服务器软件是 WinGate 和 Proxy Server。

3. 混合型防火墙

各种类型的防火墙各有其优缺点。当前的防火墙产品已不是单一的包过滤型或应用代理型防火墙，而是将各种安全技术结合起来，形成一个混合的多级防火墙，以提高防火墙的灵活性和安全性。

5.2.3 防火墙的安全策略

在建立防火墙保护网络之前，网络管理员必须制定一套完整有效的安全策略。仅建立防火墙系统，而没有全面的安全策略，那么防火墙形同虚设。一般这种安全策略分为两个层次：网络服务访问策略和防火墙设计策略。

1. 网络服务访问策略

网络服务访问策略是一种高层次的、具体到事件的策略，主要用于定义在网络中允许的或禁止的网络服务，而且还包括对拨号访问以及 SLIP/PPP 连接的限制。这种策略一定要具有现实性和完整性。策略的制定者应该解决和存档以下问题：

① 需要什么 Internet 服务，如 Telnet、WWW、NFS 等。

② 在哪里使用这些服务，如本地、穿越 Internet、在家里或远方的办公机构等。

③ 是否应当支持拨号入网和加密等其他服务。

④ 提供这些服务的风险是什么。

⑤ 若提供这种保护，可能会导致网络使用上的不方便等负面影响，这些影响会有多大，是否值得付出这种代价。

⑥ 和可用性相比，公司把安全性放在什么位置。

【案例 5.1】防火墙的访问控制规则的制定。

网络级防火墙简洁、速度快、费用低，并且对用户透明，但是对网络的保护很有限，因为它只检查地址和端口，对网络更高协议层的信息无理解能力。下面是某一网络级防火墙的访问控制规则：

① 允许网络 123.1.0.1 使用 FTP（21 端口）访问主机 150.0.0.1；

② 允许 IP 地址为 202.103.1.18 和 202.103.1.14 的用户 Telnet（23 端口）到主机 150.0.0.2 上；

③ 允许任何地址的 E-mail（25 端口）进入主机 150.0.0.3；

④ 允许任何 WWW 数据（80 端口）通过；

⑤ 不允许其他数据包进入。

2. 防火墙设计策略

在制定防火墙的设计策略之前，必须了解防火墙的性能以及缺点、TCP/IP 本身所具有的易受攻击性和危险。防火墙一般执行以下两种基本设计策略中的一种：

① 一切未被禁止的就是的允许：在该规则下，防火墙只禁止符合屏蔽规则的信息，而未被禁止的所有信息将被转发。

② 一切未被允许的就是禁止的：在该规则下，防火墙封锁所有的信息流，而只允许符合开放规则的信息转发。

第一种策略并不是可取的，因为它给入侵者更多的机会绕过防火墙。在这种策略下，用户可以访问没有被策略所说明的新的服务。例如，用户可以在没有被策略特别设计的非标准的 TCP/UDP 端口上执行被禁止的服务。

但是，有些服务如 X 窗口、FTP、Archie 和 RPC 是很难过滤的，所以建议管理员执行第一种策略。虽然第二种策略更加严格、更加安全，但它更难于执行，并对用户的约束也存在重复。在这种情况下，前面所讲的服务都应被阻止或被删去。

防火墙可以实施一种宽松的政策（第一种），也可以实施一种限制性政策（第二种），这就是制定防火墙策略的入手点。

总而言之，防火墙是否适合取决于安全性和灵活性的要求，所以在实施防火墙之前，考虑一下策略是至关重要的。如果不是这样，会导致防火墙不能达到要求。

5.2.4 防火墙的技术

到目前为止，防火墙的技术大体上可以包括：包过滤技术，代理技术，网络地址转换技术，状态检查技术，加密技术，安全审计技术，安全内核技术，身份认证技术，负载均衡技术等方面。这里主要介绍包过滤技术、代理技术、网络地址转换技术。

1. 包过滤技术

包过滤技术（Packet Filter）是防火墙为系统提供安全保障的主要技术，它通过设备对进出网络的数据流进行有选择地控制与操作。包过滤操作通常在选择路由的同时对数据包进行过滤（通常是对从 Internet 到内部网络的包进行过滤）。用户可以设定一系列的规则，指定允许哪些类型的数据包可以流入或流出内部网络；哪些类型的数据包的传输应该被拦截。

包过滤规则以 IP 包信息为基础，对 IP 包的源地址、IP 包的目的地址、封装协议（TCP/UDP/ICMP Tunnel）、端口号等进行筛选。包过滤这个操作可以在路由器上进行，也可以在网桥，甚至在一个单独的主机上进行，如图 5-7 所示。

传统的包过滤只是与规则表进行匹配。防火墙的 IP 包过滤，主要是根据一个有固定排序的规则链过滤，其中的每个规则都包含着 IP 地址、端口、传输方向、分包、协议等多项内容。同时，一般防火墙的包过滤的过滤规则是在启动时配置好的，只有系统管理员才可以修改，是静态存在的，称为静态规则。

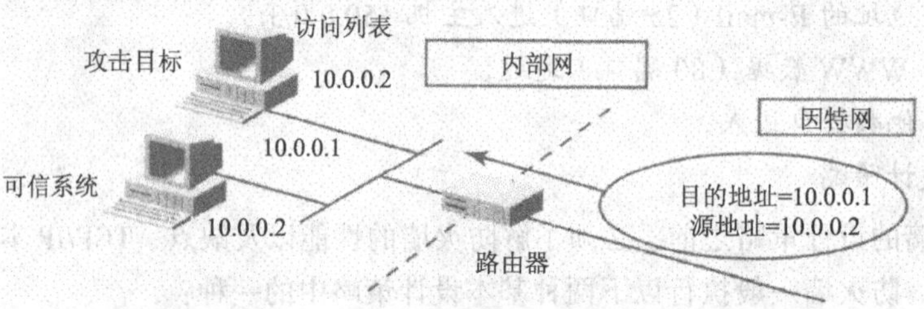

图 5-7 包过滤技术

2. 代理技术

应用代理或代理服务器（Application Level Proxy or Proxy Server）是代理内部网络用户与外部网络服务器进行信息交换的程序。它将内部用户的请求确认后送达外部服务器，同时将外部服务器的响应再回送给用户。这种技术被用于在 Web 服务器上高速缓存信息，并且扮演 Web 客户和 Web 服务器之间的中介角色。它主要保存 Internet 上那些最常用和最近访问过的内容，为用户提供更快的访问速度，并且提高网络安全性。这项技术对 ISP 很常见，特别是如果它到 Internet 的连接速度很慢的话。在 Web 上，代理首先试图在本地寻找数据，如果没有，再到远程服务器上去查找。也可以通过建立代理服务器来允许在防火墙后面直接访问 Internet。代理在服务器上打开一个套接字，并允许通过这个套接字与 Internet 通信，如图 5-8 所示。

3. 网络地址转换技术

网络地址转换（NAT）是一种用于把内部 IP 地址转换成临时的、外部的、注册的 IP 地址的标准。它允许具有私有 IP 地址的内部网络访问 Internet。它还意味着用户不需要为其网络中每台机器取得注册的 IP 地址。NAT 的工作过程如图 5-9 所示。

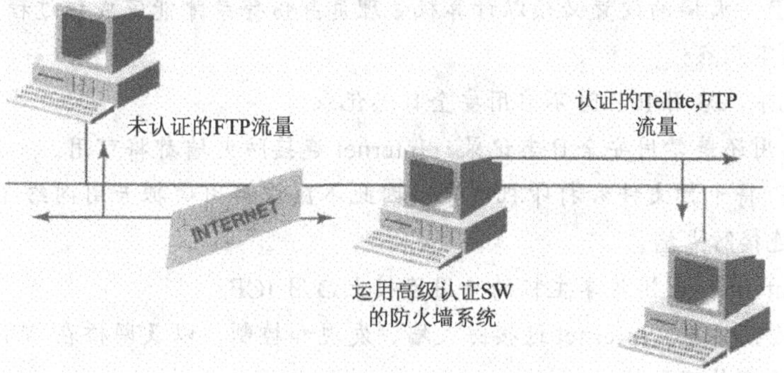

图 5-8　代理防火墙

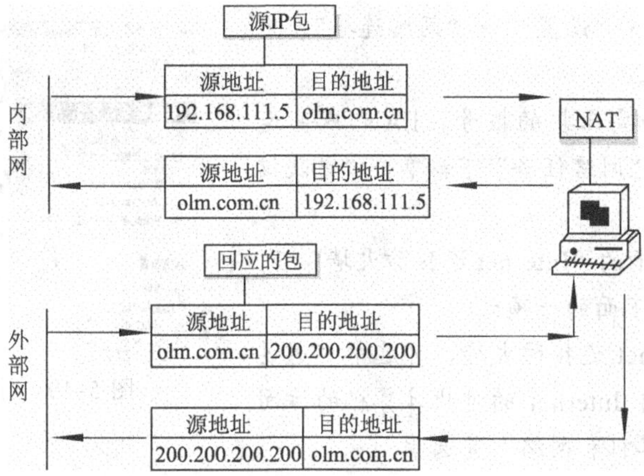

图 5-9　NAT 的工作过程

在内部网络通过安全网卡访问外部网络时，将产生一个映射记录。系统将外出的源地址和源端口映射为一个伪装的地址和端口，让这个伪装的地址和端口通过非安全网卡与外部网络连接，这样对外就隐藏了真实的内部网络地址。在外部网络通过非安全网卡访问内部网络时，它并不知道内部网络的连接情况，而只是通过一个开放的 IP 地址和端口来请求访问。防火墙根据预先定义好的映射规则来判断这个访问是否安全。当符合规则时，防火墙认为访问是安全的，可以接受访问请求，也可以将连接请求映射到不同的内部计算机中。当不符合规则时，防火墙认为该访问是不安全的，不能被接受，防火墙将屏蔽外部的连接请求。NAT 的过程对于用户来说是透明的，不需要用户进行设置，用户只要进行常规操作即可。

【案例 5.2】 Windows XP 的 Internet 连接防火墙。

Windows XP 防火墙是充当 Windows 网络与外部世界之间的保卫边界的安全系统。Internet 连接防火墙（ICF）是用来限制哪些信息可以从用户自己的网络进入 Internet 以及从 Internet 进入用户自己网络的一种软件。通过 ICF 启动或禁用 Internet 控制消息协议（ICMP），达到网络防护的目的。ICF 安全记录功能提供了一种创建防火墙活动的日志文件的方式。ICF 能够记录被许可的和被拒绝的通信。例如，默认情况下，防火墙不允许来自 Internet 的传入回显请求通过。如果没有启用 Internet 控制消息协议“允许传入的回显请求”，那么传入请求将失败，并生成传入失败的日志项。

Windows XP 防火墙的设置必须以计算机管理员身份登录才能完成该过程。

需要注意以下几点：

- 默认情况下，启用 ICF 时不启用安全日志记录。
- 不管是启用还是禁用安全日志记录，Internet 连接防火墙都将可用。
- 因为 ICF 将干预文件和打印机共享，因此不应该启用虚拟专用网络（VPN）连接上的 Internet 连接防火墙。
- 无法在 Internet 连接共享主机的专用连接上启用 ICF。
- Internet 连接共享、Internet 连接防火墙、发现和控制，以及网桥在 Windows XP 64-Bit Edition 中都是可用的。

（1）启用 Internet 连接防火墙

① 打开“开始”→“设置”→“网络连接”，出现图 5-10 所示的窗口。

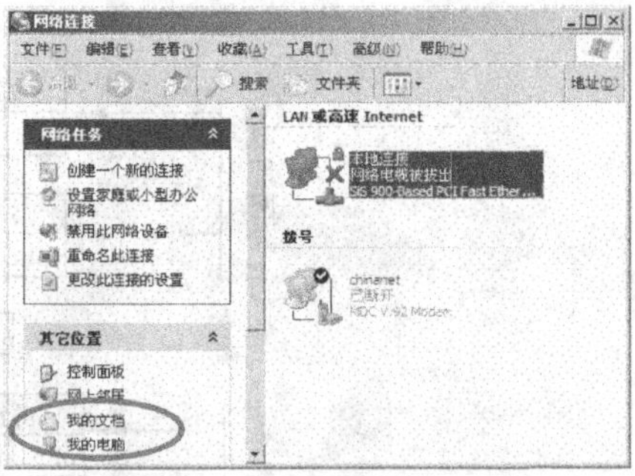

图 5-10 “网络连接”窗口

② 在窗口中单击要保护的拨号、LAN 或高速 Internet 连接，然后在“网络任务”下，单击“更改该连接的设置”链接。

③ 在“高级”选项卡的“Internet 连接防火墙”下，如图 5-11 所示，选择下面的一项：

- 若要启用 Internet 连接防火墙，可选中“通过限制或阻止来自 Internet 的对此计算机的访问来保护我的计算机和网络”复选框。
- 若要禁用 Internet 连接防火墙，可清除“通过限制或阻止来自 Internet 的对此计算机的访问来保护我的计算机和网络”复选框。

④ 在图 5-11 中，单击“设置”按钮，可以对防火墙进行“高级设置”，设置网络服务、安全日志和 ICMP，如图 5-12 所示。

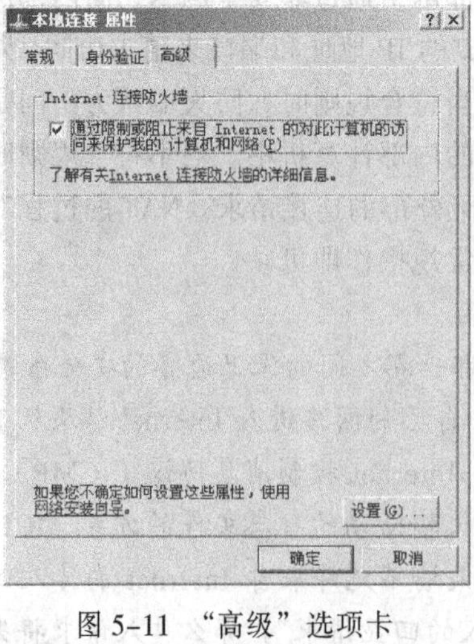

图 5-11 “高级”选项卡

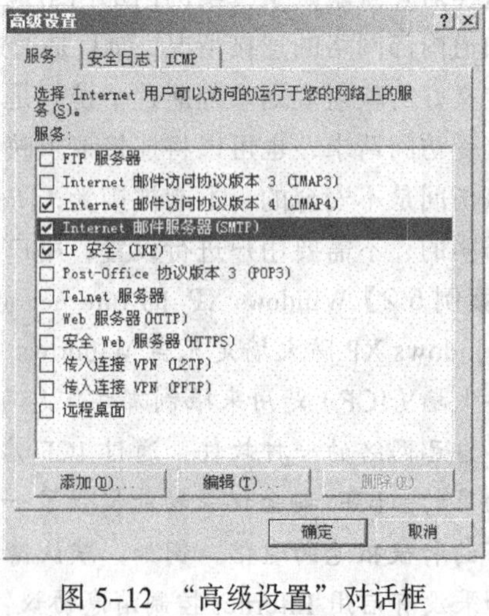

图 5-12 “高级设置”对话框

（2）安全日志的管理

防火墙日志的默认名称是 pfirewall.log，位置在 Windows 文件夹中。可以设置允许大小的安全日志文件，来防止拒绝服务攻击所导致的潜在溢出。生成事件日志的格式是扩展日志文件格式，与万维网联盟（W3C）建立的相同。安全日志的默认最大限制值是 4096 KB。最大的日志文件大小是 32 767 KB。如果超过了 pfirewall.log 允许的大小，则该日志文件包含的信息将被写入到新的文件并另存为 pfirewall.log.1。新的信息保存在 pfirewall.log 中。

在图 5-12 中，单击“安全日志”选项卡，可以对选择安全日志记录选项，如图 5-13 所示。安全日志的“记录选项”有两项，可以选择下面一项或两项：

- 若要启用对不成功的入站连接尝试的记录，可选中“记录丢弃的包”复选框。
- 若要禁用对成功的出站连接的记录，可选中“记录成功的连接”复选框。

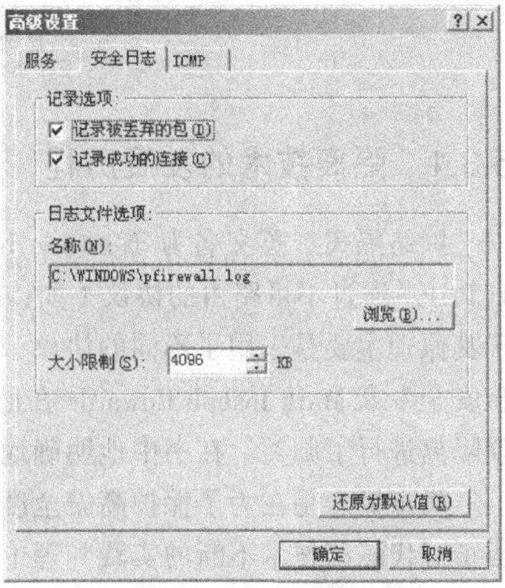

图 5-13 “安全日志”选项卡

（3）更改日志文件的路径和文件名

① 在“安全日志记录”选项卡的“日志文件选项”下，单击“浏览”按钮，浏览要放置日志文件的位置。

② 在“文件名”中，键入新的日志文件名（或者将其保留为空以接受默认名称 pfirewall.log），然后单击“打开”按钮。

应当注意：调整日志文件大小前必须启用 ICF。

5.2.5 防火墙技术趋势

1．高速的性能

未来的防火墙将能有效地消除制约传统防火墙的性能瓶颈。现在大多数的防火墙产品都支持 NAT 功能。它可以让受防火墙保护的一方的 IP 地址不被暴露。但是启用 NAT 后势必会对防火墙系统的性能有所影响。另外，防火墙系统中集成的 VPN 解决方案必须是真正的线速运行，否则将成为网络通信的瓶颈。在提高防火墙性能方面，状态检测型防火墙比包过滤型防火墙更具优势。可以肯定，基于状态检测的防火墙将具有更大的发展空间。

2．良好的可扩展性

对于一个好的防火墙系统而言，它的规模和功能应该能够适应网络规模和安全策略的变化。未来的防火墙系统应该是一个可随意伸缩的模块化解决方案，包括从最基本的包过滤器到带加密功能的 VPN 型包过滤器，直至一个独立的应用网关，使用户有充分的余地构建自己所需要的防火墙体系。

3．与其他网络安全产品的协同互动

防火墙只是一个基础的网络安全设备，它需要与防病毒系统和入侵检测系统等安全产品协同配合，才能从根本上保证系统的安全。所以未来的防火墙能够与其他安全产品协同工作。越来越多的防火墙产品将支持 OPSEC，通过这个接口与入侵检测系统协同工作，通过 CVP 与防病毒系统协同工作。

4. 简化的安装与管理

许多防火墙产品并未起到预期作用，其原因在于配置和安装上存在错误。因此未来的防火墙将具有更易于进行配置的图形用户界面。

总之，未来的防火墙技术会全面考虑网络的安全、操作系统的安全、应用程序的安全和用户数据的安全。此外，网络的防火墙产品还将 Web 页面超高速缓存、VPN 和带宽管理等前沿技术与防火墙自身功能结合起来。

5.3 物理隔离技术

5.3.1 隔离技术的发展历程

网络隔离，英文名为 Network Isolation，主要是指把两个或两个以上可路由的网络（如：TCP/IP）通过不可路由的协议（如：IPX/SPX、NetBEUI 等）进行数据交换而达到隔离目的。由于其原理主要是采用了不同的协议，所以通常也叫协议隔离（Protocol Isolation）。1997 年，信息安全专家 Mark Joseph Edwards 在他编写的 *Understanding Network Security* 一书中，他就对协议隔离进行了归类。在书中他明确地指出了协议隔离和防火墙不属于同类产品。

隔离概念是在为了保护高安全度网络环境的情况下产生的；隔离产品的大量出现，也是经历了五代隔离技术不断的实践和理论相结合后得来的。

第一代隔离技术——完全的隔离。此方法使得网络处于信息孤岛状态，做到了完全的物理隔离，需要至少两套网络和系统，更重要的是信息交流的不便和成本的提高，这样给维护和使用带来了极大的不便。

第二代隔离技术——硬件卡隔离。在客户端增加一块硬件卡，客户端硬盘或其他存储设备首先连接到该卡，然后再转接到主板上，通过该卡能控制客户端硬盘或其他存储设备。而在选择不同的硬盘时，同时选择了该卡上不同的网络接口，连接到不同的网络。但是，这种隔离产品有的仍然需要网络布线为双网线结构，产品存在着较大的安全隐患。

第三代隔离技术——数据转播隔离。利用转播系统分时复制文件的途径来实现隔离，切换时间非常之久，甚至需要手工完成，不仅明显地减缓了访问速度，更不支持常见的网络应用，失去了网络存在的意义。

第四代隔离技术——空气开关隔离。它是通过使用单刀双掷开关，使得内外部网络分时访问临时缓存器来完成数据交换的，但在安全和性能上存在有许多问题。

第五代隔离技术——安全通道隔离。此技术通过专用通信硬件和专有安全协议等安全机制，来实现内外部网络的隔离和数据交换，不仅解决了以前隔离技术存在的问题，并有效地把内外部网络隔离开来，而且高效地实现了内外网数据的安全交换，透明支持多种网络应用，成为当前隔离技术的发展方向。

5.3.2 物理隔离的定义

所谓“物理隔离”是指内部网不直接或间接地连接公共网。物理安全的目的是保护路由器、工作站、网络服务器等硬件实体和通信链路免受自然灾害、人为破坏和搭线窃听攻击。只有使内部网和公共网物理隔离，才能真正保证党政机关的内部信息网络不受来自互联网的黑客攻击。此外，物理隔离也为政府内部网划定了明确的安全边界，使得网络的可控性增强，便于内部管理。

物理隔离在安全上主要有以下3点要求：

① 在物理传导上使内外网络隔断，确保外部网络不能通过网络连接而侵入内部网络；同时防止内部网络信息通过网络连接泄露到外部网络。

② 在物理辐射上隔断内部网络与外部网络，确保内部网络信息不会通过电磁辐射或耦合方式泄露到外部网络。

③ 在物理存储上隔断两个网络环境，对于断电后会遗失信息的部件，如内存、处理器等暂存部件，要在网络转换时清除处理，防止残留信息出网；对于断电非遗失性设备，如磁带机、硬盘等存储设备，内部网络与外部网络要分开存储。

5.3.3 物理隔离功能及实现技术分析

1. 物理隔离网闸的定位

物理隔离技术，不是要替代防火墙，入侵检测，漏洞扫描和防病毒系统，相反，它是用户“深度防御”的安全策略的另外一块基石，一般用来保护为了的“核心”。物理隔离技术，是绝对要解决互联网的安全问题，而不是什么其他的问题。

2. 物理隔离要解决的问题

解决目前防火墙存在的根本问题：

① 防火墙对操作系统的依赖，因为操作系统也有漏洞。

② TCP/IP 的协议漏洞：不使用 TCP/IP。

③ 防火墙、内网和 DMZ 同时直接连接。

④ 应用协议的漏洞，因为命令和指令可能是非法的。

⑤ 文件带有病毒和恶意代码：不支持 MIME，只支持 TXT，或杀病毒软件，或恶意代码检查软件物理隔离的指导思想与防火墙有很大的不同：防火墙的思路是在保障互连互通的前提下，尽可能安全，而物理隔离的思路是在保证必须安全的前提下，尽可能互连互通。

3. TCP/IP 的漏洞

TCP/IP 目标是要保证通达，保证传输的粗犷性。通过来回确认来保证数据的完整性，不确认则要重传。TCP/IP 没有内在的控制机制，来支持源地址的鉴别，来证实 IP 的来源。这就是 TCP/IP 漏洞的根本原因。黑客利用 TCP/IP 的这个漏洞，可以使用侦听的方式来截获数据，能对数据进行检查，推测 TCP 的系列号，修改传输路由，修改鉴别过程，插入黑客的数据流。莫里斯病毒就是利用这一点，给互联网造成巨大的危害。

4. 防火墙的漏洞

防火墙要保证服务，必须开放相应的端口。防火墙要准许 HTTP 服务，就必须开放 80 端口，要提供 MAIL 服务，就必须开放 25 端口等。对开放的端口进行攻击，防火墙不能防止。利用 DOS 或 DDOS，对开放的端口进行攻击，防火墙无法禁止。利用开放服务流入的数据来攻击，防火墙无法防止。利用开放服务的数据隐蔽隧道进行攻击，防火墙无法防止。攻击开放服务的软件缺陷，防火墙无法防止。

防火墙不能防止对自己的攻击，只能强制对抗。防火墙本身是一种被动防卫机制，不是主动安全机制。防火墙不能干涉还没有到达防火墙的包，如果这个包是攻击防火墙的，只有已经发生了攻击，防火墙才可以对抗，根本不能防止。

目前还没有一种技术可以解决所有的安全问题，但是防御的深度愈深，网络愈安全。物理隔离网闸是目前唯一能解决上述问题的安全设备。

5.3.4 物理隔离的技术原理

物理隔离的技术架构在隔离上。以下的图组可以给我们一个清晰的概念，物理隔离是如何实现的。

如图 5-14 所示，外网是安全性不高的互联网，内网是安全性很高的内部专用网络。正常情况下，隔离设备和外网，隔离设备和内网，外网和内网是完全断开的。保证网络之间是完全断开的。隔离设备可以理解为纯粹的存储介质，和一个单纯的调度和控制电路。

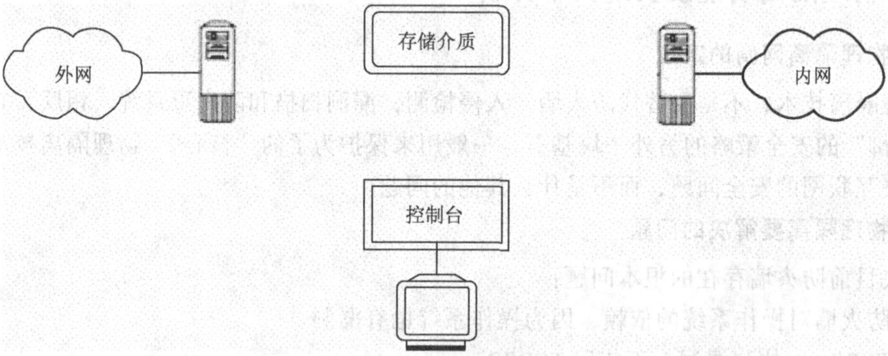

图 5-14 完全隔离状态

当外网需要有数据到达内网的时候，以电子邮件为例，外部的服务器立即发起对隔离设备的非 TCP/IP 协议的数据连接，隔离设备将所有的协议剥离，将原始的数据写入存储介质。根据不同的应用，可能有必要对数据进行完整性和安全性检查，如防病毒和恶意代码等，如图 5-15 所示。

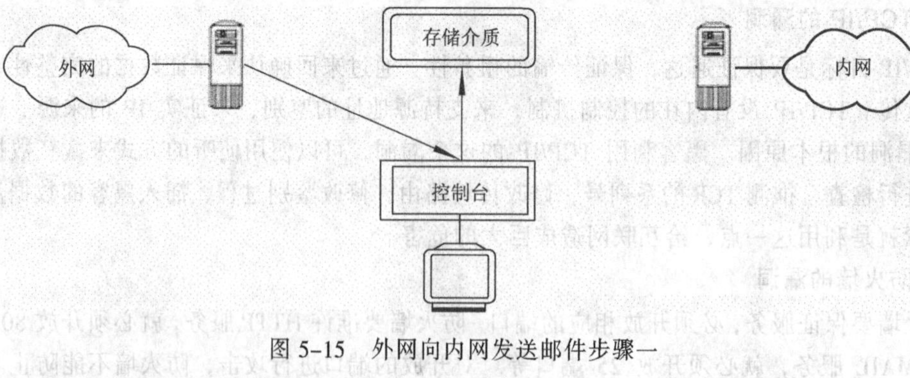

图 5-15 外网向内网发送邮件步骤一

一旦数据完全写入隔离设备的存储介质，隔离设备立即中断与外网的连接。转而发起对内网的非 TCP/IP 协议的数据连接。隔离设备将存储介质内的数据推向内网。内网收到数据后，立即进行 TCP/IP 的封装和应用协议的封装，并交给应用系统。

这个时候内网电子邮件系统就收到了外网的电子邮件系统通过隔离设备转发的电子邮件，如图 5-16 所示。

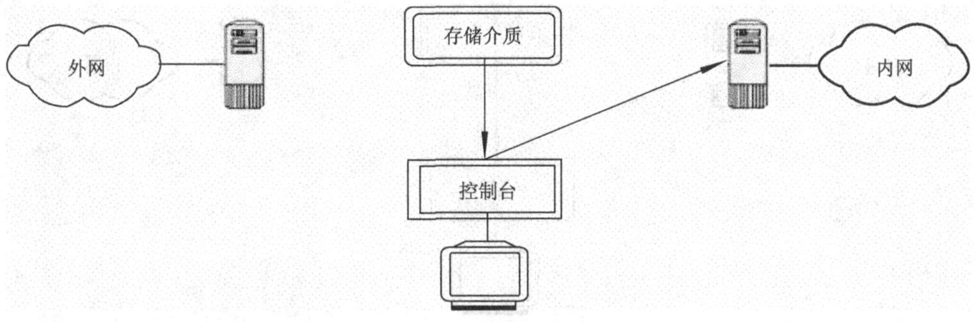

图 5-16　外网向内网发送邮件步骤二

在控制台收到完整的交换信号之后，隔离设备立即切断隔离设备于内网的直接连接，如图 5-17 所示。

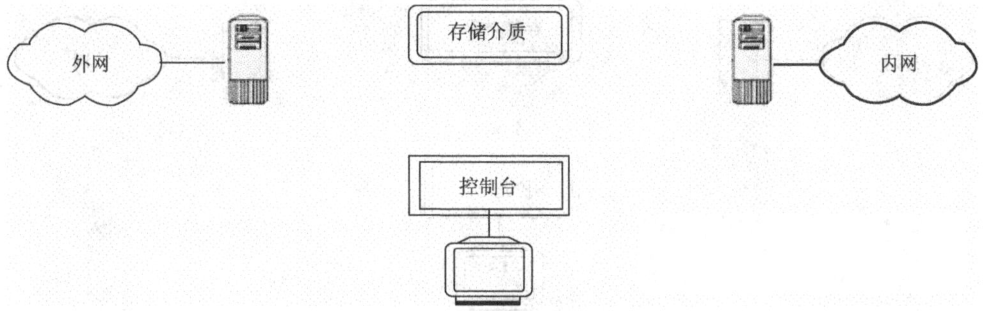

图 5-17　恢复完全隔离状态

如果这时，内网有电子邮件要发出，隔离设备收到内网建立连接的请求之后，建立与内网之间的非 TCP/IP 协议的数据连接。隔离设备剥离所有的 TCP/IP 协议和应用协议，得到原始的数据，将数据写入隔离设备的存储介质，如图 5-18 所示。必要的话，对其进行防病毒处理和防恶意代码检查。然后中断与内网的直接连接。

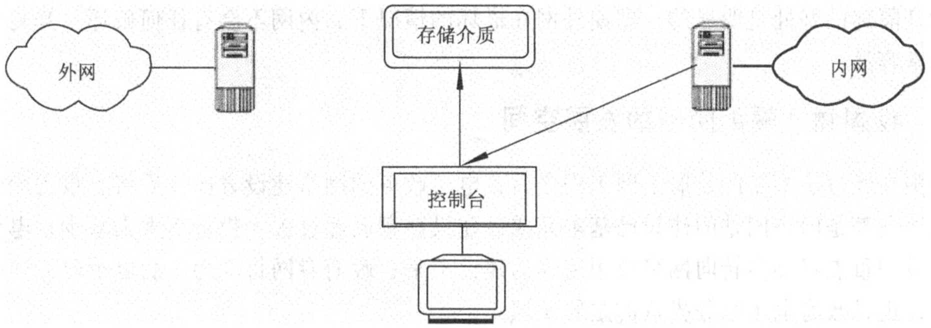

图 5-18　内网向外网发送邮件步骤一

一旦数据完全写入隔离设备的存储介质，隔离设备立即中断与内网的连接。转而发起对外网的非 TCP/IP 协议的数据连接。隔离设备将存储介质内的数据推向外网。外网收到数据后，立即进行 TCP/IP 的封装和应用协议的封装，并交给系统。如图 5-19 所示。

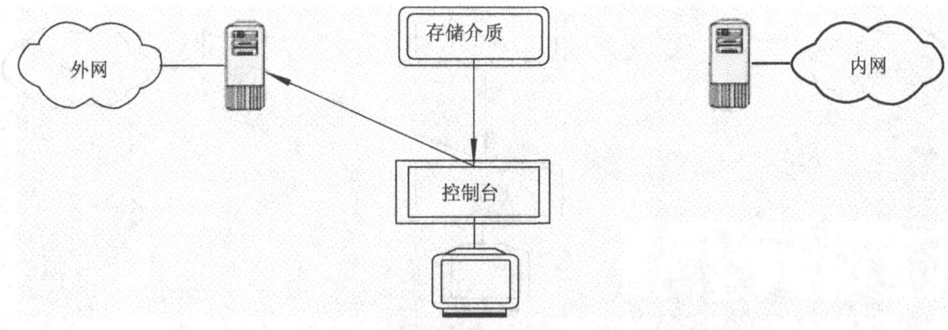

图 5-19　内网向外网发送邮件步骤二

控制台收到信息处理完毕后，立即中断隔离设备与外网的连接，恢复到完全隔离状态。如图 5-20 所示。

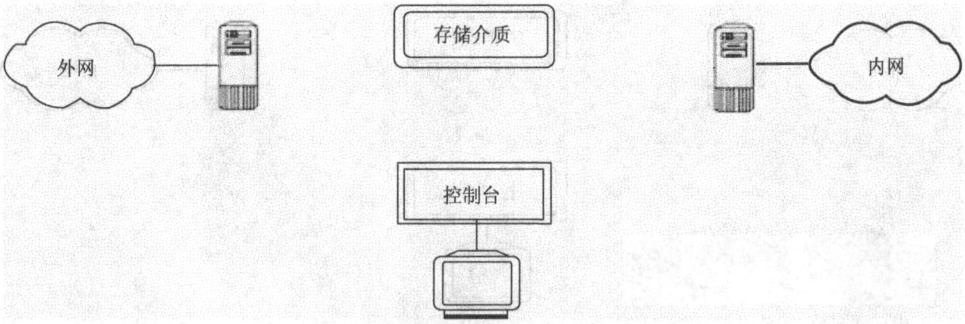

图 5-20　恢复完全隔离状态

每一次数据交换，隔离设备经历了数据的接收、存储和转发三个过程。由于这些规则都是在内存和内核力完成的，因此速度上有保证，可以达到 100%的总线处理能力。

物理隔离的一个特征，就是内网与外网永不连接，内网和外网在同一时间最多只有一个同隔离设备建立非 TCP/IP 协议的数据连接。其数据传输机制是存储和转发。

物理隔离的好处是明显的，即使外网在最坏的情况下，内网不会有任何破坏。修复外网系统也非常容易。

5.3.5　我国物理隔离网闸的发展空间

我国在经过了多年的政府上网工程之后，电子政务的网络建设方向今后将有重大变化：外网的建设尤其是门户网站的建设已基本完成，建设热潮已经过去，投资将大大减少；电子政务网络建设的重点将逐步转向网络应用工程的建设上来；政府专网将成为今后电子政务网络建设的焦点，也是政府电子政务投资的主要领域。

我国政府内网（局域网）仅仅实现了连接到互联网，大量信息资源库建设尚处于起步阶段，内网很多功能尚未实现。中央政府网站和地方政府网站、地方政府各部门网站之间几乎是互不连接，信息不公开、不共享，形成信息“孤岛”，严重制约了全国电子政务业务的发展。从电子政务发展需要来看，政府专网已经是电子政务建设不可或缺的部分，今后，政府专网的数量将有望大增。

电子政务网一头连接着民众，一头连接着政府，电子政务的内网和专网上存储着许多重要或敏感的数据，运行着重要的应用，电子政务网的特殊运行环境，要求它既要保证高强度的安全，又要通过互联网与民众方便地交换信息。仅靠防火墙，无法防止内部信息泄露、病毒感染、黑客入侵。业内人士认为，物理隔离网闸（GAP）技术在电子政务建设中的广泛应用是必然的，电子政务网的建设为物理隔离网闸提供了巨大的市场空间。

实训 5　防火墙的基本配置

一、实训目的

① 通过实验深入理解防火墙的功能和工作原理。

② 熟悉天网防火墙个人版的配置和使用。

二、实训环境

实验室所有机器安装了 Windows 2003 操作系统，组成了局域网，并安装了天网防火墙。

三、实训内容

天网防火墙的配置步骤：

① 运行天网防火墙设置向导，根据向导进行基本设置。

② 启动天网防火墙，运用它拦截一些程序的网络连接请求，如启动 Microsoft Baseline Security Analyzer，则天网防火墙会弹出报警窗口。此时选中“该程序以后都按照这次的操作运行”，允许 MBSA 对网络的访问。

③ 打开应用程序规则窗口，可设置 MBSA 的安全规则，如使其只可以通过 TCP 协议发送信息，并制定协议只可使用端口 21 和 8080 等。

了解应用程序规则设置方法。

④ 使用 IP 规则配置，可对主机中每一个发送和传输的数据包进行控制；ping 局域网内机器，观察能否收到 reply；修改 IP 规则配置，将“允许自己用 ping 命令探测其他机器”改为禁止并保存，再次 ping 局域网内同一台机器，观察能否收到 reply。

⑤ 将“允许自己用 ping 命令探测其他机器”改回为允许，但将此规则下移到“防御 ICMP 攻击”规则之后，再次 ping 局域网内的同一台机器，观察能否收到 reply。

⑥ 添加一条禁止邻居同学主机连接本地计算机 FTP 服务器的安全规则；邻居同学发起 FTP 请求连接，观察结果。

⑦ 观察应用程序使用网络的状态，有无特殊进程在访问网络，若有，可用“结束进程”按钮来禁止它们。

⑧ 查看防火墙日志，了解记录的格式和含义。

习　　题

一、选择题

1. 访问控制包括三个要素：主体、客体和（　　）。

A. 第三方　　B. 访问策略　　C. 控制策略　　D. 组织

2. 访问控制的内容包括控制策略实现和安全审计和（ ）。

A. 认证 B. 访问 C. 检测 D. 控制

3. 访问控制类型有 3 种模式：自主访问控制、强制访问控制和（ ）。

A. 认证访问控制 B. 基于角色访问控制

C. 基于项目访问控制 D. 基于 IP 的访问控制

4. 访问控制的安全策略有三种类型：基于身份的安全策略、综合访问控制方式和（ ）。

A. 基于账号的安全策略 B. 基于角色的安全策略

C. 基于规则的安全策略 D. 基于控制额安全策略

5. 防火墙防范的 3 种基本进攻是间谍、盗窃和（ ）。

A. 入侵 B. 木马 C. 病毒 D. 破坏系统

6. 目前的防火墙主要有三种类型，分别是包过滤防火墙、混合防火墙和（ ）。

A. 代理防火墙 B. 个人防火墙

C. 企业防火墙 D. 堡垒防火墙

7. 防火墙的技术大体上可以包括多种技术，但不包括下面哪一个技术（ ）。

A. 包过滤技术 B. 代理技术

C. 加密技术 D. 防病毒技术

8. 隔离概念是在为了保护高安全度网络环境的情况下产生的；隔离产品的大量出现，也是经历了（ ）代隔离技术。

A. 一 B. 三 C. 五 D. 七

9. 所谓“物理隔离”是指内部网不直接或（ ）地连接公共网。

A. 间接 B. 完全 C. 转接 D. 控制

10. 在逻辑上，防火墙是一个分离器，一个限制器，也是一个（ ），能有效地监控内部网和 Internet 之间的任何活动。

A. 解析器 B. 分析器 C. 认证器 D. 安全器

二、简答题

1. 什么是访问控制，它包括哪三个要素？
2. 访问控制的功能及原理是什么？
3. 安全策略实施原则是什么？
4. 防火墙的定义及设定防火墙的目的是什么？
5. 防火墙的优缺点是什么？
6. 物理隔离定义是什么，它解决哪些防火墙不能解决的问题？

单元 6 信息系统安全检测技术

本章重点介绍入侵检测技术的概念、分类、原理、一般步骤、关键技术等；入侵响应、审计追踪技术、审计追踪的目的、实施、审计方法和工具；漏洞扫描技术的概念、分类和实例。章节中也给出了一些实例，帮助理解和掌握相关概念和方法。

通过本章的学习，使读者：

（1）理解入侵检测技术的概念、分类、原理、一般步骤；

（2）理解审计追踪技术的概念、审计方法和工具；

（3）理解漏洞扫描技术；

（4）了解利用漏洞的实例。

6.1 入侵检测技术

随着计算机网络的发展，针对网络、主机的攻击与防御技术也不断发展，但防御相对于攻击而言总是被动和滞后的，尽管采用了防火墙等安全防护措施，并不意味着系统的安全就得到了完全的保护。各种软件系统的漏洞层出不穷，在一种漏洞的发现或新攻击手段的发明与相应的防护手段采用之间，总会有一个时间差，而且网络的状态是动态变化的，使得系统容易受到攻击者的破坏和入侵，这便是入侵检测系统的任务所在。入侵检测系统从计算机网络系统中的若干关键点收集信息，并分析这些信息，检查网络中是否有违反安全策略的行为，在发现攻击企图或攻击之后，及时采取适当的措施。本节主要介绍了入侵检测概述、入侵检测基本原理和入侵检测方法等。

6.1.1 入侵检测概述

入侵检测（Intrusion Detection）技术是为保证计算机系统的安全而设计与配置的一种能够及时发现并报告系统中未授权或异常现象的技术，是一种用于检测计算机网络中违反安全策略行为的技术。进行入侵检测的软件与硬件的组合便是入侵检测系统（Intrusion Detection System，简称 IDS）。

入侵检测技术作为一种积极主动的安全防护技术，提供了对内部攻击、外部攻击和误操作的实时保护，在网络系统受到危害之前拦截和响应入侵。入侵检测技术系统能很好地弥补防火墙的不足，从某种意义上说是防火墙的补充，帮助系统对会网络攻击，扩展了系统管理员的安全管理能力（包括安全审计、监视、进攻识别和响应），提高了信息安全基础结构的完整性。它从计算机网络系统中的若干关键点收集信息，并分析这些信息，查看网络中是否有违反安全策略的行为和遭到袭南的迹象。入侵检测技术被认为是防火墙之后的第二道安全闸门，在不影响网络性能的情况下能对网络进行监测，从而提供对内部攻击、外部攻击和误操作的实时保护。这些都通过它执行以下任务来实现：

- 监视、分析用户及系统活动；
- 系统构造和弱点的审计；
- 识别反映已知进攻的活动模式并向相关人士报警；
- 异常行为模式的统计分析；
- 评估重要系统和数据文件的完整性；
- 操作系统的审计追踪管理，并识别用户违反安全策略的行为。

1. 入侵检测的内容

① 试图闯入或成功闯入：它通过比较用户的典型行为特征或安全限制来检测网络非法入侵；冒充其他用户。

② 违反安全策略：指用户行为超出了系统安全策略所定义的合法行为范围，可以通过具体行为模式检测。

③ 合法用户的泄露：指在多级安全模式下，系统中存在两个以上不同安全级别的用户，有权访问高级机密信息的用户将授权的敏感信息发送给非授权的一般用户。通过检测 I/O 资源使用情况来判定。

④ 独占资源：指攻击者企图独占特定的资源，以阻止合法用户的正常使用，或导致系统崩溃。一般通过检查系统资源使用状况来检测。

⑤ 恶意攻击：指攻击者进入系统后，企图执行系统不能正常运行的操作，如删除系统文件等。它可通过典型行为特征，安全限制或使用特征来检测。

2. 入侵检测技术功能概要

入侵检测系统能主动发现网络中正在进行的针对被保护目标的恶意滥用或非法入侵，并能采取相应的措施及时中止这些危害，如提示报警、阻断连接、通知网管等。其主要功能有：

① 监督并分析用户和系统的活动。

② 检查系统配置和漏洞。

③ 检查关键系统和数据文件的完整性。

④ 识别代表已知攻击的活动模式。

⑤ 对反常行为模式的统计分析。

⑥ 对操作系统的校验管理，判断是否有破坏安全的用户活动。

⑦ 提高了系统的监察能力。

⑧ 追踪用户从进入到退出的所有活动或影响。

⑨ 识别并报告数据文件的改动。

⑩ 发现系统配置的错误，必要时予以更正。

⑪ 识别特定类型的攻击，并向相应人员报警，以作出防御反应。

⑫ 可使系统管理人员最新的版本升级添加到程序中。

⑬ 允许非专家人员从事系统安全工作。

⑭ 为信息安全策略的创建提供指导。

6.1.2 入侵检测系统分类

依据不同的标准，可以将入侵检测系统划分成不同的类别。

1. 根据系统所检测的对象分类

（1）基于主机的入侵检测系统（HIDS）

HIDS 安装在被保护的主机上，通常用于保护运行关键应用的服务器。它通过监视与分析主机的审计记录和日志文件来检测入侵行为。

基于主机的入侵检测系统的优点：由于基于主机的 IDS 使用含有已发生事件信息，可以确定攻击是否成功；能够检查到基于网络的入侵检测系统检查不出的攻击；能够监视特定的系统活动；适用于被加密的和交换的环境；近于实时的检测和响应；不要求额外的硬件设备；低廉的成本。

基于主机的入侵检测系统的缺点：降低应用系统的效率。也会带来一些额外的安全问题；依赖于服务器固有的日志与监视能力；全面部署代价较大，用户只能选择保护部分重要主机。那些未安装基于主机的 IDS 的主机将成为保护的盲点、攻击目标；除了监测自身的主机以外，不监测网络上的情况。

（2）基于网络的入侵检测系统（NIDS）

NIDS 一般安装在需要保护的网段中，利用网络侦听技术实时监视网段中传输的各种数据包，并对这些数据包的内容、源地址、目的地址等进行分析和检测。如果发现入侵行为或可疑事件，NIDS 就会发出警报甚至切断网络连接。

基于网络的入侵检测系统的优点：购买成本较低；检查所有包的头部从而发现恶意的和可疑的行动迹象。基于主机的 IDS 无法查看包的头部，所以它无法检测到这一类的攻击；使用正在发生的网络通信进行实时攻击的检测，所以攻击者无法转移证据；实时检测和响应；具有操作系统无关性；安装简便。

基于网络的入侵检测系统的缺点：监测范围有局限性；NIDS 只检查直接相连网段的通信，不能检测不同网段的网络数据包，而安装多台基于网络的 IDS 将会使整个成本大大增加；通常采用特征检测的方法，可以检测出普通的攻击，而很难实现一些复杂的需要大量计算与分析时间的攻击检测；大量数据传回分析系统时影响系统性能和响应速度；处理加密的会话过程较困难。

一个真正有效的入侵检测系统应该是基于主机和基于网络的结合，两种方法互补。

（3）基于应用的入侵检测系统（AIDS）

AIDS 监控在某个软件应用程序中发生的活动，信息来源主要是应用程序的日志，其监视的内容更为具体。它是 HIDS 的一个子集，在实际应用时，多种类型 IDS 结合使用。

2. 根据数据分析方法分类

（1）异常检测

假定所有入侵行为都与正常行为不同。先定义系统在正常条件下的资源与设备利用情况的数值，建立正常活动的模型，然后再将系统在运行时的此类数值与事先定义的原有正常指标相比较，从而得出是否有攻击现象发生。

异常检测采用的方法主要有统计分析方法等。对于网络流量，可以使用统计分析的方法进行监控，这样可以防止分布式拒绝服务攻击（DDos）等攻击的发生。

假定某端口处每秒允许的最大尝试连接次数是 1000 次，则检测某个时间段内连接次数是否异常的描述如下：

```
setmax-connect-number=1000/s;
setstate=normal;
connect-number=count(connect);
if(connect-number>max-connect-number)
{
setstate=abnormal;/*进行异常处理; */
}
```

优点：能发现新的入侵，缺点：误报率较高。

（2）误用检测

假定所有入侵行为、手段及其变种都能够表达为一种模式或特征，即异常活动的模型。系统的目标就是检测主体活动是否符合这些模式，因此又称为特征检测。

采用的常用方法是模式匹配，模式匹配建立一个攻击特征库，检查发过来的数据是否包含这些攻击特征（如特定的命令等），然后判断它是不是攻击。

比如，下面的语句：Port25:{"WIZ"|"DEBUG"}，表示：检查 25 号端口传送的数据中是否有"WIZ"或"DEBUG"关键字。

优点：只收集相关的数据集合，显著减少系统负担，且技术已相当成熟，检测准确率和效率都相当高

弱点：需要不断的升级以对付不断出现的攻击手法，不能检测到从未出现过的攻击手段，入侵越多越复杂。

3．根据体系结构分类

根据 IDS 的系统结构，可分为集中式、等级式和分布式三种。

（1）集中式入侵检测系统

集中式 IDS 可能有多个分布于不同主机上的审计程序，但只有一个中央入侵检测服务器。审计程序将当地收集到的数据发送给中央服务器进行分析处理。

（2）等级式入侵检测系统

等级式 IDS 中，定义了若干个分等级的监控区域，每个 IDS 负责一个区域，每一级 IDS 只负责所监控区的分析，然后将当地的分析结果传送给上一级 IDS。

（3）分布式入侵检测系统

分布式 IDS 将中央检测服务器的任务分配给多个基于主机的 IDS，这些 IDS 不分等级，各司其职，负责监控当地主机的某些活动。

还有其他分类方法，如按技术可分为基于知识的模式识别、基于知识的异常识别、协议分析等。

6.1.3 入侵检测原理

入侵检测可分为实时入侵检测和事后入侵检测，其原理分别如图 6-1 实时入侵检测原理和图 6-2 事后入侵检测原理所示。

实时入侵检测在网络连接过程中进行，系统根据用户的历史行为模型、存储在计算机中的专家知识以及神经网络模型对用户当前的操作进行判断，一旦发现入侵迹象立即断开入侵者与

主机的连接，并收集证据和实施数据恢复。事后入侵检测由网络管理人员定期或不定期进行，根据计算机系统对用户操作所做的历史审计记录判断用户是否具有入侵行为，如果有就断开连接，并记录入侵证据和进行数据恢复，但其入侵检测的能力不如实时入侵检测系统。

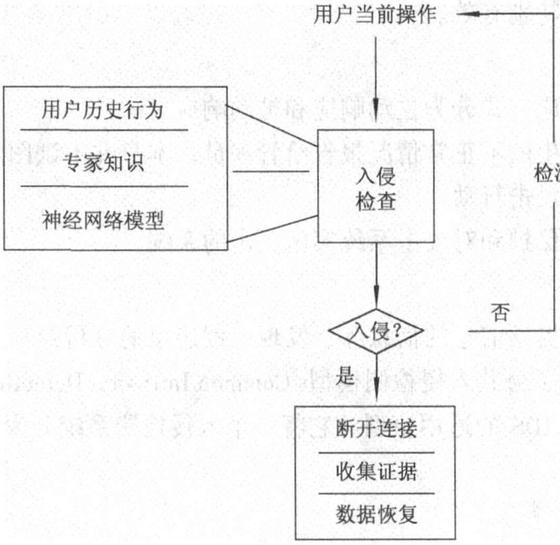

图 6-1　实时入侵检测原理

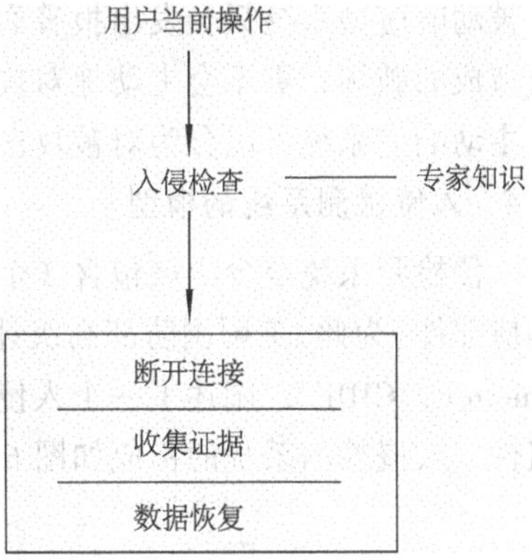

图 6-2　事后入侵检测原理

6.1.4　入侵检测一般步骤

入侵检测的一般过程包括入侵数据提取、入侵数据分析和入侵事件响应。

1. 入侵数据提取（信息收集）

主要是为系统提供数据，提取的内容包括系统、网络、数据及用户活动的状态和行为。需要在计算机网络系统中的若干不同关键点（不同网段和不同主机）收集信息。一是尽可能扩大检测范围，二是检测不同来源的信息的一致性。入侵检测很大程度上依赖于收集信息的可靠性和正确性。

入侵检测数据提取可来自以下 4 个方面。

① 系统和网络日志；

② 目录和文件中的改变；

③ 程序执行中的不期望行为；

④ 物理形式的入侵信息。

2. 入侵数据分析

对数据进行深入分析，发现攻击并根据分析结果产生事件，传递给事件响应模块。常用技术有：模式匹配、统计分析和完整性分析等。前两种方法用于实时网络入侵检测，而完整性分析用于事后的计算机网络入侵检测。

① 模式匹配：将收集到的信息与已知计算机网络入侵和系统误用模式数据库进行比较，从而发现违背安全策略的行为。一般来讲，一种攻击模式可以用一个过程（如执行一条指令）或一个输出（如获得权限）来表示。该过程可以很简单（如通过字符串匹配以寻找一个简单的条目或指令），也可以很复杂（如利用正规的数学表达式来表示安全状态的变化）。

② 统计分析：首先给系统对象（例如用户、文件、目录和设备等）创建一个统计描述，统

计正常使用时的一些测量属性（例如访问次数、操作失败次数和时延等）。测量属性的平均值和偏差被用来与网络、系统的行为进行比较，任何观察值在正常值范围之外时，就认为有入侵发生。

③ 完整性分析：主要关注某个文件或对象是否被更改。包括文件和目录的内容及属性，在发现被更改的、被安装木马的应用程序方面特别有效。

3. 入侵事件响应

事件响应模块的作用在于报警与反应，响应方式分为主动响应和被动响应。

被动响应型系统只会发出报警通知，将发生的不正常情况报告给管理员，本身并不试图降低所造成的破坏，更不会主动地对攻击者采取反击行动。

主动响应系统可以分为对被攻击系统实施保护和对攻击系统实施反击的系统。

4. 入侵检测系统的模型

入侵检测系统至少应该包含3个模块，即提供信息的信息源、发现入侵迹象的分析器和入侵响应部件。为此，美国国防部高级计划局提出了公共入侵检测模型（Common Intrusion Detection Framework，CIDF），阐述了一个入侵检测系统IDS的通用模型。它将一个入侵检测系统分为4个组件，入侵检测系统的构成如图6-3所示。

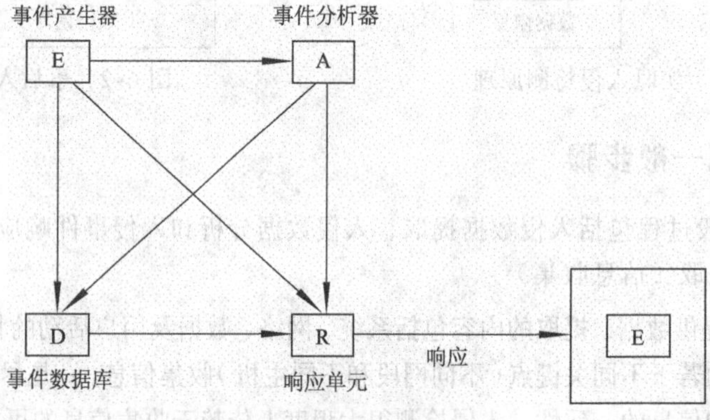

图6-3　入侵检测系统的构成

在网络入侵检测系统模型中，事件产生器、事件分析器和响应单元通常以应用程序的形式出现，而事件数据库则往往以文件或数据流的形式出现。

① 事件产生器：从系统所处的计算机网络环境中收集事件，并将这些事件转换成一定格式以传送给其他组件。

② 事件数据库：用来存储事件产生器和事件分析器产生的临时事件，以备系统需要的时候使用。

③ 事件分析器：可以是一个特征检测工具，用于在一个事件序列中检查是否有已知的攻击特征；也可以是一个统计分析工具，检查现在的事件是否与以前某个事件来自同一个事件序列；此外，事件分析器还可以是一个相关器，观察事件之间的关系，将有联系的事件放到一起，以利于以后的进一步分析。

④ 响应单元：根据事件产生器检测到的和事件分析器分析到的入侵行为而采取相应的响应措施。

6.1.5 入侵检测系统关键技术

入侵检测系统研发中涉及的关键技术包括入侵检测技术、入侵检测系统的描述语言、入侵检测的体系结构等。

1. 模式匹配

模式匹配方法是入侵检测领域中应用最为广泛的检测手段和机制之一，通常用于误用检测。这种方法的特点是原理简单、扩展性好、检测效率高、可以实时监测，但只适用于检测比较简单的攻击，并且误报率高。由于其实现、配置和维护都非常方便，因此得到了广泛应用。Snort 系统就采用了这种检测手段。

2. 统计分析

统计分析也是入侵检测领域中应用最为广泛的检测手段和机制之一，通常用于异常检测。统计正常使用时的一些测量属性，测量属性的平均值将被用来与网络、系统的行为进行比较，任何观察值在正常值范围之外时，就认为有入侵发生。

常用的入侵检测统计分析模型有：操作模型、方差、多元模型、马尔可夫过程模型、时间序列统计分析。其最大优点是不需要预先知道安全缺陷，它可以“学习”用户的使用习惯，从而具有较高的检测率与可用性。但是，它的“学习”能力也给入侵者通过逐步“训练”是入侵事件符合正常操作的统计规律的机会，从而透过入侵检测系统。如何选择要监视的衡量特征，以及如何在所有可能的衡量特征中选择合适的特征子集，才能够准确预测入侵活动，是统计方法的关键问题。统计分析中常用的是贝叶斯概率统计方法，通过统计大量的数据的概率，运用贝叶斯公式对检测的数据进行计算求概率，作为判断其入侵程度的标准。

3. 专家系统

专家系统是一种以知识为基础，根据人类专家的知识和经验进行推理，解决需要专家才能解决的复杂问题的计算机程序系统。用专家系统对入侵进行检测主要是针对误用检测，是针对有特征入侵的行为。

专家系统应用于入侵检测时，存在以下一些实际问题：

① 处理海量数据时存在效率问题。这是由于专家系统的推理和决策模块通常使用解释型语言实现，执行速度比编译型语言要慢；

② 缺乏处理序列数据的能力，即数据前后的相关性问题；

③ 专家系统的性能完全取决于设计者的知识和技能；

④ 只能检测已知的攻击模式（误用检测的通病）；

⑤ 无法处理判断的不确定性。

规则库的维护同样是一项艰巨的任务，更改规则库必须考虑到对知识库中其他规则的影响。

4. 神经网络

神经网络具有自适应、自组织、自学习的能力，可以处理一些环境信息复杂、背景知识不清楚的问题。

利用神经网络进行入侵检测包括两个阶段。首先是训练阶段，这个阶段使用代表用户行为的历史数据进行训练，完成神经网络的构建和组装；接着便进入入侵分析阶段，网络接收输入的事件数据，与参考的历史行为比较，判断出两者的相似度或偏离度。神经网络使用以下方法来标识异常事件：改变单元的状态、改变连接的权值、添加或删除连接。同时也具有对所定义的正常模式进行逐步修正的功能。

神经网络有以下优点：

① 大量的并行分析式结构；

② 有自学习能力，能从周围的环境中不断学习新的知识；

③ 能根据输入产生合理的输出。

5. 数据挖掘

数据挖掘是从大量的数据中抽取出潜在的、有价值的知识（即模型或规则）的过程。对于入侵检测系统来说，也需要从大量的数据中提取入侵特征。

6. 协议分析

协议分析可利用网络协议的高度规则性快速探测攻击的存在。协议分析技术对协议进行解码，减少了入侵检测系统需要分析的数据量。

7. 移动代理

移动代理（Agent）是个软实体，完成信息收集和处理工作。

6.1.6 入侵检测面临的问题和发展方向

1. 面临的问题

① 随着能力的提高，入侵者会研制更多的攻击工具，以及使用更为复杂精致的攻击手段，对更大范围的目标类型实施攻击；

② 入侵者采用加密手段传输攻击信息；

③ 日益增长的网络流量导致检测分析难度加大；

④ 缺乏统一的入侵检测术语和概念框架；

⑤ 不适当的自动响应机制存在着巨大的安全风险；

⑥ 存在对入侵检测系统自身的攻击；

⑦ 过高的错报率和误报率，导致很难确定真正的入侵行为；

⑧ 采用交换方法限制了网络数据的可见性；

⑨ 高速网络环境导致很难对所有数据进行高效实时分析。

2. 发展方向

① 更有效地集成各种入侵检测数据源，包括从不同的系统和不同的传感器上采集的数据，提高报警准确率；

② 在事件诊断中结合人工分析，提高判断准确性；

③ 提高对恶意代码的检测能力，包括 Email 攻击，Java、ActiveX 等；

④ 采用一定的方法和策略来增强异种系统的互操作性和数据一致性；

⑤ 研制可靠的测试和评估标准；

⑥ 提供科学的漏洞分类方法，尤其注重从攻击客体而不是攻击主体的观点出发；

⑦ 提供对更高级的攻击行为（如分布式攻击、拒绝服务攻击等）的检测手段。

6.2 漏洞检测技术

伴随着高科技信息技术的不断发展，软件的功能也逐渐变得强大起来，与之相伴的是数量不断扩大的源代码。然而，一些黑客利用代码的一些漏洞对我们的计算机系统入侵并进行破坏。因此,技术人员只有不断的加强对一些漏洞监测技术的分析与研究,才能确保信息资料的安全可靠。

6.2.1 漏洞概述

计算机软件中的漏洞是指一个系统或程序内部存在的缺陷或者不足，这些缺陷或者不足导致系统在某一些特定的威胁下无法抵御。软件漏洞产生通常是由于在软件的设计和实现中因开发人员有意或无意的失误造成系统潜在的不安全性。漏洞可以划分为功能性逻辑漏洞和安全性逻辑漏洞。功能性逻辑漏洞是指影响软件的正常功能，例如执行结果错误、执行流程错误等。安全性逻辑漏洞是指通常情况下不影响软件的正常功能，但如果漏洞被攻击者成功利用后，有可能造成软件运行错误甚至执行恶意代码，例如缓冲区溢出漏洞、网站中的跨站脚本漏洞、SQL注入漏洞等。

漏洞具有以下特点：编程过程中出现逻辑错误是很普遍的现象，这些错误绝大多数都是由于疏忽造成的；数据处理（例如对变量赋值）比数值计算更容易出现逻辑错误，过小和过大的程序模块都比中等程度模块更容易出现错误；漏洞和具体的系统环境密切相关。在不同种类的软、硬件设备中，同种设备的不同版本之间，由不同设备构成的不同系统之间，以及同种系统在不同的设置条件下，都会存在各自不同的安全漏洞问题；漏洞问题与时间紧密相关。随着时间的推移，旧的漏洞会不断得到修改或纠正，新的漏洞会不断出现，因而漏洞问题会长期存在。

就网络信息系统的安全而言，仅有事后追查或实时报警功能是不够的，还需要具备系统安全漏洞检测能力的事先检查型安全工具。

系统漏洞检测又称漏洞扫描，就是对网络信息系统进行检查，主动发现其中可被攻击者利用的漏洞。不管攻击者是从外部还是从内部攻击某一网络系统，一般都会利用该系统已知的漏洞。因此，漏洞扫描技术应该用在攻击者入侵和攻击网络系统之前。

6.2.2 漏洞分类

1. 入侵攻击可利用的系统漏洞类型

入侵者常常通过收集、发现和利用信息系统的漏洞来发起对系统的攻击。不同的应用，甚至同一系统不同的版本，其系统漏洞都不尽相同，大致上可以分为3类。

（1）网络传输和协议的漏洞

攻击者一般利用网络传输时对协议的信任以及网络传输过程本身所存在的漏洞进入系统。例如，IP欺骗和信息腐蚀就是利用网络传输时对IP和DNS协议的信任；而网络嗅探器则利用了网络信息明文传送的弱点。

另外，攻击者还可利用协议的特性进行攻击，例如，对TCP序列号的攻击等。攻击者还可以设法避开认证过程，或通过假冒（如源地址）而混过认证过程。例如，有的认证功能是通过主机地址来做认证的，一个用户通过认证，则这个机器上的所有用户就都通过了认证。此外，DNS、WHOIS、FINGER等服务也会泄露出许多对攻击者有用的信息，例如，用户地址、电话号码等。

（2）系统的漏洞

攻击者可以利用服务进程的 BUG 和配置错误进行攻击，任何提供服务的主机都有可能存在这样的漏洞，它们常被攻击者用来获取对系统的访问权。由于软件的 BUG 不可避免，这就为攻击者提供了各种机会。另外，软件实现者为自己留下的后门（和陷门），也为攻击者提供了机会。系统内部的程序也存在许多 BUG，因此，存在着入侵者利用程序中的 BUG 来获取特权用户权限的可能。窃取系统中的口令是最简单和直截了当的攻击方法，因而对系统口令文件的保护方式也在不断的改进。口令文件从明文（隐藏口令文件）改进成密文，又改进成使用阴影（Shadow）的方式。

① 口令攻击的主要方式及防护手段

如果口令攻击成功，黑客进入了目标网络系统，他就能够随心所欲地窃取、破坏和篡改被侵入方的信息，直至完全控制被侵入方。所以，口令攻击是黑客实施网络攻击的最基本、最重要、最有效的方法之一。口令攻击的主要方法有 9 种。

- 社会工程学（Social Engineering），通过人际交往这一非技术手段以欺骗、套取的方式来获得口令。避免此类攻击的对策是加强用户意识。
- 猜测攻击。首先使用口令猜测程序进行攻击。口令猜测程序往往根据用户定义口令的习惯猜测用户口令，像名字缩写、生日、宠物名、部门名等。在详细了解用户的社会背景之后，黑客可以列举出几百种可能的口令，并在很短的时间内就可以完成猜测攻击。
- 字典攻击。如果猜测攻击不成功，入侵者会继续扩大攻击范围，对所有英文单词进行尝试，程序将按序取出一个又一个的单词，进行一次又一次尝试，直到成功。

据报道，对于一个有 8 万个英文单词的集合来说，入侵者不到一分半钟就可试完。所以，如果用户的口令不太长或是单词、短语，那么很快就会被破译出来。

- 穷举攻击。如果字典攻击仍然不能够成功，入侵者会采取穷举攻击。一般从长度为 1 的口令开始，按长度递增进行尝试攻击。由于人们往往偏爱简单易记的口令，穷举攻击的成功率很高。如果每千分之一秒检查一个口令，那么 86%的口令可以在一周内破译出来。
- 混合攻击：结合了字典攻击和穷举攻击，先字典攻击，再暴力攻击。
- 直接破解系统口令文件。所有的攻击都不能够奏效，入侵者会寻找目标主机的安全漏洞和薄弱环节，伺机偷走存放系统口令的文件，然后破译加密的口令，以便冒充合法用户访问这台主机。
- 网络嗅探（Sniffer）：通过嗅探器在局域网内嗅探明文传输的口令字符串。避免此类攻击的对策是网络传输采用加密传输的方式进行。
- 键盘记录：在目标系统中安装键盘记录后门，记录操作员输入的口令字符串，如很多间谍软件、木马等都可能会盗取用户的口令。
- 其他攻击方式：中间人攻击、重放攻击、生日攻击、时间攻击。

避免以上几类攻击的对策是加强用户安全意识，采用安全的密码系统，注意系统安全，避免感染间谍软件、木马等恶意程序。

② 口令攻击的防护手段

要有效防范口令攻击，需要选择一个好口令，并且要注意保护口令的安全。主要有 2 种方法：

- 好口令是防范口令攻击的最基本、最有效的方法。最好采用字母、数字、还有标点符号、特殊字符的组合，同时有大小写字母，长度最好达到8个以上，最好容易记忆，不必把口令写下来，绝对不要用自己或亲友的生日、手机号码等易于被他人获知的信息作密码。
- 注意保护口令安全。

不要将口令记在纸上或存储于计算机文件中；最好不要告诉别人自己的口令；不要在不同的系统中使用相同的口令；在输入口令时应确保无人在身边窥视；在公共上网场所如网吧等处最好先确认系统是否安全；定期更改口令，至少6个月更改一次，这会使自己遭受口令攻击的风险降到最低，要永远不要对自己的口令过于自信。

（3）管理的漏洞

攻击者可以利用各种方式从系统管理员和用户处诱骗或套取可用于非法进入系统的信息，包括口令、用户名等。

2. 从入侵攻击过程漏洞的分类

通过对入侵攻击过程进行分析，可以将系统的安全漏洞划分为以下5类：

① 可使远程攻击者获得系统的一般访问权限；

② 可使远程攻击者获得系统的管理权限；

③ 远程攻击者可使系统拒绝合法用户的服务请求；

④ 可使一般用户获得系统管理权限；

⑤ 一般用户可使系统拒绝其他合法用户的服务请求。

根据安全漏洞所在程序的类型，以上5类安全漏洞又可以划分为两类：前3种安全漏洞主要存在于系统的网络服务程序中，包括Telnet、FTP等用户服务，也包括HTTP、Sendmail等公用网络服务；后两种安全漏洞主要存在于一些系统服务程序及其配置文件中，尤其是以Root身份运行的服务程序。

3. 从系统层次结构漏洞的分类

从系统本身的层次结构看，系统的安全漏洞可以分为以下4类：

① 安全机制本身存在的安全漏洞；

② 系统服务协议中存在的安全漏洞，按层次可细分为物理层、数据链路层、IP与ICMP层、TCP层、应用服务层；

③ 系统、服务管理与配置的安全漏洞；

④ 安全算法、系统协议与服务现实中存在的安全问题。

针对攻击者利用网络各个层次上的安全漏洞破坏网络的安全性，系统安全必须进行全方位多层次的安全防卫，才能使系统安全的风险最小。

4. 其他分类

① 按照漏洞的形成原因，漏洞大体上可以分为程序逻辑结构漏洞、程序设计错误漏洞、开放式协议造成的漏洞和人为因素造成的漏洞。

② 按照漏洞被人掌握的情况，漏洞可以分为已知漏洞、未知漏洞和0day等几种类型。

③ 从作用范围角度，漏洞可以分为远程漏洞（攻击者可以利用并直接通过网络发起攻击的漏洞）和本地漏洞（攻击者必须在本机拥有访问权限前提下才能发起攻击的漏洞）。

6.2.3 漏洞研究技术分类

根据研究对象的不同，漏洞挖掘技术可以分为基于源代码的漏洞挖掘技术、基于目标代码的漏洞挖掘技术和混合漏洞挖掘技术三大类。基于源代码的漏洞挖掘又称静态检测，是通过对源代码的分析，找到软件中存在的漏洞。基于目标代码的漏洞挖掘又称动态检测，首先将要分析的目标程序进行反汇编，得到汇编代码；然后对汇编代码进行分析，来判断是否存在漏洞。混合漏洞挖掘技术是结合静态检测和动态检测的优点，对目标程序进行漏洞挖掘。

1. 软件漏洞的动态检测技术

所谓动态检测技术，就是指在不变更目标程序的原代码或者二进制代码的条件下，对改程序运行过程中是否存在安全漏洞进行检测的技术。以下为动态检测的几种常用方法。

（1）内存映射技术

内存映射技术只有对那些需要依靠固定的地址或是使用一些高端地址的应用程序才会有影响作用，它通过使用映射代码页的方法，使得想要侵入的攻击者几乎不能通过 NULL 结尾的字符串转换到低端的内存区域，而把代码页映射到一些随机地址中，将给攻击者们造成非常大的困难。这项技术的执行需要修改操作系统的内核，它虽然能够检测并且阻止内存中的地址跳转的攻击，但却无法检测并阻止新的代码的攻击。

（2）执行栈技术

很多攻击者常常采取向栈中注入恶意代码这种方式，来破坏其编写与执行，想要改变其内部的变量，以此执行恶意的代码。这时，我们可以禁止栈执行其代码的能力，采取这样的方法可以在一定程度上对攻击起到预防的作用。

（3）沙箱技术

沙箱技术是指限制一个进程将要访问的资源的来源或者说是连接，以预防某些可能的攻击行为。这种技术只需要对相应的应用程序预先设置一个资源连接访问的针对性策略，而策略的安全则不需要对操作系统的内核以及相应的应用程序做出任何改变。

（4）非执行栈与数据技术

一些数据段和非执行的栈会破坏计算机软件的正常运行过程，而非执行栈与数据技术能够禁止这些数据段与非执行栈的运行，从而使恶意代码不能执行。这种方法可以检测出所有内存中存在的恶意的代码，并且阻止它们的执行，但是不能检测修改函数和函数参数，也无法预防，同时也没有办法同时兼容其他众多的应用程序。

（5）程序解释技术

程序解释技术是指在启动程序以后来监视程序的运行并进行强制安全检查的方法，最常用的就是程序监视器，这主要是针对非原始的代码进行的。该技术不用对系统的内核或者程序的代码做出任何变动就能对动态生成的代码进行安全监测，但是还是会对系统、程序的运行和兼容性能造成不同程度的危害。

2. 软件漏洞的静态检测技术

软件漏洞的静态检测技术是利用分析程序的技术来对应用程序的二进制代码或者源代码进行分析的技术方法。常用的软件漏洞的静态检测技术方法有以下几种。

（1）元编译技术

要求程序的安全属性，作为轻量级的编译器扩展、建模执行，也可以自发推断检测代码的安全性，并且编写出与之相应的编译扩展，这就是元编译技术。元编译技术只是以编译器为基础的一项简单的技术，不仅报误率极低，而且还不会带来一些语言特性的心的拓展。

（2）变异语技术

变异语技术通常是指限制算术运算、不安全的转换、goto 的随意跳转、多点随意转变、setjmp 和 longjump 等可能导致安全隐患的操作，多使用 C 或 C++语言的安全编程变异技术。相比动态检测的局限性，对软件源代码或其二进制代码进行检测的静态检测有其自身优势。衡量静态检测好坏的指标主要有二：漏报率和误报率。能利用的静态检测的错误越多，编写出的程序就越发可靠。

（3）程序评注技术

这项技术不会为原有代码增加任何新的语言特色，只会以注视的形式表现出来，所以不存在任何兼容性的问题。它凭借评注的信息从而加深静态分析，以此找出系统、程序的潜在漏洞。此外，还需要把外部的数据标记为 tainted，这些最终都要由代码审计人员对产生的警告一一进行排查。

（4）约束解算器技术

约束解算器技术，是直接对目标程序的特定属性进行约束建模，然后再运用静态分析来解算该约束。这种方法不用对源程序做出任何评注，但是它会导致大量的误报，因此会加大工作人员的工作量。

（5）类型推断技术

一般来说，这是一种通过对某种或某几种特别的用户输入或指针等数据使用一种新型的修饰来增加其安全约束的方法。该技术有着高效、适合检测较大应用程序的优势，但它还是存在着兼容性方面的问题。

3. 混合检测技术

由于静态检测技术需要目标程序源代码，并具有检测规模大、误报率高的缺陷，而动态检测技术又存在覆盖率低、效率低的缺陷。因此，近几年，混合检测技术发展迅速，它有效地结合了静态检测和动态检测的优点，避免了静态检测和动态检测的缺点，有效地提高了检测效率和准确率。混合检测技术表现为与动态检测技术相似的形式，然而测试者根据程序的先验知识，在测试过程中有针对性的设计测试用例。这种测试可以直接对数据流中感兴趣的边界情况进行测试，从而比动态检测更高效。

目前，混合检测技术主要通过自动化的漏洞挖掘器，即 Fuzzing 检测技术实现。漏洞挖掘器首先分析目标软件的运行环境、功能和接口等，构造畸形数据，生成测试用例。然后，通过接口传递测试用例，运行程序。最后，使用监控程序监视程序运行，如果程序运行出现异常则记录程序运行环境和输入数据进一步对异常信息进行分析。不同漏洞挖掘器由于挖掘对象的不同，其结构、挖掘方法都有很大的不同。目前主要有文件类型漏洞挖掘器、FTP 漏洞挖掘器、Web 漏洞挖掘器、操作系统、挖掘器等。根据挖掘器构造测试用例方式的不同，Fuzzing 技术可以分为两类，Dumb Fuzzing 和 Intelligent Fuzzing。Dumb Fuzzing 检测技术类似于黑盒测试完全根据随机的输入去发现问题。这种方法实现简单，容易快速的触发漏洞的错误位置。由于没有针对性，因此其效率低下。Intelligent Fuzzing 检测技术通过研究目标软件的协议、输入、文件格式等方面内容，有针对性地构造测试用例，能够提高自动化检测的效率，因此这种方法能够更加有效地进行软件安全漏洞挖掘。

6.2.4 利用漏洞的实例

1. 木马窃取口令卡密码有新招

银川市韩先生网上购物时，被不法分子骗走银行卡密码，转走 1000 多元现金。为此，工商银行提醒用户，利用银行账户网上交易时，如发现网页多次弹出“口令卡密码输入错误”等对话框，应提高警惕或立即停止交易，修改网上银行密码，并拨打工行 95588 客户服务热线进行咨询。

据韩先生介绍，他在上网时，即时交流工具突然收到一信息，称某数码网站正在搞优惠活动，他看中的一款手机仅售 850 元。随后他查询了该网站，发现该网站不仅有备案，而且网民评价也不错。于是，他就按照网页提示，通过工商银行的网上银行支付货款，可是不知为什么，每次到输入口令卡坐标密码时就发生错误。无奈之下他便到工商银行询问，这才发现卡上的 1000 多元现金已被转走。

据工商银行银川市城区支行工作人员介绍，此类假冒银行在线支付页面进行欺诈的手法通常有以下三种情形：

一是要求客户同时输入支付卡卡号、验证码和网上银行登录密码，而真实的工商银行在线支付页面，只会提示输入支付卡卡号和验证码；

二是要求客户输入口令卡坐标值，并不断提示“口令卡密码输入错误”，让客户多次输入口令卡坐标值，骗取客户口令卡坐标密码信息；

三是要求客户一次输入两个以上的口令卡坐标密码，甚至给出一个实际不存在的口令卡坐标值要求客户输入对应的密码。

2. “西游木马变种 OG”窃取用户网络游戏账号

据瑞星全球反病毒监测网介绍，有一个病毒特别值得注意，它是“西游木马变种 OG（Trojan.PSW.Win32.XYOnline.og）”病毒。该病毒通过网络传播，窃取用户网络游戏账号和密码。

这是一个典型的盗号木马，病毒在运行后，从自身释放出一个名为 dh3atl.dll 的文件到系统的 System32 目录中，并加载这个 DLL 文件。根据加载这个 DLL 文件的进程不同，病毒可以结束相关的系统正常进程，同时监测用户的账号和密码，并发送到指定的网址上。

反病毒专家建议用户采取以下措施预防该病毒：

① 建立良好的安全习惯，不打开可疑邮件和可疑网站；
② 很多病毒利用漏洞传播，一定要及时给系统打补丁；
③ 安装专业的防毒软件升级到最新版本，并打开实时监控程序；
④ 为本机管理员账号设置较为复杂的密码，预防病毒通过密码猜测进行传播；
⑤ 打开防护中心开启全部防护，防止病毒通过 IE 漏洞等侵入计算机。

6.3 审计追踪技术

审计追踪就是对有关操作系统、系统应用或用户活动所产生的一系列的计算机安全事件进行记录和分析的过程。在计算机网络中，网络安全管理员采用审计系统来监视系统的状态和用户的活动，并对日志文件进行分析，及时发现系统中存在的安全问题。在一个计算机系统中，审计追踪能够对资源的使用事件：哪个用户、使用何种资源、如何使用以及使用时间等问题提供一个完备记录，以备非法事件发生后能够有效地追查。

6.3.1 审计追踪技术概述

审计是对信息系统访问控制的必要补充，它会对用户使用何种信息资源、使用的时间，以及如何使用（执行何种操作）进行记录与监控。审计和监控是实现系统安全的最后一道防线，它能够再现原有的进程和问题，这对于责任追查和数据恢复是非常必要的。

审计追踪可以自动记录一些重要安全事件，如入侵者持续试验不同的通行字企图接入，所记录的事件应包括试图联机的每个用户所在工作站的网络地址和时间，同时也要对管理员的活动进行记录，以便研究入侵事件，因为有些入侵成功可能是由于管理员的错误所造成的。该记录按事件从始至终的途径，顺序检查、审查和检验每个事件的环境及活动。通过书面方式提供应负责任人员的活动证据以支持访问控制职能的实现。审计追踪记录系统活动和用户活动。系统活动包括操作系统和应用程序进程的活动；用户活动包括用户在操作系统中和应用程序中的活动。通过借助适当的工具和规程，审计追踪可以发现违反安全策略的活动、影响运行效率的问题以及程序中的错误。

1. 审计追踪技术要求

审计追踪是检测入侵的一个基本工具。一般来说，对审计追踪的技术要求有5个方面：

① 自动采集跟所有安全性有关的活动信息，这些活动是由管理员在安装时所预先选定的一些事件；

② 要有标准格式记录信息；

③ 建立和存储审计信息是自动的，不要求管理员参与；

④ 在一定安全体制下保护审计记录；

⑤ 对计算机系统的运行和性能影响尽可能小；

审计追踪即是正常系统操作的一种支持（例如系统中断），也是一种安全策略，用于帮助系统管理员确保系统及其资源免遭黑客、内部使用者或技术故障的伤害。

2. 审计追踪的应用

安全审计与追踪在计算机安全领域有许多应用：

① 追查个体责任安全审计可以用来对个体的行为进行追踪，使用户对他们各自的行为负责。它可以阻止用户回避安全策略。即使已经这样做了，他们也应该对其行为负责。

② 重建事件在安全问题已经发生之后，审计追踪也可以用来重建事件。对于某个已产生的突发事件所造成的损失的大小可以通过检查系统活动进行审计追踪，来查明此安全时间是怎样发生、何时发生以及为什么会发生。

③ 故障监控审计追踪可以用作在线的工具来帮助安全管理员监视所产生的安全问题。这种实时的监控能够帮助安全管理员检测故障，诸如磁盘故障，滥用系统资源，或网络运行中断等。

④ 入侵检测是指有效地识别黑客企图入侵系统和获得非授权访问的进程。如果审计追踪能够记录响应的事件，那么对于入侵检测来说是非常有益的。确定需要审计何种事件，才能使安全审计能够以最有效的方式来辅助入侵检测，是目前许多机构正在研究的一个课题。

6.3.2 审计追踪的目的

审计追踪提供了实现多种安全相关目标的一种方法，这些目标包括个人职能、事件重建、入侵检测和故障分析。

1. 个人职能

审计跟踪是管理人员用来维护个人职能的技术手段。一般来说，如果用户知道他们的行为活动被记录在审计日志中，相应的人员需要为自己的行为负责，他们就不太会违反安全策略和绕过安全控制措施。

例如，在访问控制中，审计追踪可以用于鉴别对数据的不恰当修改（如在数据库中引入一条错误记录）和提供与之相关的信息。审计追踪可以记录改动前和改动后的记录，以确定是哪个操作者在什么时候做了哪些实际的改动，这可以帮助管理层确定错误到底是由用户、操作系统、应用软件还是由其他因素造成的。

逻辑访问控制是用于限制对系统资源的访问，允许用户访问特定资源意味着用户要通过访问控制和授权实现他们的访问，被授权的访问有可能会被滥用，导致敏感信息的扩散，当无法阻止用户通过其合法身份访问资源时，审计跟踪就能发挥作用：审计跟踪可以用于检测他们的活动。

2. 事件重建

在故障发生后，审计追踪可以用于重建事件和数据恢复。通过审查系统活动的审计跟踪可以比较容易地评估故障损失，确定故障发生的时间、原因和过程。通过对审计追踪的分析通常可以辨别故障是操作引起的还是系统引起的。例如，当系统失败或文件的完整性受到质疑时，通过对审计追踪的分析就可以重建系统和协助恢复数据文件，同时，还有可能避免下次发生此类故障的情况。

3. 入侵检测

审计跟踪记录可以用来协助入侵检测工作。如果将审计的每一笔记录都进行上下文分析，就可以实时发现或是过后预防入侵活动。实时入侵检测可以及时发现非法授权者对系统的非法访问，也可以探测到病毒扩散和网络攻击。

4. 故障分析

在线的审计追踪还可以用于鉴别入侵以外的故障。这常被称为实时审计或监控。如果操作系统或应用系统对公司的业务非常重要，可以使用实时设计对这些进程进行监控。

6.3.3 审计追踪的实施

为了确保审计追踪数据的可用性和正确性，审计追踪数据需要受到保护，如果不对日志数据进行及时审查，规划和实施，再好的审计追踪也会失去价值。审计追踪应该根据需要（如经常由安全事件触发）定期审查、自动实时审查，或两者兼而有之。系统管理员应该根据计算机安全管理的要求确定需要维护多长时间的审计追踪数据，其中包括系统内保存和归档保存的数据。

与审计追踪实施有关的问题包括三方面：其一，保护审计追踪数据；其二，审查审计追踪数据；其三，用于审计追踪分析的工具。

1. 保护审计追踪数据

限制访问在线审计日志。计算机安全管理员和系统管理员或职能部门经理出于检查的目的可以访问，而维护逻辑访问功能的安全和管理人员没有必要访问审计日志。

防止非法修改以确保审计追踪数据。使用数字签名是实现这一目标的一种途径。另一类方法是使用只读设备。入侵者会试图修改审计追踪记录以掩盖自己的踪迹是审计追踪文件需要保护的原因之一。使用强访问控制是保护审计追踪记录免受非法访问的有效措施。当牵涉到法律问题时，审计追踪信息的完整性尤为重要（这可能需要每天打印和签署日志）。

2. 审查审计追踪数据

审计追踪的审查和分析可以分为在事后检查、定期检查或实时检查。审查人员应该知道如何发现异常活动。他们应该知道怎么算是正常活动。如果可以通过用户识别码、终端识别码、应用程序名、日期时间或其他参数组来检索审计追踪记录并生成所需的报告，那么审计追踪检查就会比较容易。

（1）事后检查

当系统或应用软件发生了故障、用户违反了操作规范、发现了系统或用户的异常问题时，系统级或应用级的管理员就会检查审计追踪。应用或数据的拥有者在检查审计追踪数据后会生成一个独立的报告以评估他们的资源是否遭受损失。

（2）定期检查

应用的拥有者、数据的拥有者、系统管理员、数据处理管理员和计算机安全管理员应该根据非法活动的严重程度确定检查审计追踪的频率。

（3）实时检查

通常，审计追踪分析是在批处理模式下定时执行的。审计记录会定时归档用于以后的分析。审计分析工具可用于实时和准实时模式下。此类入侵探测工具基于审计数据精选、攻击特征识别和差异分析技术。由于数据量过大，在大型多用户系统中使用人工方式对审计数据进行实时检查是不切实际的。但是，对于特定用户和应用的审计记录进行实时检查还是可能的。这类似于击键监控，不过这可能会涉及法律是否允许的问题。

3. 审计追踪工具

许多工具是用于从大量粗糙原始的审计数据中精选出有用信息。尤其是在大系统中，审计追踪软件产生的数据文件非常庞大，用人工方式分析非常困难。使用自动化工具就是从审计信息中将无用的信息剔除。其他工具还有差异探测工具和攻击特征探测工具。

（1）审计精选工具

此类工具用于从大量的数据中精选出有用的信息以协助人工检查。在安全检查前，此类工具可以剔除大量对安全影响不大的信息。这类工具通常可以剔除由特定类型事件产生的记录，例如由夜间备份产生的记录将被剔除。

（2）趋势 / 差别探测工具

此类工具用于发现系统或用户的异常活动。可以建立交复杂的处理机制以监控系统使用趋势和探测各种异常活动。例如，如果用户通常在上午 8 点登录，但却有一天在凌晨 5 点登录，这可能是一件值得调查的安全事件。

（3）攻击特征探测工具

此类工具用于查找攻击特征，通常一系列特定的事件表明有可能发生了非法访问尝试。一个简单的例子是反复进行失败的登录尝试。

6.3.4 审计的方法和工具

计算机信息系统环境下审计技术方法与手工环境下传统的审计技术方法相比，相应增加了计算机技术的内容。对信息系统审计的方法既包括一般方法即手工方法，也包括应用计算机审计的方法。信息系统审计的一般方法主要用于对信息系统的了解和描述，包括：面谈法、系统文档审阅法、观察法、计算机系统文字描述法、表格描述法、图形描述法等。应用计算机的方法一般用于对信息系统的控制测试，包括：测试数据法、平行模拟法、在线连续审计技术（通过嵌入审计模块实现）、综合测试法、受控处理法和受控再处理法等。应用计算机技术的审计方法主要是指计算机辅助审计技术与工具的运用。但不能把计算机辅助审计技术与工具的使用过程与信息系统审计等同起来。在信息系统审计的过程中，仍然需要运用大量的手工审计技术。

常用的方法和工具有自动工具、内部控制审计、安全检查表、入侵测试。

审计追踪的分析方法。审计追踪需要进行分析以确定脆弱性，建立可计算性，评估损失和恢复系统运行。对审计追踪的人工分析虽然十分麻烦，但经常使用，因为要从审计记录中提取综合的信息来形成查询是非常困难的一件事。在浏览审计时，可以借助于许多工具。在开发有效的审计分析工具时，遇到的主要障碍是需要处理日志机制生成的大量数据。

目前，人们已经在自动审计分析领域中做了大量的工作，主要是以检测入侵为目的。这些工具将审计数据作为输入，而把审计分析后所生成的结果作为输出。

这些工具主要基于三种分析方法：一是统计分析。这种分析方法定期收集与合法用户行为有关的数据，而后用于对观察的行为进行统计检验，以高可信度决定是否与合法用户行为相符；二是基于规则的自动专家系统。自动专家系统（诸如IDES的部分功能，DIDS、W&S和数字签名分析）采用了不同的方法。这些系统与“异态检测”的区别是，通过采用预先设定的规则来进行“误用检测”，而这些规则都是由入侵检测专家们所预先设计好的；三是机器自动学习。采用会自动学习入侵检测问题的机器进行自动审计分析，是一种相对来说较新的方法，能学会监视和学习用户的正常活动。

安全审计追踪是网络安全中的一个十分重要的内容，要做好安全审计工作，有几个关键步骤：①确定审计的类型。包括对主机、防火墙和网络的审计；②预审计。预审计就是要对所采用的审计工具和环境的检查；③审计/反复检查安全策略；④收集审计信息；⑤生成审计报告；⑥基于报告的发现采取相应的行动；⑦对审计数据和报告进行安全保护。

实训6　Windows环境下Snort的安装及使用

一、实训目的

学会Windows下面snort的安装和应用。Snort是一套开放源代码的网络入侵预防软件与网络入侵检测软件。snort使用了以侦测签章（signature-based）与通讯协定的侦测方法。

Snort有三种工作模式：嗅探器、数据包记录器、网络入侵检测系统。嗅探器模式仅仅是从网络上读取数据包并作为连续不断的流显示在终端上。数据包记录器模式把数据包记录到硬盘上。网路入侵检测模式是最复杂的，而且是可配置的。我们可以让Snort分析网络数据流以匹配用户定义的一些规则，并根据检测结果采取一定的动作。Snort最重要的用途还是作为网络入侵检测系统（NIDS）。

二、实训环境

PC、Acid 安装包、Adodb 安装包、Apache 安装包、Jpgraph 安装包、Mysql 安装包、Php 安装包、Snort 安装包、Winpcap 安装包。

三、实训内容

安装 Apache_2.0.46；安装 PHP；安装 Snort；安装配置 Mysql 数据库；安装 adodb；安装配置数据控制台 acid；安装 jpgraph 库；安装 Winpcap；配置并启动 Snort；完善配置文件；使用控制台查看结果；配置 Snort 规则。

具体的实训步骤如下：

1. 安装 Apache_2.0.46

① 打开 Apache_2.0.46 安装界面，如图 6-4 所示。将其安装在默认文件夹 C:\apache 下，图 6-5 所示为选择 Apache 安装路径，图 6-6 所示为 Apache 安装进度。

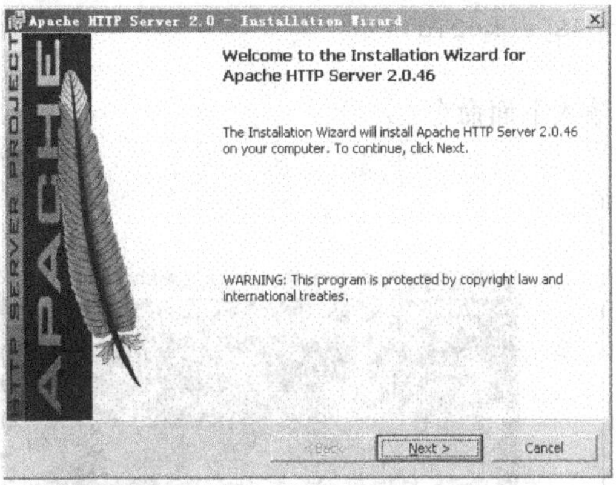

图 6-4　安装 Apache_2.0.46

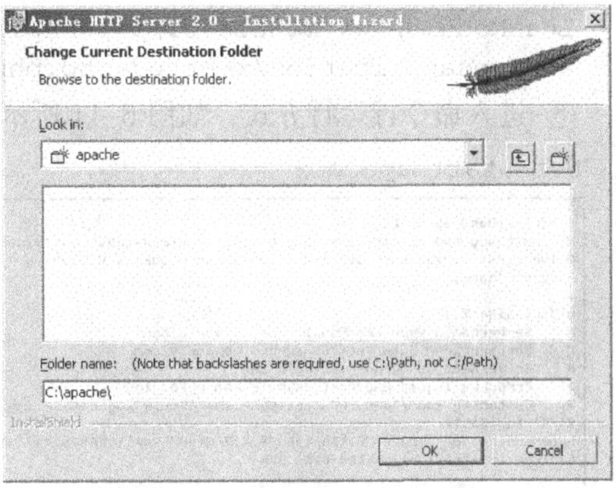

图 6-5　选择 Apache 安装路径

② 打开配置文件 C:\apache\apache2\conf\httpd.conf，将其中的 Listen8080 更改为 Listen50080，输入以下文本：

```
#Listen 12.34.56.78:50080
Listen 50080
```

③ 进入命令行运行方式，转入 C:\apache\apache\bin 子目录，如图 6-7 所示，输入下面命令：

```
C:\apache\apache2\bin>apache -kinstall
```

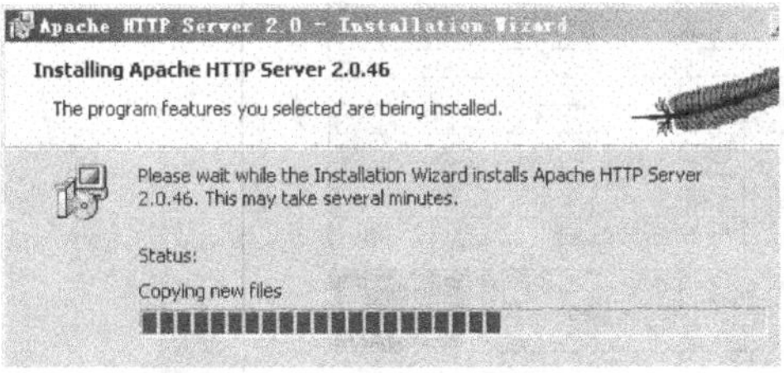

图 6-6　Apache 安装进度

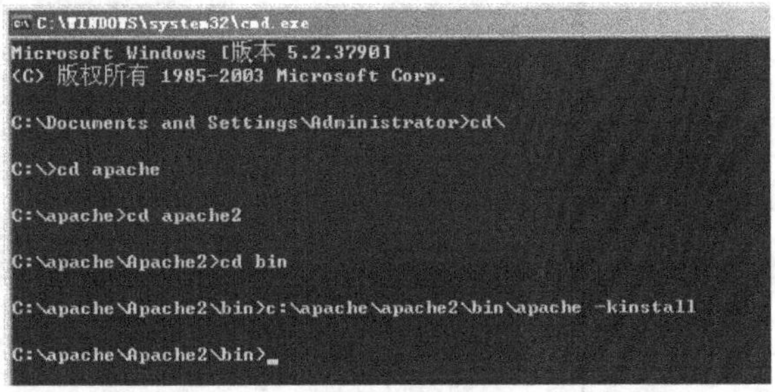

图 6-7　转入 C:\apache\apache\bin 子目录

2．安装 PHP

① 解压缩 php-4.3.2-Win32.zip 至 C:\php，如图 6-8 所示。

② 复制 C:\php 下 php4ts.dll 至%systemroot%\System32，php.ini-dist 至%systemroot%\php.ini。

③ 添加 gd 图形支持库，在 php.ini 中添加 extension=php_gd2.dll。如果 php.ini 有该句，将此句前面的“;”注释符去掉，如图 6-9 所示。

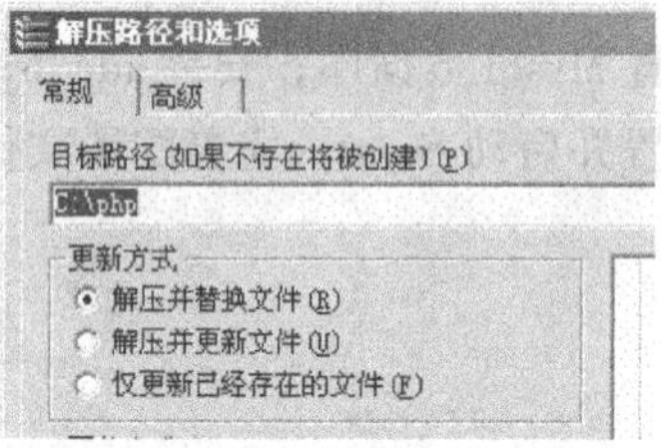

图 6-8 解压 PHP

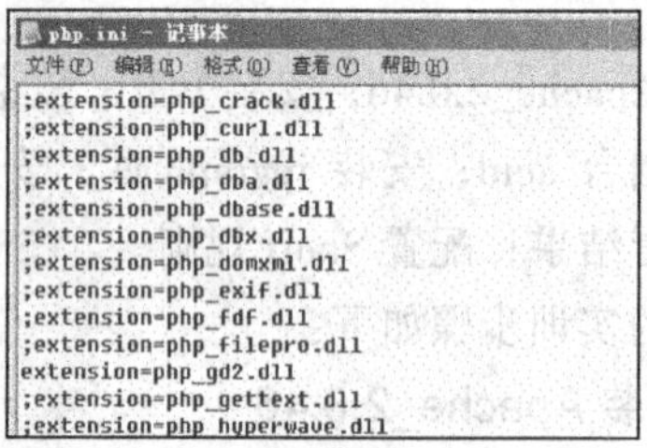

图 6-9 添加 gd 图形支持库

④ 添加 Apache 对 PHP 的支持。如图 6-10 所示，在 C:\apahce\apache2\conf\httpd.conf 中添加：

```
LoadModulephp4_module"C:/php/sapi/php4apache2.dll"
AddTypeapplication/x-httpd-php.php
```

⑤ 进入命令行运行方式，如图 6-11 所示，输入下面命令：

```
Net start apache2
```

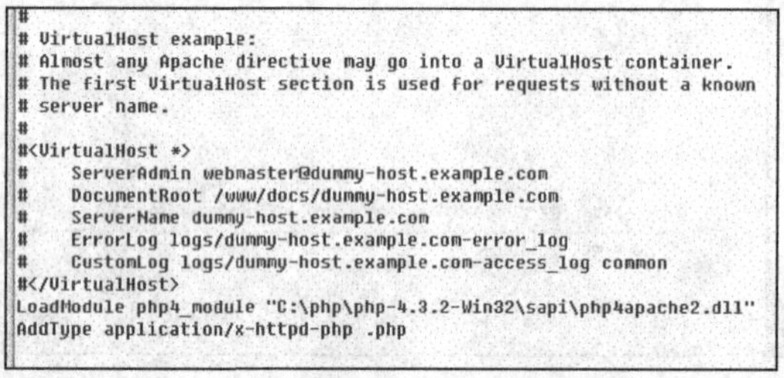

图 6-10 添加 Apache 对 PHP 的支持

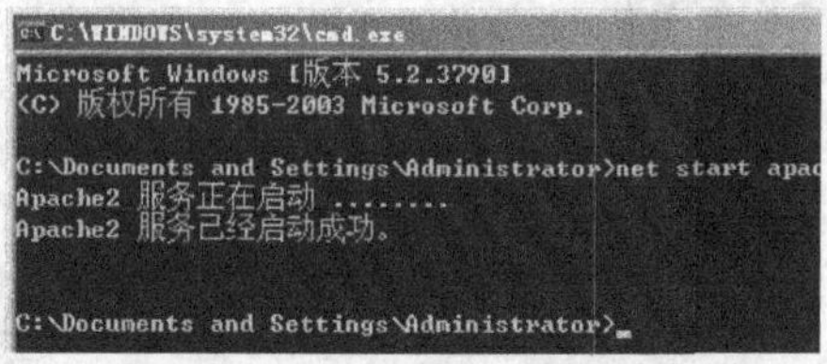

图 6-11 进入命令行运行方式

⑥ 在 C:\apache\apche2\htdocs 目录下新建 test.php 测试文件，test.php 文件内容为 <?phpinfo();?>，使用 http://127.0.0.1:50080/test.php 测试，测试页面如图 6-12 所示。

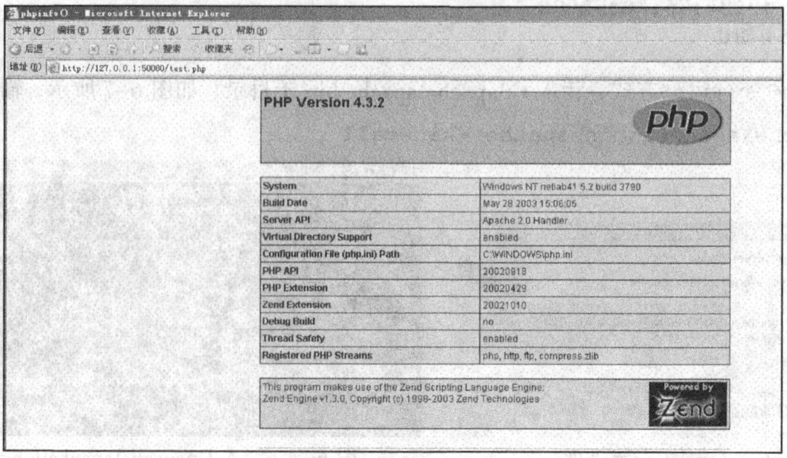

图 6-12 测试页面

3. 安装 Snort

安装 Snort 过程如图 6-13 所示。

4. 安装配置 MySQL 数据库

① 安装 MySQL 到默认文件夹 C:\mysql，如图 6-14 所示。

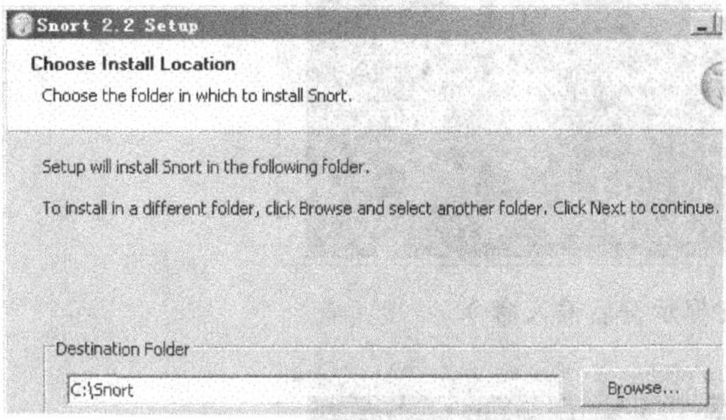

图 6-13　安装 Snort

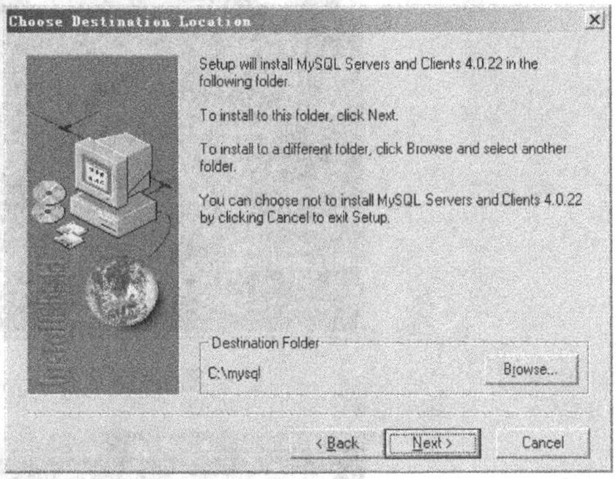

图 6-14　安装 Mysql 到默认文件夹 C:\mysql

② 在命令行方式下进入 C:\mysql\bin，输入下面命令：C:\mysql\bin\mysqld-install。

③ 在命令行方式下输入 net start mysql，启动 MySQL 服务。

④ 进入命令行方式，输入以下命令 C:\mysql\bin>mysql-uroot-p，如图 6-15 所示。

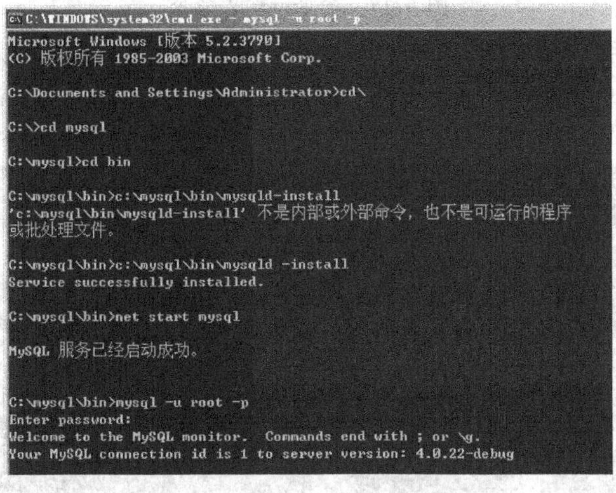

图 6-15　启动 mysql 服务输入命令

⑤ 在 mysql 提示符后输入下面的命令（(mysql>)表示屏幕上出现的提示符，下同），如图 6-16 所示。

```
(mysql>) creat edatabase snort;
(mysql>) creat edatabase snort_archive;
```

⑥ 输入 quit 命令退出 mysql 后，在出现的提示符之后输入命令，如图 6-17 所示。

```
(c:\mysql\bin>) Mysql-Dsnort-uroot-p<C:\snort\contrib\create_mysql
(c:\mysql\bin>) Mysql-Dsnort_archive-uroot-p<C:\snort\contrib\create_mysql
```

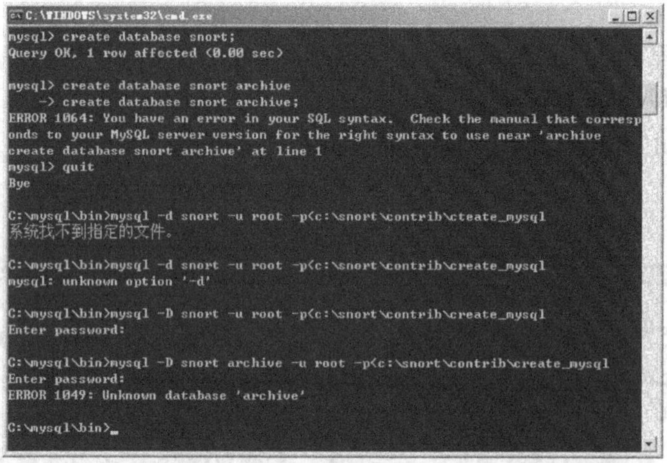

图 6-16　在 mysql 提示符后输入命令

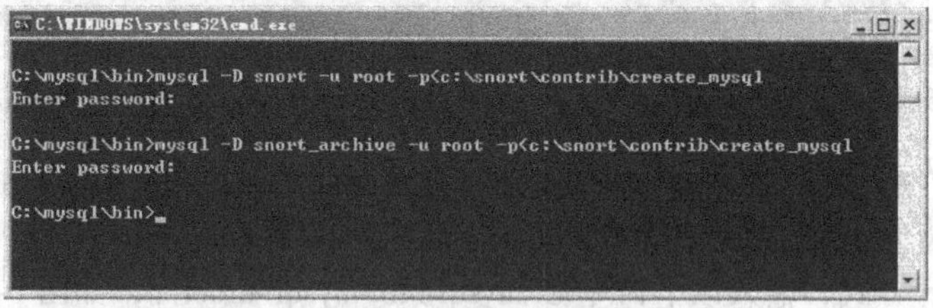

图 6-17　命令行输入命令

⑦ 再次以 root 用户身份登录 MySQL 数据库,在提示符后输入下面的语句,如图 6-18 所示。

```
(mysql>) grant usage on*.*to"acid"@"loacalhost"identified by "acidtest";
(mysql>) grant usage on*.*to"snort"@"loacalhost"identified by "snorttest";
```

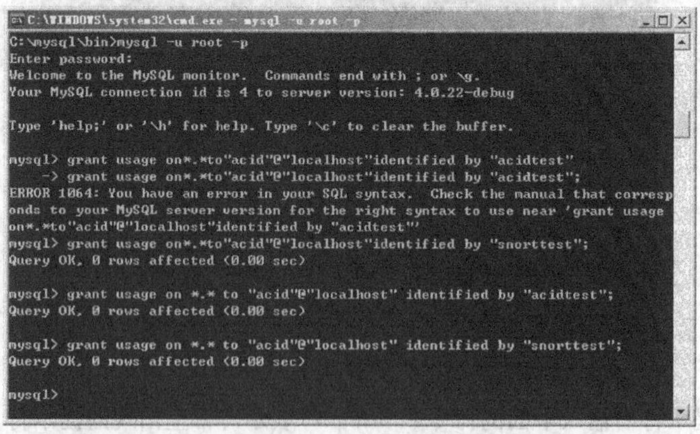

图 6-18　以 root 用户身份登录 mysql 数据库输入命令

⑧ 在 mysql 提示符后面输入下面的语句，如图 6-19 所示。

```
(mysql>)grant select,insert,update,delete,create,alter on snort.* to "adid"
@"localhost";
(mysql>) grant select,insert on snort.* to "snort"@"localhost";
(mysql>) grant select,insert,update,delete,create,alter on snort_archive.* to
"adid"@"localhost";
```

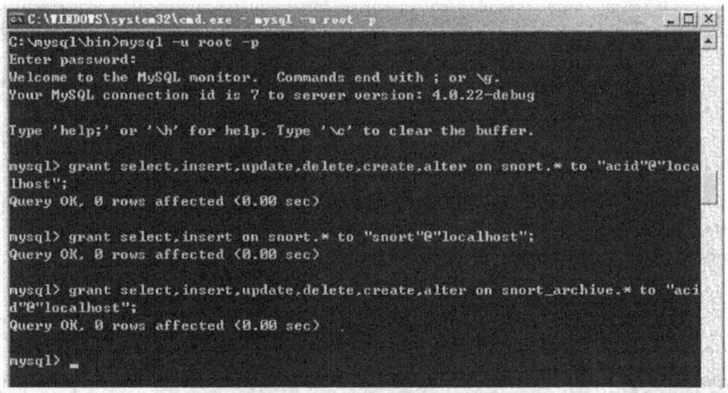

图 6-19　命令行输入命令

5．安装 adodb

安装 adodb 过程如图 6-20 所示。

6．安装配置数据控制台 acid

① 解压缩 acid-0.9.6b23.tat.gz 至 C:\apache\apache2\htdocs\acid-0.9.623，如图 6-21 所示。

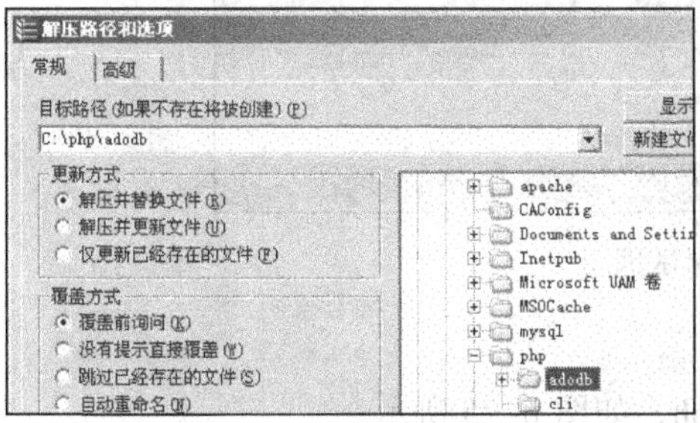

图 6-20　安装 adodb

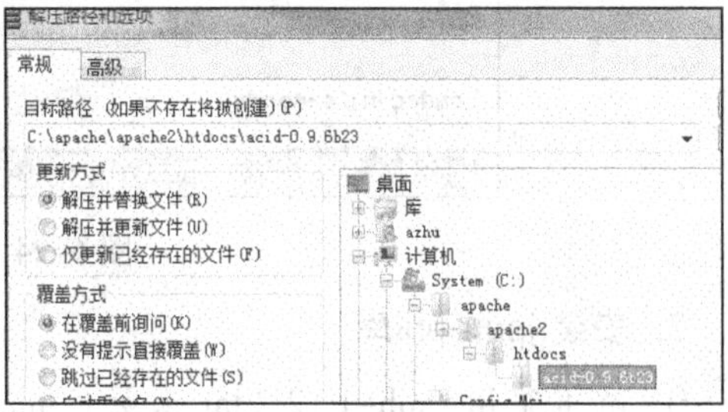

图 6-21　解压 acid

② 修改 C:\apahce\apache2\htdocs 下的 acid_conf.php 文件，如图 6-22 和图 6-23 所示。

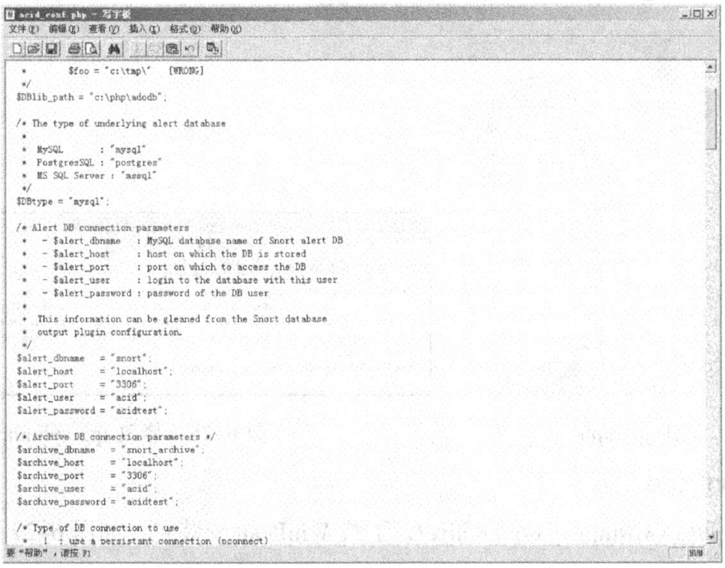

图 6-22　修改 acid_conf.php 文件 1

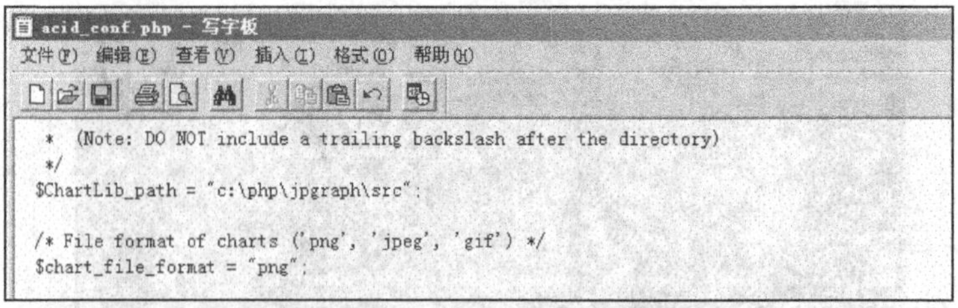

图 6-23　修改 acid_conf.php 文件 2

③ 查看 http://127.0.0.1:50080/acid_db_setup.php 网页，如图 6-24 所示。

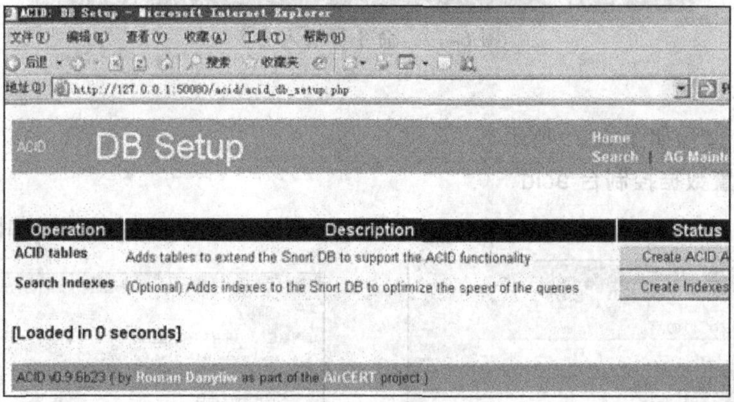

图 6-24　查看测试网页

7．安装 jpgraph 库

① 解压缩 jpgraph-1.12.2.tar.gz 至 C:\php\jpgraph，如图 6-25 所示。

② 修改 C:\php\jpgrah\src 下 jpgraph.php 文件，去掉下面语句的注释，如图 6-26 所示。

```
DEFINE("CACHE_DIR","/tmp/jpgraph_cache/");
```

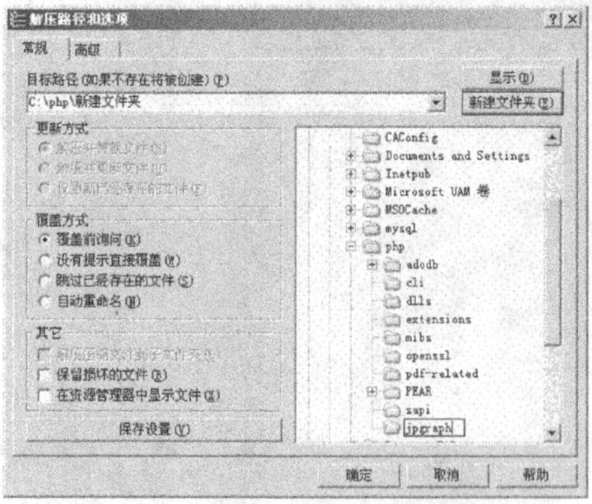

图 6-25　解压 jpgraph

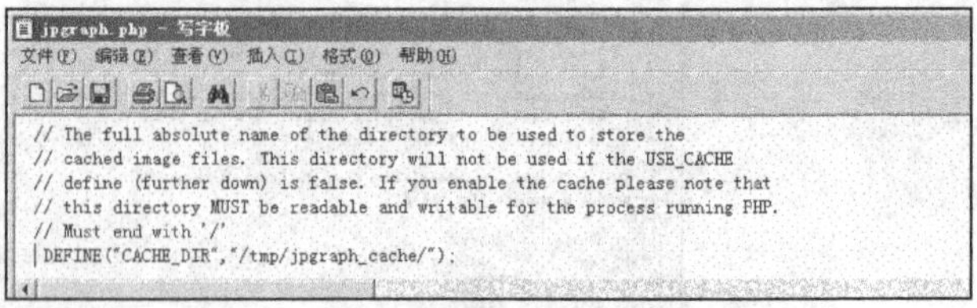

图 6-26　修改 jpgraph.php 文件

8．安装 WinPcap

① 打开 http://www.winpcap.org/archive/，下载 WinPcap 安装包，如图 6-27 所示。

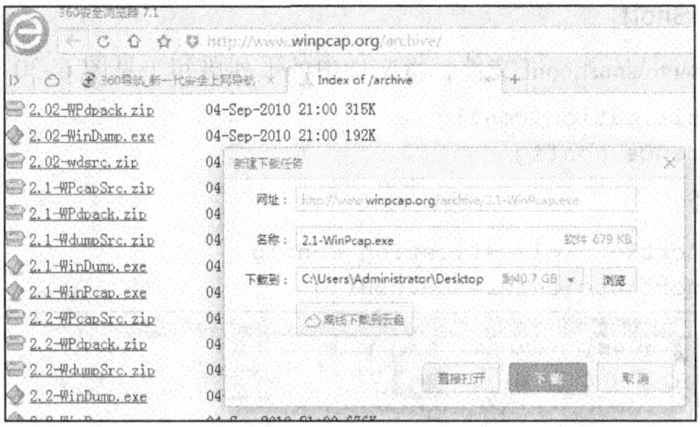

图 6-27　下载 WinPcap

② 安装 WinPcap，如图 6-28 和图 6-29 所示。

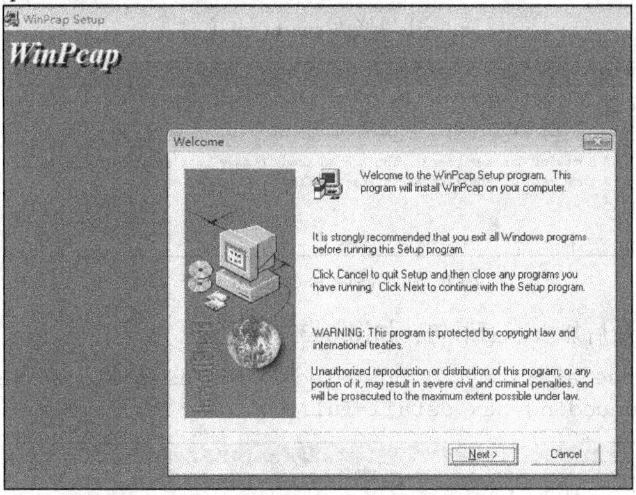

图 6-28 安装 WinPcap 初始界面

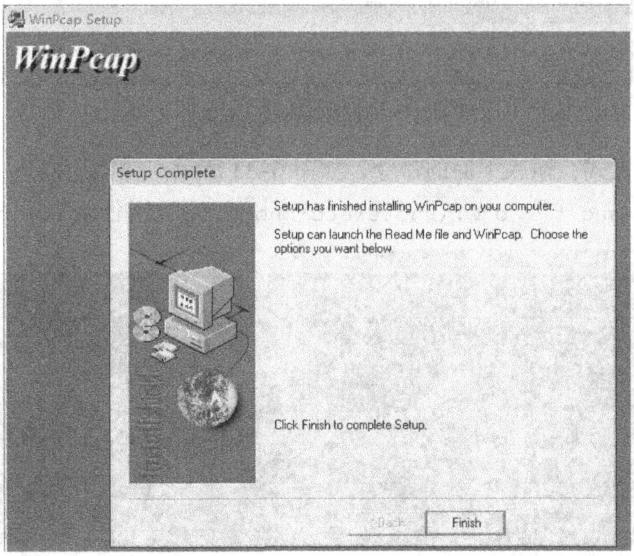

图 6-29 安装 WinPcap 完成界面

9. 配置并启动 Snort

① 打开 C:\snort\etc\snort.conf 文件，将文件中的下列语句（见图 6-30 和图 6-31）：

```
Include classification.config
Include reference.config
```

修改为绝对路径：

```
Include C:\snort\etc\classfication.config
Include C:\snort\etc\reference.config
```

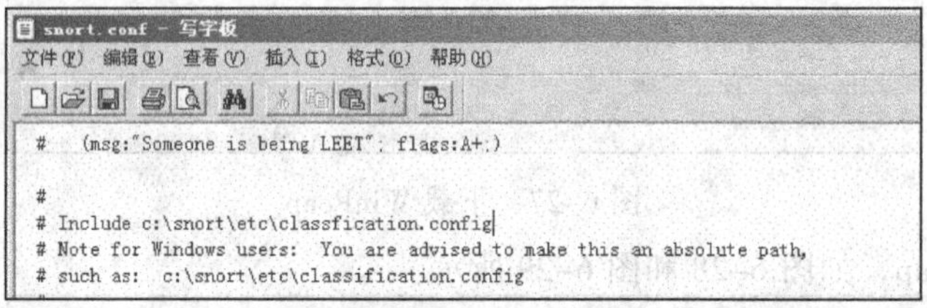

图 6-30 修改 snort.conf 文件 1

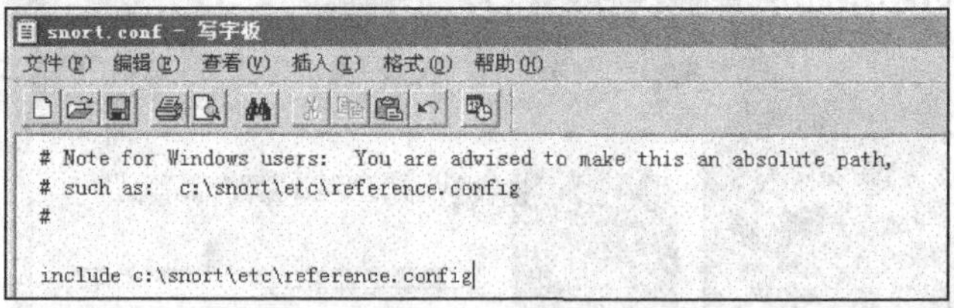

图 6-31 修改 snort.conf 文件 2

② 在该文件的最后加入下面语句，如图 6-32 所示。

```
Output database:alert,mysql,host=localhost user=snort password=snorttest
dbname=snortencoding=hex detail=full
```

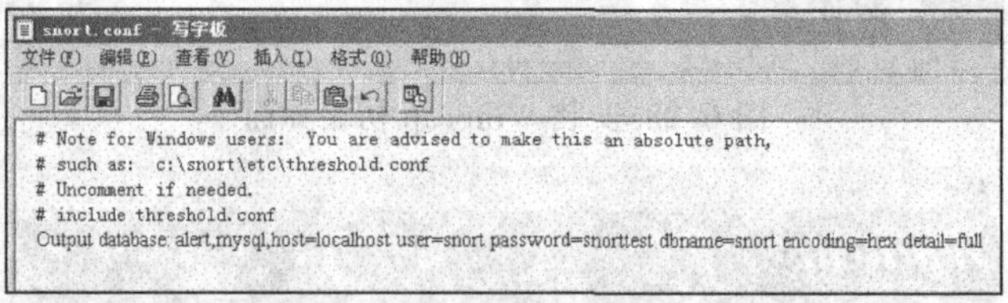

图 6-32 修改 snort.conf 文件 3

③ 进入命令行方式，输入下面的命令，如图 6-33 所示。

```
C:\snort\bin>snort - c"C:\snort\etc\snort.conf"-l"C:\snort\log"-d -e -X
```

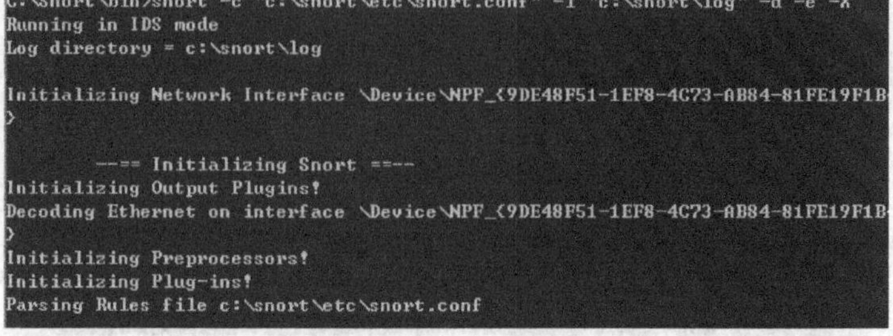

图 6-33 输入命令

④ 打开 http://127.0.0.1:50080/acid/acid_main.php 网页。

10．进行 C:\snort\etc\snort.conf 设置

① 配置 Snort 的内、外网检测范围。

将 snort.conf 文件中 varHome_NETany 语句中的 any 改为自己所在的子网地址，即将 Snort 监测的内网设置为本机所在局域网。如本地 IP 为 192.168.1.10，则将 any 改为 192.168.1.0/24。

并将 var EXTERNAL_NET any 语句中的 any 改为！192.168.1.1/24，即将 Snort 监测的外网改为本机所在局域网以外的网络，如图 6-34 所示。

② 设置监测包含规则。

找到 snort.conf 文件中描述规则的部分，前面加“#”表示该规则没有启用，将 local.rules 之前的“#”去掉，其余规则保持不变，如图 6-35 所示。

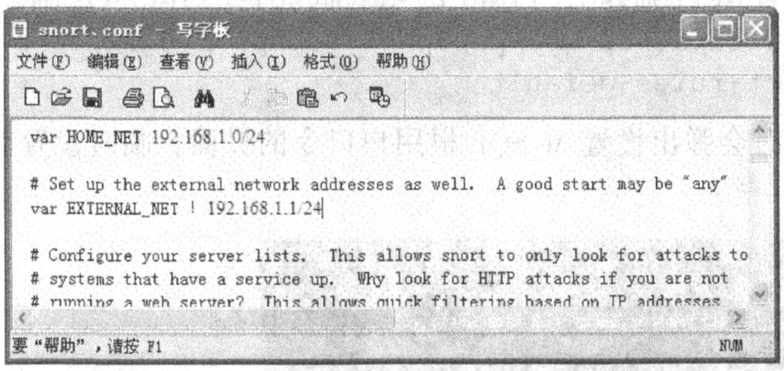

图 6-34　修改 snort.conf 文件

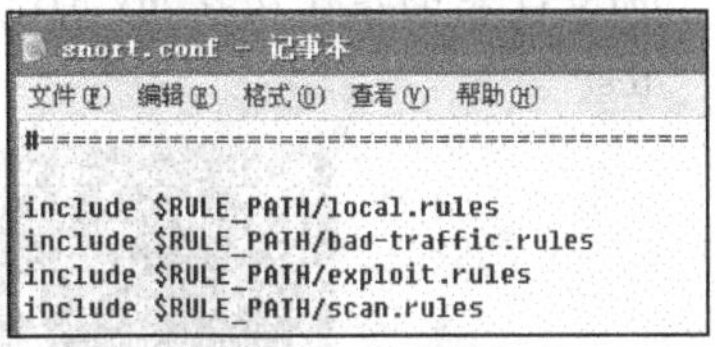

图 6-35　设置监测包含规则

③ 打开 C:\snort\rules\local.rules 文件。自己编写一条规则，实现对内网的对某特定网站访问时给出报警信息，并报警，如图 6-36 所示。

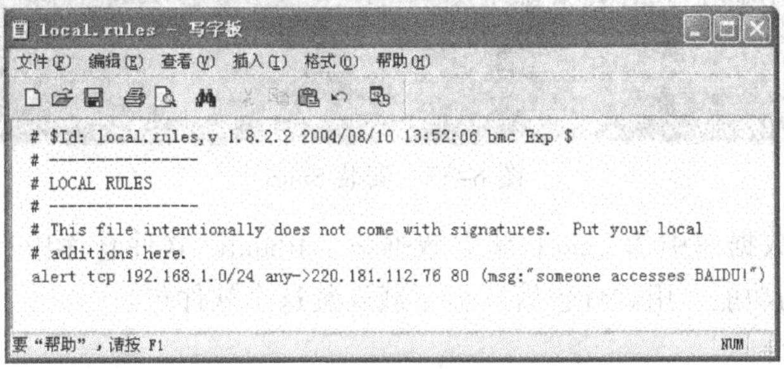

图 6-36　修改 local.rules 文件

④ 检测所有 ping 消息。

```
Logicmpanyany->anyany(msg"hasping!";)
```

实训 7　虚拟机中 Snort 的安装和使用

一、实训目的

掌握在虚拟机中的 ubuntu 上安装 Snort；掌握 Snort 规则并进行检测。

二、实训环境

主机 CPU：Pentium 双核 T4300@2.10GHz；VMware 版本：VMwareWorkstation；Linux 版本：Ubuntu 11.04；Linux 内核：Linux 2.6.38。

三、实训内容

在虚拟机中的 ubuntu 上安装 Snort；描述 Snort 规则并进行检测。

具体实训步骤如下：

① 使用 Ubuntu 默认命令行软件包管理器 apt 来进行安装，如图 6-37 所示。

以下是代码片段：

```
$sudoapt-getinstalllibpcap0.8-devlibmysqlclient15-devmysql-client-5.1mys
ql-server-5.1bisonflexapache2libapache2-mod-php5php5-gdphp5-mysqllibphp-
adodbphp-pearpcregrepsnortsnort-rules-default
```

需要注意的是在安装 MySQL 数据库时会弹出设置 MySQL 根用户口令的界面，临时设置其为“test”。

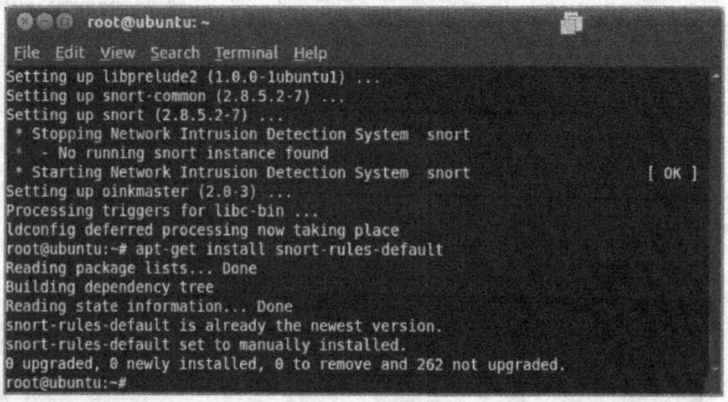

图 6-37　安装 Snort

② 在 MySQL 数据库中为 Snort 建立数据库。Ubuntu 软件仓库中有一个默认的软件包 snort-mysql 提供辅助功能，用软件包管理器下载安装这个软件包。

以下是代码片段：

```
$sudoapt-getinstallsnort-mysql
```

③ 安装好之后查看帮助文档。

```
$less/usr/share/doc/snort-mysql/README-database.Debian
```

根据帮助文档中的指令，在 MySQL 中建立 Snort 的数据库用户和数据库。

以下是代码片段：

```
$mysql-uroot-p
```

登录进入 MySQL 的界面之后，根据上面文件中的配置方法对 MySQL 进行配置。

以下是代码片段：

```
mysql>CREATE DATABASE snort;
mysql>grant CREATE,INSERT,SELECT,UPDATE on snort.* to snort@localhost;
mysql>grant CREATE,INSERT,SELECT,UPDATE on snort.* to snort;
```

```
mysql>SET PASSWORD FOR snort@localhost=PASSWORD('snort-db');
mysql>exit
```

以上命令的功能是在 MySQL 数据库中建立一个 snort 数据库，并建立一个 snort 用户来管理这个数据库，设置 Snort 用户的口令为 snort-db，如图 6-38 所示。

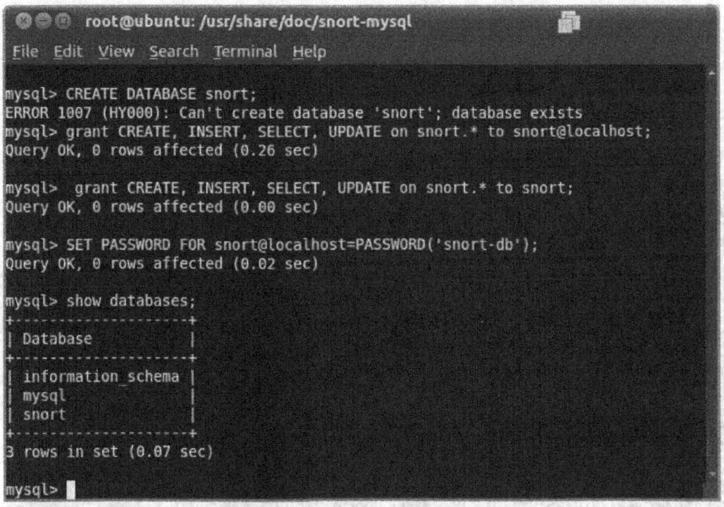

图 6-38　建立 Snort 数据库

然后根据 README-database.Debian 中的指示建立 Snort 数据库的结构。

以下是代码片段：

```
$cd/usr/share/doc/snort-mysql
$zcatcreate_mysql.gzmysql-usnort-Dsnort-psnort-db
```

这样就为 Snort 在 MySQL 中建立了数据库的结构，其中包括各个 Snort 需要使用的表。设置 Snort 把 log 文件输出到 MySQL 数据库中。

④ 修改 Snort 的配置文件：/etc/snort/snort.conf。

以下是代码片段：

```
$sudovim/etc/snort/snort.conf
```

在配置文件中将 HOME_NET 有关项注释掉，然后将 HOME_NET 设置为本机 IP 所在网络，将 EXTERNAL_NET 相关项注释掉，设置其为非本机网络，如下所示：

以下是代码片段：

```
#varHOME_NETany
varHOME_NET192.168.0.0/16
#varEXTERNAL_NETany
varEXTERNAL_NET!$HOME_NET
```

将 outputdatabase 相关项注释掉，将日志输出设置到 MySQL 数据库中。

以下是代码片段：

```
Output database:log,mysql,user=snort password=snort-dbdbname=snorthost=
localhost
#output database:log,mysql
```

这样，snort 就不再向/var/log/snort 目录下的文件写记录了，转而将记录存放在 MySQL 的 snort 数据库中。

⑤ 测试一下 Snort 工作是否正常，如图 6-39 所示。

以下是代码片段：

```
$sudosnort-c/etc/snort/snort.conf
```

如果出现一个用 ASCII 字符画出的小猪，那么 Snort 工作就正常了，可以使用【Ctrl+C】组合键退出；如果 Snort 异常退出，就需要查明以上配置的正确性了。

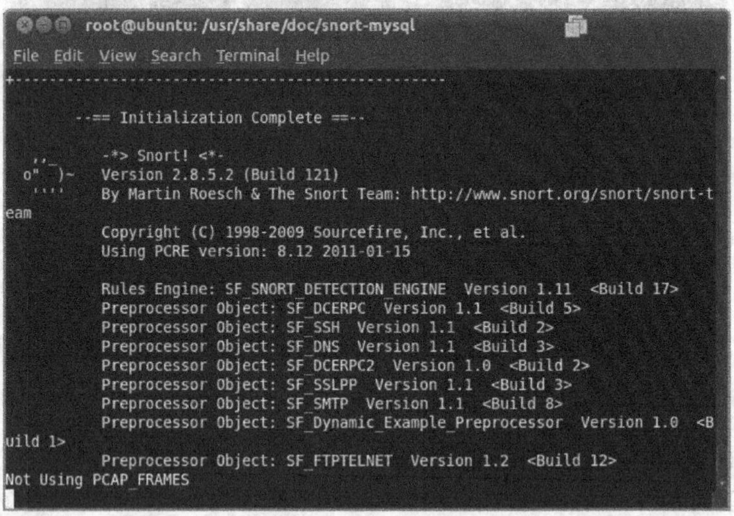

图 6-39 测试 Snort

⑥ 测试 Web 服务器 Apache 和 PHP 是否工作正常，配置 Apache 的 PHP 模块，添加 mysql 和 gd 的扩展。

以下是代码片段：

```
$sudovim/etc/php5/apache2/php.ini
extension=mysql.so
extension=gd.so
```

重新启动 Apache。

以下是代码片段：

```
$/etc/init.d/apache2restart
```

⑦ 在/var/www/目录下新建一个文本文件 test.php，如图 6-40 所示。

以下是代码片段：

```
$sudovim/var/www/test.php
```

在文本文件 test.php 中输入内容，如图 6-41 所示。

以下是代码片段：

```
<?php
phpinfo();
?>
```

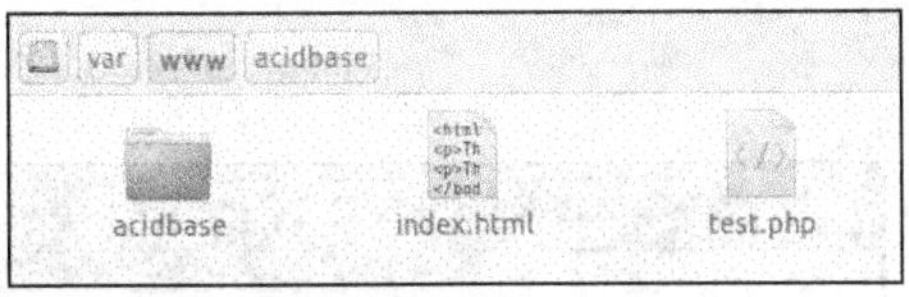

图 6-40　创建文本文件 test.php

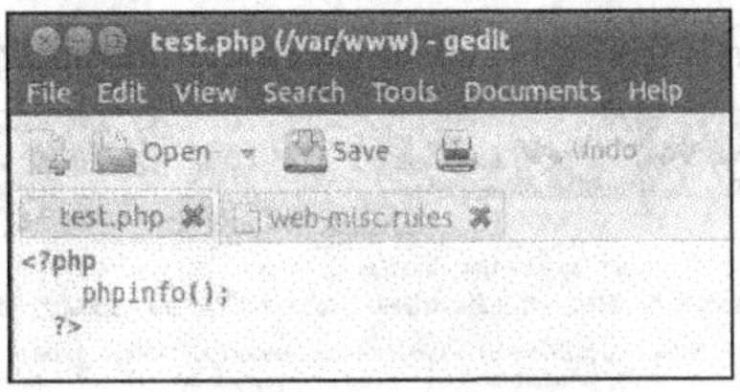

图 6-41　输入信息

⑧ 在浏览器中输入 http://localhost/test.php，如果配置正确的话，就会出现 PHPINFO 的经典界面，就标志着 LAMP 工作正常，如图 6-42 所示。

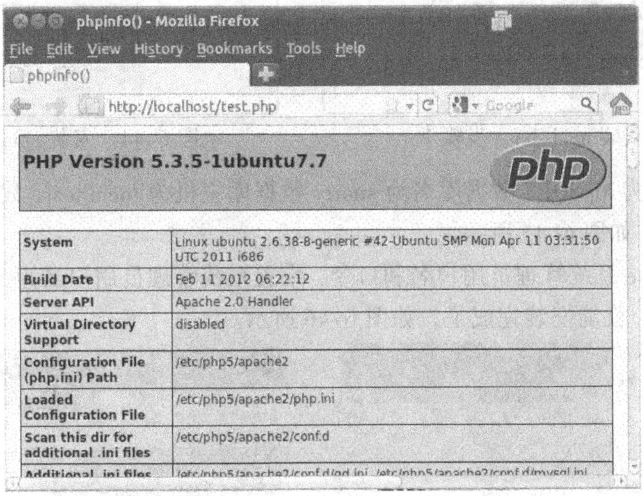

图 6-42　测试界面

安装和配置 acidbase 很简单，使用 Ubuntu 软件包管理器下载安装即可。

以下是代码片段：

```
$sudoapt-getinstallacidbase
```

安装过程中需要输入 acidbase 选择使用的数据库，这里选 MySQL、根用户口令 test 和 acidbase 的口令（貌似也可以跳过不设置）。将 acidbase 从安装目录中复制到 www 目录中，也可以直接在 Apache 中建立一个虚拟目录指向安装目录，这里复制过来主要是为了安全性考虑。

```
sudocp-R/usr/share/acidbase//var/www/
```

因为 acidbase 目录下的 base_conf.php 原本是一个符号链接指向 /etc/acidbase/ 下的 base_conf.php，为了保证权限可控制，我们要删除这个链接并新建 base_conf.php 文件。

以下是代码片段：

```
$rmbase_conf.php
$touchbase_conf.php
```

暂时将/var/www/acidbase/目录权限改为所有人可写，主要是为了配置 acidbase 所用。

以下是代码片段：

```
$sudochmod757acidbase/
```

⑨ 现在就可以开始配置 acidbase 了，在浏览器地址栏中输入 http://localhost/acidbase，就会转入安装界面，然后就单击 continue 按钮一步步地进行安装，如图 6-43 所示。

a. 选择语言为 english，adodb 的路径为：/usr/share/php/adodb，如图 6-44 所示。

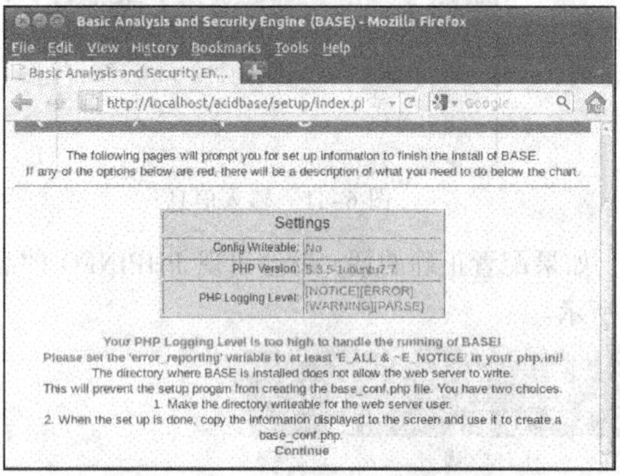

图 6-43　安装 acid-base 步骤 1

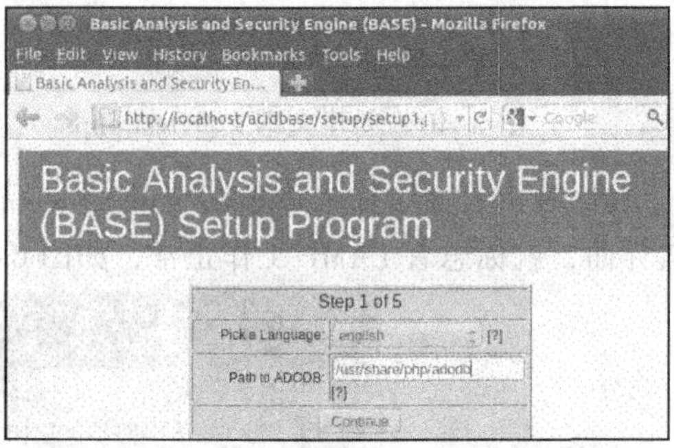

图 6-44　安装 acid-base 步骤 2

b. 选择数据库为 MySQL，数据库名为 snort，数据库主机为 localhost，数据库用户名为 snort 的口令为 snort-db，如图 6-45 所示。

c. 设置 acidbase 系统管理员用户名和口令，设置系统管理员用户名为 admin，口令为 test。然后一路继续下去，就能安装完成了，如图 6-46 所示。

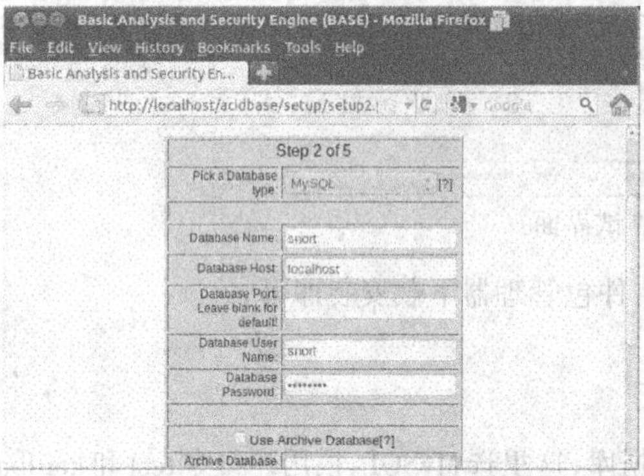

图 6-45　选择数据库

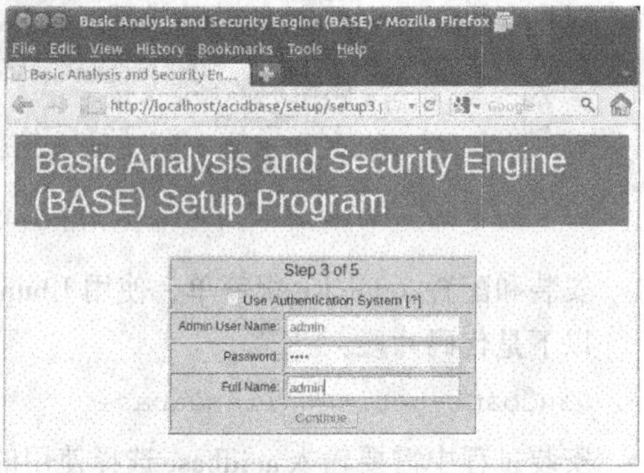

图 6-46　设置口令

d. 安装完成后就可以进入登录界面，输入用户名和口令，进入 acidbase 系统，如图 6-47 所示。

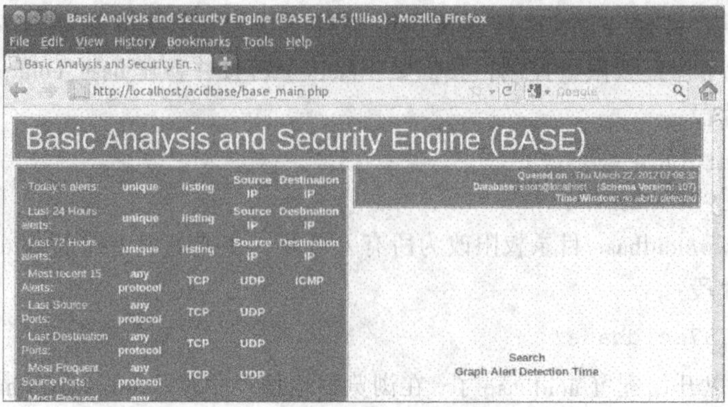

图 6-47　进入 acidbase 系统

e. 这里需要将 acidbase 目录的权限改回去以确保安全性，然后在后台启动 Snort，就表明 Snort 入侵检测系统的安装完成并正常启动。

以下是代码片段：

```
$sudochmod775acidbase/
   $sudosnort-c/etc/snort/snort.conf-ieth0-D
```

⑩ 检查入侵检测系统工作状况，更改入侵检测规则。正常情况下在一个不安全的网络中，登录 acidbase 后很快就能发现网络攻击。如果没有发现网络攻击，可以添加更严格的规则使得正常的网络连接也可能被报攻击，以测试 SnortIDS 的工作正确性，比如在 /etc/snort/rules/web-misc.rules 的最后添加下面的代码，如图 6-48 所示。

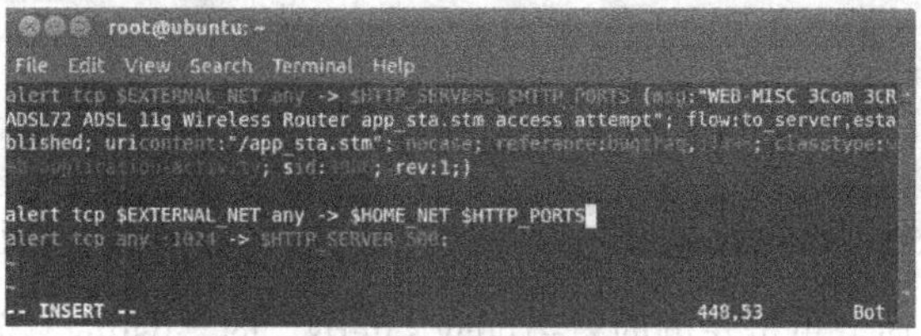

图 6-48　添加规则

以下是代码片段：

```
$sudovi/etc/snort/rules/web-misc.rules
alerttcpany:1024->$HTTP_SERVER500:
```

或者为：

```
$sudovi/etc/snort/rules/web-misc.rules
   alerttcp$EXTERNAL_NETany->$HOME_NET80
```

这一行的意思是：对从任何地址小于 1024 端口向本机 500 以上端口发送的 TCP 数据包都报警。杀死 Snort 的后台进程并重新启动，就应该能检测到正常的包也被当作攻击了。（第二行为任何一个来自于非本机的 IP 地址的 HTTP 的 TCP 连接都会发生警报）

⑪ 重新启动 Snort 入侵检测系统，如图 6-49 所示。

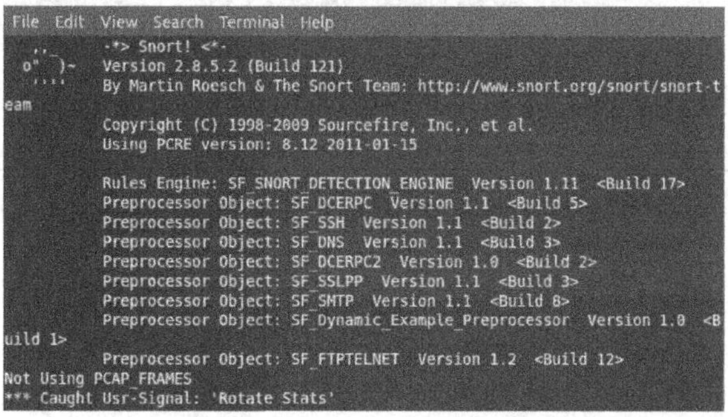

图 6-49　重新启动 Snort

以下是代码片段：

```
$sudokill'pgrepsnort'
$sudosnort-c/etc/snort/snort.conf
```

⑫ 打开浏览器，在地址栏输入 http:// localhost/acidbase，出现 BASE 的界面，如图 6-50 所示。

开启另外一台连接了互联网的计算机（即本机），在地址栏输入虚拟机中（ubuntu）的 IP 地址 http://192.168.141.135/，之后出现下图所示界面，证明其他计算机成功访问了本机，如图 6-51 所示。

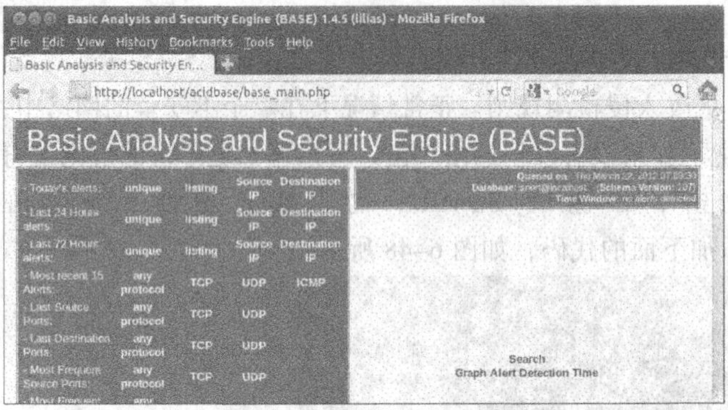

图 6-50　BASE 的界面

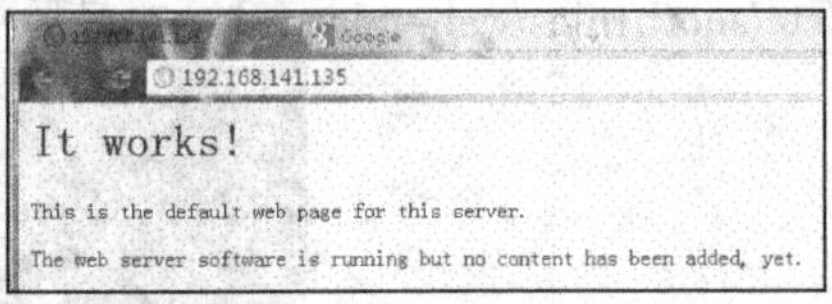

图 6-51　其他计算机成功访问了本机

⑬ 随后在 BASE 界面上单击左侧的“-Today'salerts”的“listing”选项，可以看到 snort 已经查看到了外部机的访问并列出了所有的访问信息，如图 6-52 所示。

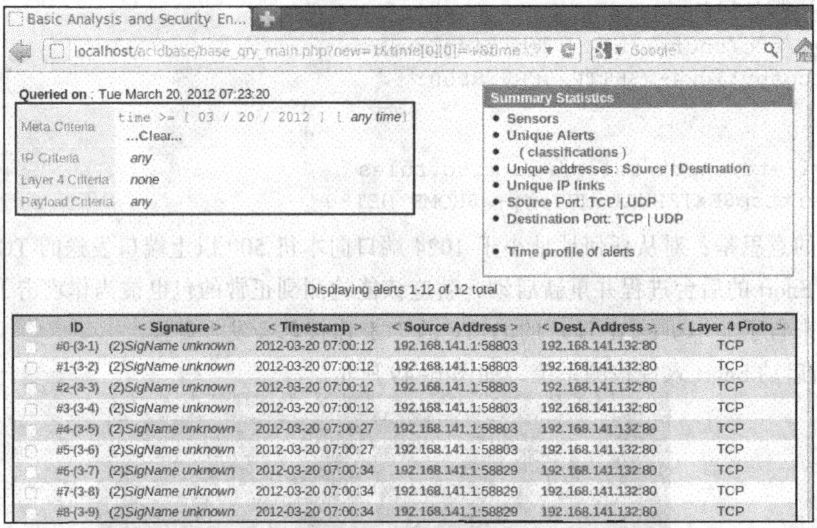

图 6-52　BASE 界面中外部机的访问信息

习　题

一、选择题

1. 按照检测数据的来源可将入侵检测系统（IDS）分为（　　）。

A. 基于主机的 IDS 和基于网络的 IDS

B. 基于主机的 IDS 和基于域控制器的 IDS

C. 基于服务器的 IDS 和基于域控制器的 IDS

D. 基于浏览器的 IDS 和基于网络的 IDS

2. 一般来说入侵检测系统由 3 部分组成，分别是事件产生器、事件分析器和（ ）。

A. 控制单元 B. 检测单元 C. 解释单元 D. 响应单元

3. 按照技术分类可将入侵检测分为（ ）。

A. 基于标识和基于异常情况 B. 基于主机和基于域控制器

C. 服务器和基于域控制器 D. 基于浏览器和基于网络

4. 在网络安全中，截取是指未授权的实体得到了资源的访问权。这是对（ ）。

A. 可用性的攻击 B. 完整性的攻击 C. 保密性的攻击 D. 真实性的攻击

5. 信号分析有模式匹配、统计分析和完整性分析等 3 种技术手段，其中（ ）用于事后分析。

A. 信息收集 B. 统计分析 C. 模式匹配 D. 完整性分析

6. 网络漏洞扫描系统通过远程检测（ ）TCP/IP 不同端口的服务，记录目标给予的回答。

A. 源主机 B. 服务器 C. 目标主机 D. 以上都不对

7.（ ）系统是一种自动检测远程或本地主机安全性弱点的程序。

A. 入侵检测 B. 防火墙 C. 漏洞扫描 D. 入侵防护

二、简答题

1. 什么是入侵检测系统？简述入侵检测系统的作用。
2. 简述入侵检测技术功能。
3. 简述入侵监测的一般步骤。
4. 简述漏洞分类。
5. 简述审计追踪技术。
6. 简述审计的方法和工具。
7. 分别叙述误用检测与异常检测原理。

单元 7 恶意程序及防范技术

本章重点介绍恶意程序的概念、分类；病毒的定义、产生和发展、原理、特征和分类等；蠕虫的特征及其传播、工作原理、检测和防御技术等；木马病毒的概述、基本特征、分类、工作原理及其传播技术；并给出了一些实例分析。

通过本章的学习，使读者：

（1）掌握计算机病毒的定义，熟悉其危害和症状；

（2）掌握计算机病毒的工作机理和传播机制；

（3）掌握蠕虫病毒的特征及其传播；

（4）熟悉蠕虫病毒的工作原理；

（5）了解蠕虫病毒检测防御技术；

（6）掌握木马病毒的基本特征；

（7）掌握木马病毒的工作原理。

7.1 恶 意 程 序

随着信息时代的到来，目前计算机的应用涉及社会的各个领域，计算机技术的发展大大促进了科学技术和生产力的迅猛发展，给人们的生活和生产带来了方便和效率。现在，计算机已经成为生活中的一部分，无论是什么行业、什么家庭，计算机已经成为了人们的一种生活方式。然而，计算机在给人们带来巨大便利的同时，也带来了不可忽视的问题，层出不穷且破坏性越来越大的计算机病毒给计算机系统及网络系统带来了巨大的破坏和潜在的威胁。这些威胁有来自网络外的攻击，比如网络黑客、计算机病毒等。因此合理有效的预防是防治计算机病毒最有效，最经济省力，也是最应该值得重视的问题。

7.1.1 恶意程序概述

计算机病毒是恶意程序的一种。所谓恶意程序，是指一类特殊的程序，它们通常在用户不知晓也未授权的情况下潜入到计算机系统中来。恶意程序通常是指带有攻击意图所编写的一段程序。这些威胁可以分成两个类别：需要宿主程序的威胁和彼此独立的威胁。前者基本上是不能独立于某个实际的应用程序、实用程序或系统程序的程序片段；后者是可以被操作系统调度和运行的自包含程序。

也可以将这些软件威胁分成不进行复制工作和进行复制工作的。简单说，前者是一些当宿主程序调用时被激活起来完成一个特定功能的程序片段；后者或者由程序片段（病毒）或者由独立程序（蠕虫、细菌）组成，在执行时可以在同一个系统或某个其他系统中产生自身的一个或多个以后被激活的副本。

图 7-1 为按照有无自我复制功能和需要不需要宿主对恶意程序分类的情形。恶意程序主要包括：陷门、逻辑炸弹、特洛伊木马、蠕虫、细菌、病毒等。下面做一个简要介绍。

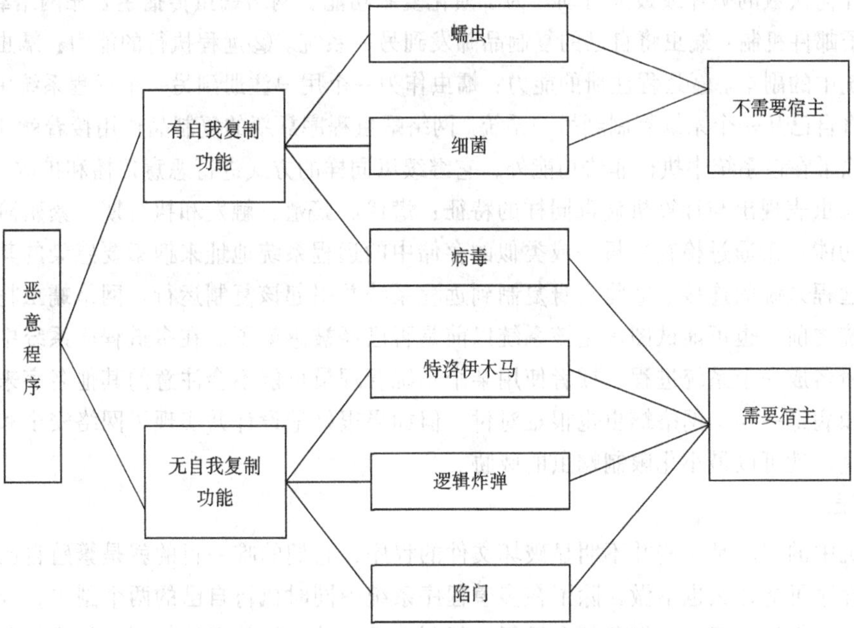

图 7-1　恶意程序及其分类

1．陷门（TrapDoors）

计算机操作的陷门设置是指进入程序的秘密人口，它使得知道陷门的人可以不经过通常的安全检查访问过程而获得访问。程序员为了进行调试和测试程序，已经合法地使用了很多年的陷门技术。当陷门被怀有特殊目的的人用来获得非授权访问时，陷门就变成了威胁。黑客也挖空心思地设计陷门，以便以特殊的、不经授权的方式进入系统。对陷门进行操作系统的控制是困难的，必须将安全测量集中在程序开发和软件更新的行为上才能更好地避免这类攻击。陷门通常寄生于某些程序（有宿主），但无自我复制功能。

2．逻辑炸弹

在病毒和蠕虫之前最古老的程序威胁之一是逻辑炸弹。逻辑炸弹是嵌入在某个合法程序里面的一段代码，没有自我复制功能，被设置成当满足特定条件时就会发作，也可理解为“爆炸”，它具有计算机病毒明显的潜伏性。一旦触发，逻辑炸弹的危害性可能改变或删除数据或文件，引起机器关机或完成某种特定的破坏工作。

3．特洛伊木马

特洛伊木马是一个有用的，或表面上有用的程序或命令过程，包含了一段隐藏的、激活时进行某种不想要的或者有害的功能的代码。它的危害性是可以用来非直接地完成一些非授权用户不能直接完成的功能。它们不具备自我复制功能。特洛伊木马的另一动机是数据破坏，程序看起来是在完成有用的功能（如计算器程序），但它也可能悄悄地在删除用户文件，直至破坏数据文件，这是一种非常常见的病毒攻击。

4．蠕虫

网络蠕虫程序是一种使用网络连接从一个系统传播到另一个系统的感染病毒程序。一旦这种程序在系统中被激活，网络蠕虫可以表现得像计算机病毒或细菌，或者可以注入特洛伊木马程序，或者进行任何次数的破坏或毁灭行动。为了演化复制功能，网络蠕虫传播主要靠网络载体实现。如：①电子邮件机制：蠕虫将自己的复制品邮发到另一系统。②远程执行的能力：蠕虫执行自身在另一系统中的副本。③远程注册的能力：蠕虫作为一个用户注册到另一个远程系统中去，然后使用命令将自己从一个系统复制到另一系统。网络蠕虫程序靠新的复制品作用接着就在远程系统中运行，除了在该系统中执行非法功能外，它继续以同样的方式进行恶意传播和扩散。

网络蠕虫表现出与计算机病毒同样的特征：潜伏、繁殖、触发和执行期。繁殖阶段一般完成如下的功能：①通过检查主机表或类似的存储中的远程系统地址来搜索要感染的其他系统。②建立与远程系统的连接。③将自身复制到远程系统并引起该复制运行。网络蠕虫将自身复制到一个系统之前，也可能试图确定该系统以前是否已经被感染了。在多道程序系统中，它也可能将自身命名成一个系统进程，或者使用某个系统管理员可能不会注意的其他名字来掩蔽自己的存在。和病毒一样，网络蠕虫也很难对付，但如果很好地设计并实现了网络安全和单机系统安全的测量，就可以最小化限制蠕虫的威胁。

5．细菌

计算机中的细菌是一些并不明显破坏文件的程序，它们的唯一目的就是繁殖自己。一个典型的细菌程序可能什么也不做，除了在多道程序系统中同时执行自己的两个副本，或者可能创建两个新的文件外，每一个细菌都在重复地复制自己，并以指数级地复制，最终耗尽了所有的系统资源（如 CPU、RAM、硬盘等），从而拒绝用户访问这些可用的系统资源。

6．病毒

病毒是一种攻击性程序，采用把自己的副本嵌入到其他文件中的方式来感染计算机系统。当被感染文件加载进内存时，这些副本就会执行去感染其他文件，如此不断进行下去。病毒常都具有破坏性作用，有些是故意的，有些则不是。通常生物病毒是指基因代码等微小碎片：DNA 或 RNA，它可以借用活的细胞组织制造几千个无缺点的原始病毒的复制品。计算机病毒就像生物上的对应物一样，它带着执行代码进入，感染实体，寄宿在一台宿主计算机上。典型的病毒获得计算机磁盘操作系统的临时控制，然后，每当受感染的计算机接触一个没被感染的软件时，病毒就将新的副本传到该程序中。因此，通过正常用户间的交换磁盘以及向网络上的另一用户发送程序的行为，感染就有可能从一台计算机传到另一台计算机。在网络环境中，访问其他计算机上的应用程序和系统服务的能力为病毒的传播提供了滋生的基础。

比如 CIH 病毒，它是迄今为止发现的最危险的病毒之一。它发作时不仅破坏硬盘的引导区和分区表，而且破坏计算机系统 Flash BIOS 芯片中的系统程序，导致主板损坏。CIH 病毒是发现的首例直接破坏计算机系统硬件的病毒。

再比如电子邮件病毒，超过 85%的人使用互联网是为了收发电子邮件，没有人统计其中有多少正使用直接打开附件的邮件阅读软件。“爱虫”发作时，全世界有数不清的人惶恐地发现，自己存放在计算机上的重要的文件、不重要的文件以及其他所有文件，已经被删得干干净净。

7.1.2 清除方法

目前，恶意软件及插件已经成为一种新的网络问题，恶意插件及软件的整体表现为清除困难，强制安装，甚至干扰安全软件的运行。这里介绍一部分恶意插件的手工清除方法。

1. 恶意插件 MMSAssist

（1）相关介绍

这其实是一款非常简便易用的彩信发送工具，但它却属于流氓软件，并采用了类似于木马的 Hook（钩子）技术，常规的方法很难删除它，而且很占用系统的资源。

（2）清除方法

方法一：它安装目录里第一个文件夹有个.ini 文件，它自动从 http://update.borlander.cn/updmms/mmsass.cab 下载插件包，包里有 albus.dll 文件，脱掉 UPX0.80-1.24 的壳，用十六进制软件打开发现这个垃圾插件利用 Hook 技术插入到 explorer 和 iexplorer 中，开机就在后台自动运行。

安全模式下，右击“我的电脑”，在弹出的快捷菜单中选择“管理”→“服务”命令，禁用 jmediaservice 服务，删除 C:/windows/system32 下的 Albus.DAT，删除 C:/WINDOWS/SYSTEM32/DRIVERS 下的 Albus.SYS，删除彩信通的安装文件夹，在注册表中查找所有 MMSAssist 并删除，如果怕注册表还有彩信通的垃圾存在，下载个超级兔子扫描注册表再一一删除，也可以尝试超级兔子的超级卸载功能。

要阻止它再次安装，也很简单。彻底删除它之后，在它原来的位置新建一个与它同名的文件夹，然后将这个文件夹的权限设置为连系统管理员都是“只读”，取消“写入”和“运行”的权限即可。

方法二：用冰刃 IceSwordv1.18 显示这些文件：C:/programfiles/mmsassist 文件夹、windows/system32/albus.dat、windows/system32/drivers/Albus.SYS，把 mmsassist 文件夹及其子文件夹中的文件一一删除，把 albus.dat、albus.sys 删除。再到 C:/programfiles 下面看一下，mmsassist 里又恢复了两个文件，删除 mmsassist 文件夹，刷新，文件夹已经不见了。如果还不放心，可以进入 regedit，搜索 mmsassist，把带有 mmsassist 相关字样的键值一一清除。

2. 恶意插件 popnts.dll

（1）相关介绍

主要表现是弹出广告，与流氓软件 0848/baisoa 几乎一致。

- %windir%/winamps.exe
- %windir%/realupdate.exe
- %windir%/POPNTS.DLL
- %windir%/ScNotify.dll
- %system%/{pchome}/.setupf/

添加注册表启动项：

```
[HKEY_CURRENT_USER/SOFTWARE/Microsoft/Windows/CurrentVersion/Run]
updatereal%windir%/realupdate.exeother
winsamps%windir%/winamps.exe
```

冒充微软信息的启动项：

```
[HKEY_LOCAL_MACHINE/SOFTWARE/Microsoft/WindowsNT/CurrentVersion/Winlogon
/Notify]
ScCardLogn%windir%/ScNotify.dll
```

添加一个 BHO：

```
[HKEY_LOCAL_MACHINE/SOFTWARE/Classes/CLSID]
[HKEY_CLASSES_ROOT/CLSID]
{DE7C3CF0-4B15-11D1-ABED-709549C10000}%windir%/POPNTS.DLL
```

（2）清除方法

① 停止 winamps.exe、realupdate.exeviruspe.com 的进程。

② 删除添加的所有注册表信息。

③ 重启后删除，或者使用 Unlocker 删除所有的病毒文件。

3．恶意插件 ddoc

（1）相关介绍

ddoc 恶意软件和插件都杀不掉，“重启”和“安全模式”都无效。表现为广告多、速度慢等。

（2）清除方法

① 用 regworkshop 搜索注册表关键字是“a64e86”，将搜索到的结果全部用冰刃 icesword 删除掉。

② HKEY_CLASSES_ROOT/clsid、HKEY_CURRENT_USER/Software/Microsoft/Windows/CurrentVersion/Ext/Stats 和 HKEY_LOCAL_MACHINE/SOFTWARE/Microsoft/Windows/CurrentVersion/Explorer/BrowserHelperObjects 这几个目录下的值项全部用以上两个软件来删除。

③ 清理 ddoc 成功，重新启动后查看是否还有 ddoc。

7.2 病　毒

有计算机的地方就会伴随着计算机病毒。说起计算机病毒，想必计算机的使用者都不会陌生，因为我们时刻都在与它斗争着。很多人对计算机病毒憎恶但又充满了好奇，对病毒的制造者既痛恨又敬畏。

7.2.1 计算机病毒的定义

计算机病毒与医学上的“病毒”不同，它不是天然存在的，而是某些人利用计算机软、硬件所固有的脆弱性，编制的具有特殊功能的程序。由于它与医学上的“病毒”同样具有传染和破坏的特性，例如，具有自我复制能力、很强的感染力、一定的潜伏性、特定的触发性和很大的破坏性等，因此由生物医学上的“病毒”概念引申出“计算机病毒”这一名词。

从广义上来说，凡是能够引起计算机故障，破坏计算机数据的程序统称为计算机病毒。依据此定义，诸如逻辑炸弹，蠕虫等都可称为计算机病毒。1994 年 2 月 18 日，我国正式颁布实施了《中华人民共和国计算机信息系统安全保护条例》，在条例第二十八条明确指出：“计算机病毒，是指编制或者在计算机程序中插入的破坏计算机功能或者毁坏数据，影响计算机使用，并能自我复制的一组计算机指令或者程序代码。”

7.2.2 计算机病毒的产生与发展

人类创造了电子计算机之后，也制造了计算机病毒。自从 1983 年发现了全世界首例计算机病毒以来，病毒的数量已达 30 多万种，并且这个数字还在高速增长。计算机病毒的危害及造成的损失是众所周知的，发明计算机病毒的人同样也受到社会和公众舆论的谴责。也许有人会问："计算机病毒是谁发明的？"这个问题至今还没有一个确切的说法，下面是其中有代表性的几种：

（1）科学幻想起源说

1977 年，美国科普作家托马斯 · 丁 · 雷恩推出轰动一时的《P-1 的青春》一书。作者构思了一种能自我复制，利用信息通道传播的计算机程序，并称之为计算机病毒。这是世界上第一个幻想出来的计算机病毒。我们的很多科学技术都是先幻想之后才产生的，因此，这种科学幻想起源说也是有理有据的。

（2）恶作剧起源说

这种说法是认为计算机病毒是那些对计算机知识和技术均有兴趣的人，他们或是要显示自己在计算机方面的天赋，或是报复他人或单位从而编制一些程序来显示自己的才能且满足自己的虚荣心，他们的出发点多少有些恶意的成分在内，世界上流行的许多计算机病毒都是恶作剧者的产物。

（3）游戏程序起源说

据说 20 世纪 70 年代，美国贝尔实验室的计算机程序员为了娱乐，在自己的实验室的计算机上编制吃掉对方程序的程序，看谁先把对方的程序吃光，有人猜测这是世界上第一个计算机病毒。

（4）软件商保护软件起源说

计算机软件是一种知识密集型的高科技产品，由于对软件资源的保护不尽合理，使得许多合法的软件被非法复制，从而使得软件制造商的利益受到了严重的侵害，因此，软件制造商为了处罚那些非法复制者并保护自己的商业利益，在软件产品之中加入计算机病毒程序并由一定条件触发并感染。

IT 行业普遍认为，从最原始的单机磁盘病毒到现在逐步进入人们视野的手机病毒，计算机病毒主要经历了六个重要的发展阶段。

第一阶段为原始病毒阶段。产生年限一般认为在 1986—1989 年之间，由于当时计算机的应用软件少，而且大多是单机运行，因此病毒没有大量流行，种类也很有限，病毒的清除工作相对来说较容易。主要特点是：攻击目标较单一；主要通过截获系统中断向量的方式监视系统的运行状态，并在一定的条件下对目标进行传染；病毒程序不具有自我保护的措施，容易被人们分析和解剖。

第二阶段为混合型病毒阶段。其产生的年限在 1989—1991 年之间，是计算机病毒由简单发展到复杂的阶段。计算机局域网开始应用与普及，给计算机病毒带来了第一次流行高峰。这一阶段病毒的主要特点为：攻击目标趋于混合；采取更为隐蔽的方法驻留内存和传染目标；病毒传染目标后没有明显的特征；病毒程序往往采取了自我保护措施；出现许多病毒的变种等。

第三阶段为多态性病毒阶段。此类病毒的主要特点是，在每次传染目标时，放入宿主程序中的病毒程序大部分都是可变的。因此防病毒软件查杀非常困难。如 1994 年在国内出现的"幽灵"病毒就属于这种类型。这一阶段病毒技术开始向多维化方向发展。

第四阶段为网络病毒阶段。从 20 世纪 90 年代中后期开始，随着互联网的发展壮大，依赖互联网络传播的邮件病毒和宏病毒等大量涌现，病毒传播快、隐蔽性强、破坏性大。也就是从这一阶段开始，反病毒产业开始萌芽并逐步形成一个规模宏大的新兴产业。

第五阶段为主动攻击型病毒。典型代表为2003年出现的“冲击波”病毒和2004年出现的“震荡波”病毒。这些病毒利用操作系统的漏洞进行进攻型的扩散，并不需要任何媒介或操作，用户只要接入互联网络就有可能被感染。正因为如此，该病毒的危害性更大。

第六阶段为“手机病毒”阶段。随着移动通信网络的发展以及移动终端——手机功能的不断强大，计算机病毒开始从传统的互联网络走进移动通信网络世界。与互联网用户相比，手机用户覆盖面更广、数量更多，因而高性能的手机病毒一旦爆发，其危害和影响比“冲击波”“震荡波”等互联网病毒还要大。

7.2.3 计算机病毒原理

病毒的工作原理是什么呢？病毒是一个程序，一段人为编制的计算机程序代码。它通过想办法在正常程序运行之前运行，并处于特权级状态。这段程序代码一旦进入计算机并得以执行，对计算机的某些资源进行监视。它会搜寻其他符合其传染条件的程序或存储介质，确定目标后再将自身代码插入其中，达到自我繁殖的目的。只要一台计算机染毒，如不及时处理，那么病毒会在这台机子上迅速扩散，其中的大量文件（一般是可执行文件）会被感染。而被感染的文件又成了新的传染源，再与其他机器进行数据交换或通过网络接触，病毒会继续进行传染。

一般正常的程序是由用户调用，再由系统分配资源，完成用户交给的任务。其目的对用户是可见的、透明的。而病毒具有正常程序的一切特性，它隐藏在正常程序中，当用户调用正常程序时窃取到系统的控制权，先于正常程序执行，病毒的动作、目的对用户时未知的，是未经用户允许的。

病毒一般是具有很高编程技巧、短小精悍的程序。通常附在正常程序中或磁盘较隐蔽的地方，也有个别的以隐藏文件形式出现。目的是不让用户发现它的存在。如果不经过代码分析，病毒程序与正常程序是不容易区别开来的。一般在没有防护措施的情况下，计算机病毒程序取得系统控制权后，可以在很短的时间里传染大量程序。而且受到传染后，计算机系统通常仍能正常运行，使用户不会感到任何异常。试想，如果病毒在传染到计算机上之后，机器马上无法正常运行，那么它本身便无法继续进行传染了。正是由于隐蔽性，计算机病毒得以在用户没有察觉的情况下扩散到上百万台计算机中。

大部分的病毒的代码之所以设计得非常短小，也是为了隐藏。病毒一般只有几百或一千字节，而PC对DOS文件的存取速度可达每秒几百千字节以上，所以病毒转瞬之间便可将这短短的几百字节附着到正常程序之中，使人非常不易被察觉。

大部分的病毒感染系统之后一般不会马上发作，它可长期隐藏在系统中，只有在满足其特定条件时才启动其表现（破坏）模块。只有这样它才可进行广泛地传播。如“PETER-2”在每年2月27日会提三个问题，答错后会将硬盘加密。著名的“黑色星期五”在逢13号的星期五发作。国内的“上海一号”会在每年三、六、九月的13日发作。当然，最令人难忘的便是26日发作的CIH。这些病毒在平时会隐藏得很好，只有在发作日才会露出本来面目。

任何病毒只要侵入系统，都会对系统及应用程序产生程度不同的影响。轻者会降低计算机工作效率，占用系统资源，重者可导致系统崩溃。由此特性可将病毒分为良性病毒与恶性病毒。良性病毒可能只显示些画面或音乐、无聊的语句，或者根本没有任何破坏动作，但会占用系统资源。这类病毒较多，如：GENP、小球、W-BOOT等。恶性病毒则有明确的目的，或破坏数据、删除文件或加密磁盘、格式化磁盘，有的对数据造成不可挽回的破坏。这也反映出病毒编制者的险恶用心。

7.2.4 计算机病毒的特征

人类发明了工具，改变了世界，也改变了人类自己。自 20 世纪 40 年代起，计算技术与电子技术的结合，使推动人类进步的工具从体力升华到了智力。计算机的出现，将人类带进了信息时代，使人类生产力进入了一个特别的发展时期。

计算机的灵魂是程序。正是建立在微电子载体上的程序，才将计算机的延伸到了人类社会的各个领域。“成也萧何，败也萧何”。人的智慧可以创造人类文明，也可以破坏人类已经创造的文明。随着计算机系统设计技术向社会各个领域急剧扩展，人们开发出了将人类带入信息时代的计算机程序的同时，也开发出了给计算机系统带来副作用的计算机病毒程序。

在生物学界，病毒（virus）是一类没有细胞结构但有遗传、复制等生命特征，主要由核酸和蛋白质组成的有机体。

在《中华人民共和国计算机信息系统安全保护条例》中，计算机病毒（Computer Virus）被明确定义为:“计算机病毒,是指编制或者在计算机程序中插入的破坏计算机功能或者破坏数据、影响计算机使用，并且能够自我复制的一组计算机指令或者程序代码”。

计算机病毒有一些与生物界中的病毒极为相似的特征，这也就是所以称其为病毒的缘由。

1. 传染性

病毒也是一种程序，它与其他程序的显著不同之处，就是它的传染性。与生物界中的病毒可以从一个生物体传播到另一个生物体一样，计算机病毒可以借助各种渠道从已经感染的计算机系统扩散到其他计算机系统。

早在 1949 年，计算机的先驱者 von Neumann 就在他的论文《复杂自动机组织论》中，提出了计算机程序在内存中自我复制的设想，勾画了病毒程序的蓝图。1977 年夏天，美国作家托马斯·捷·瑞安在其幻想小说《P-1 的青春》一书中构思了一种能够自我复制的计算机程序，第一次使用了“计算机病毒”的术语。所以自我复制应当是计算机病毒的主要特征。

20 世纪 60 年代初，美国贝尔实验室里，三个年轻的程序员编写了一个名为“磁芯大战”的游戏，游戏中通过复制自身来摆脱对方的控制，这就是计算机“病毒”的雏形。

1983 年美国计算机专家弗雷德·科恩博士研制出一种在运行过程中可以自我复制的具有破坏性的程序，并在同年 11 月召开的国际计算机安全学术研讨会，首次将病毒程序在 VAX/750 计算机上进行了实验。世界上第一个计算机病毒就这样出生在实验室中。

20 世纪 80 年代初，计算机病毒（如“巴基斯坦智囊”病毒）主要感染软盘的引导区。20 世纪 80 年代末，出现了感染硬盘的病毒（如“大麻”病毒）。20 世纪 90 年代初，出现了感染文件的病毒（如“Jerusalem，黑色 13 号星期五”病毒）。接着出现了引导区和文件型“双料”病毒，既感染磁盘引导区又感染可执行文件。20 世纪 90 年代中期，称为“病毒生产机”的软件开始出现，使病毒的传播不再是简单的自我复制，而是可以自动、轻易地自动生产出大量的“同族”新病毒。这些病毒代码长度各不相同，自我加密、解密的密钥也不相同，原文件头重要参数的保存地址不同，病毒的发作条件和现象不同。

与此同时，Internet 的发展，也为病毒的快速传播提供了方便途径。

2. 潜伏性

计算机病毒通常是由技术高超者编写的比较完美的、精巧严谨、短小精悍的程序。它们常常按照严格的秩序组织，与所在的系统网络环境相适应、相配合。病毒程序一旦取得系统控制权，可以在极短的时间内传染大量程序。但是，被感染的程序并不是立即表现出异常，而是潜伏下来，等待时机。

除了不发作外，计算机病毒的潜伏还依赖于其隐蔽性。为了隐蔽，病毒通常非常短小（一般只有几百或 1K 字节，此外还寄生于正常的程序或磁盘较隐蔽的地方，也有个别以隐含文件形式存在，使人不经过代码分析很难被发觉。

20 世纪 90 年代初，计算机病毒开始具有对抗机制。例如 YankeeDoodle 病毒，当它发现有人用 Debug 工具跟踪它，就会自动从文件中逃走。此外还相继出现了一些能对自身进行简单加密的病毒，如 1366（DaLian）、1824（N64）、1741（Dong）、1100 等。加密的目的主要是防止跟踪或掩盖有关特征等。例如在内存有 1741 病毒时，用 DIR 列目录表，病毒会掩盖被感染文件所增加的字节数，使人看起来字节数很正常。

3. 寄生性

寄生是病毒的重要特征。计算机病毒一般寄生在以下地方：

① 寄生在可执行程序中。一旦程序执行，病毒就被激活，病毒程序首先被执行并常驻内存，然后置触发条件。感染的文件被执行后，病毒就会趁机感染下一个文件。

文件型病毒可以分为源码型病毒、嵌入型病毒和外壳型病毒。源码型病毒是用高级语言编写的，不进行编译、连接，就无法传染扩散。嵌入型病毒是嵌入在程序的中间，只能针对某些具体程序。外壳型病毒寄生在宿主程序的前面或后面，并修改程序的第 1 条指令，使病毒先于宿主程序执行，以便一执行宿主程序就传染一次。

② 寄生在硬盘的主引导扇区中。这类病毒也称引导型病毒。任何操作系统都有自举过程，自举依靠引导模块进行，而操作系统的引导模块总是放在某个固定位置，这样系统每次启动就会在这个固定的地方来将引导模块读入内存，紧接着就执行它，来把操作系统读入内存，实现控制权的转接。引导型病毒程序就是利用这一点，它自身占据了引导扇区而将原来的引导扇区的内容和病毒的其他部分放到磁盘的其他空间，并将这些扇区标志为坏簇，不可写其他信息。这样，系统的一次初始化，就激活一次病毒，它首先将自身复制到内存，等待触发条件到来。

引导型病毒按其寄生对象，可以分为 MBR（主引导区）病毒和 BR（引导区）病毒。MBR 病毒也称分区病毒，这类病毒寄生在硬盘分区主引导程序所占据的硬盘 0 头 0 柱面第 1 扇区，典型的有 Stoned（大麻）病毒、2708 病毒等。BR 病毒则寄生在硬盘逻辑 0 扇区或软盘 0 扇区（即 0 面 0 道的第 1 扇区），典型的有 Brain 病毒、小球病毒等。

4. 触发性

潜伏下来的计算机病毒一般要在一定的条件下才被激活，发起攻击。病毒具有判断这个条件的功能。

① 日期/时间触发。

② 计数器触发。

③ 键盘触发。

④ 启动触发。

⑤ 感染触发。

⑥ 组合条件触发。

5．非授权执行性

用户在调用一个程序时，常常就把系统的控制权交给这个程序并给它分配相应的系统资源，使程序的执行对用户是透明的。计算机病毒具有正常程序所具有的一切特性，它隐蔽在合法程序和数据中；当用户运行正常程序时，病毒伺机取得系统的控制权，先于正常程序执行，并对用户呈透明状态。

6．破坏性

① 占用 CPU 资源，额外占用或消耗内存空间，或禁止分配内存、蚕食内存，导致一些大型程序执行受阻，使系统性能下降。

② 干扰系统运行，例如不执行命令、干扰内部命令的执行、虚发报警信息、打不开文件、内部栈溢出、占用特殊数据区、时钟倒转、重启动、死机、文件无法存盘、文件存盘时丢失字节、内存减小、格式化硬盘等。

③ 攻击 CMOS。CMOS 是保存系统参数（如系统时钟、磁盘类型、内存容量等）的重要场所。有的病毒（如 CIH 病毒）可以通过改写 CMOS 参数，破坏系统硬件的运行。

④ 攻击系统数据区。硬盘的主引导扇区、boot（引导）扇区、FAT（文件分配）表、文件目录等，是系统重要的数据，这些数据一旦受损，将造成相关文件的破坏。

⑤ 干扰外部设备运行，如：

干扰键盘操作。如 EDV 病毒能封锁键盘，使按任何键都没有反应；还有病毒产生换字、抹掉缓存区字符、输入紊乱等。

干扰屏幕显示。如小球病毒产生跳动的小白点；瀑布病毒使显示的字符像雨点一样一个个落到屏幕底部等。

干扰声响。如感染 Attention 病毒后，每按一键，喇叭就响一声；YankeeDoodle 病毒在每天下午 5 时整会播出歌曲“YankeeDoodle”；救护车病毒（AmbulanceCar）会在屏幕上出现一辆鸣着警笛来回跑的救护车。

干扰打印机。如 Azsua 病毒可以封锁打印机接口 LPT1，当使用打印机时，会发出缺纸的假报警；1024SBC 病毒会使打印机出现断断续续的打印失常；Typo-COM 病毒会更换字符。

⑥ 攻击文件。现在发现的病毒中，大多数是文件型病毒。这些病毒会使染毒文件的长度、文件存盘时间和日期发生变化。例如，百年病毒、4096 病毒等。

⑦ 劫取机密数据。例如，某公司在它的程序中加入一种特洛伊木马程序，会把用户系统软件和硬件的完整清单送回到该公司。

⑧ 破坏网络系统的正常运行。例如发送垃圾邮件、占用带宽，使网络拒绝服务等。

有些病毒的破坏作用往往是多样的。

7.2.5 计算机病毒的分类及命名

1．计算机病毒的分类

（1）根据计算机病毒破坏的能力分类

① 无害型：除了传染时减少磁盘的可用空间外，对系统没有其他影响。

② 无危险型：这类病毒仅仅是减少内存、显示图像、发出声音等。

③ 危险型：这类病毒在计算机系统操作中造成严重的错误。

④ 非常危险型：这类病毒删除程序、破坏数据、清除系统内存区和操作系统中重要的信息。例如 CIH 病毒。

（2）根据计算机病毒的破坏情况分类

① 良性病毒：是指包含立即对计算机系统产生直接破坏作用的代码。这类病毒为了表现其存在，不停地进行传播，从一台计算机传染到另一台，并不破坏计算机系统和数据，但它会使系统资源急剧减少，可用空间越来越少，最终导致系统崩溃。如国内出现的小球病毒。

② 恶性病毒：是指在代码中包含损伤和破坏计算机系统的操作，在其传染或发作时会对系统产生直接破坏作用的计算机病毒。它们往往封锁、干扰、中断输入输出、破坏分区表信息、删除数据文件，甚至格式化硬盘等。如米开朗琪罗病毒，其发作时，硬盘的前 17 个扇区将被彻底破坏，使整个硬盘上的数据丢失。需要指出的是，良性和恶性是相对比较而言的。

（3）按计算机病毒特有的算法分类

① 伴随型病毒：这一类病毒并不改变文件本身，它们根据算法产生.EXE 文件的伴随体，具有同样的名字和不同的扩展名（.COM），例如：XCOPY.EXE 的伴随体是 XCOPY.COM。计算机病毒把自身写入.COM 文件并不改变 EXE 文件，当 DOS 加载文件时，伴随体优先被执行，再由伴随体加载执行原来的 EXE 文件。

②“蠕虫”型病毒：这类病毒将计算机网络地址作为感染目标，利用网络从一台计算机的内存传播到其他计算机的内存，将自身通过网络发送。蠕虫通过计算机网络传播，不改变文件和资料信息，除了内存，一般不占用其他资源。

③ 寄生型病毒：除了伴随和“蠕虫”型，其他病毒均可称为寄生型病毒，它们依附在系统的引导扇区或文件中，通过系统的功能进行传播。

④ 诡秘型病毒：它们一般不直接修改 DOS 中断和扇区数据，而是通过设备技术和文件缓冲区等 DOS 内部修改，不易看到资源，使用比较高级的技术，利用 DOS 空闲的数据区进行工作。

⑤ 变型病毒：这一类病毒使用一个复杂的算法，使自己每传播一份都具有不同的内容和长度。它们一般的作法是由一段混有无关指令的解码算法和被变化过的病毒体组成。

（4）按传染方式分类

① 引导区型病毒：主要通过软盘在操作系统中传播，感染引导区，蔓延到硬盘，并能感染到硬盘中的“主引导记录”。

② 文件型病毒：是文件感染者，也称为寄生病毒。它运行在计算机存储器中，通常感染扩展名为 COM、EXE、SYS 等类型的文件。

③ 混合型病毒：具有引导区型病毒和文件型病毒两者的特点。

④ 宏病毒：是指用 BASIC 语言编写的病毒程序寄存在 Office 文档上的宏代码。宏病毒影响对文档的各种操作。

（5）按连接方式分类

① 源码型病毒：它攻击高级语言编写的源程序，在源程序编译之前插入其中，并随源程序一起编译、连接成可执行文件。源码型病毒较为少见，亦难以编写。

② 入侵型病毒：可用自身代替正常程序中的部分模块或堆栈区。因此这类病毒只攻击某些

特定程序，针对性强。一般情况下也难以被发现，清除起来也较困难。

③ 操作系统型病毒：可用其自身部分加入或替代操作系统的部分功能。因其直接感染操作系统，这类病毒的危害性也较大。

④ 外壳型病毒：通常将自身附在正常程序的开头或结尾，相当于给正常程序加了个外壳。大部的文件型病毒都属于这一类。

2. 计算机病毒的命名

很多时候大家已经用杀毒软件查出了自己的机子中了例如 Backdoor.RmtBomb.12、Trojan.Win32.SendIP.15 等这些一串英文还带数字的病毒名，这时有些人就懵了，那么长一串的名字，我怎么知道是什么病毒啊？

其实只要我们掌握一些病毒的命名规则，就能通过杀毒软件的报告中出现的病毒名来判断该病毒的一些公有的特性了。

世界上那么多的病毒，反病毒公司为了方便管理，会按照病毒的特性，将病毒进行分类命名。虽然每个反病毒公司的命名规则都不太一样，但大体都是采用一个统一的命名方法来命名的。一般格式为：<病毒前缀>.<病毒名>.<病毒后缀>。

病毒前缀是指一个病毒的种类，它是用来区别病毒的种族分类的。不同的种类的病毒，其前缀也是不同的。比如我们常见的木马病毒的前缀 Trojan，蠕虫病毒的前缀是 Worm 等。

病毒名是指一个病毒的家族特征，是用来区别和标识病毒家族的，如以前著名的 CIH 病毒的家族名都是统一的“CIH”，还有振荡波蠕虫病毒的家族名是“Sasser”。

病毒后缀是指一个病毒的变种特征，是用来区别具体某个家族病毒的某个变种的。一般都采用英文中的 26 个字母来表示，如 Worm.Sasser.b 就是指振荡波蠕虫病毒的变种 B，因此一般称为“振荡波 B 变种”或者“振荡波变种 B”。如果该病毒变种非常多（也表明该病毒生命力顽强），可以采用数字与字母混合表示变种标识。

综上所述，一个病毒的前缀对我们快速的判断该病毒属于哪种类型的病毒是有非常大的帮助的。通过判断病毒的类型，就可以对这个病毒有个大概的评估（当然这需要积累一些常见病毒类型的相关知识，这不在本文讨论范围）。而通过病毒名我们可以利用查找资料等方式进一步了解该病毒的详细特征。病毒后缀能让我们知道病毒是哪个变种。

下面附带一些常见的病毒前缀的解释（针对最常见的 Windows 操作系统）：

（1）系统病毒

系统病毒的前缀为：Win32、PE、Win95、W32、W95 等。这些病毒的一般公有的特性是可以感染 Windows 作系统的*.exe 和*.dll 文件，并通过这些文件进行传播。如 CIH 病毒。

（2）蠕虫病毒

蠕虫病毒的前缀是：Worm。这种病毒的公有特性是通过网络或者系统漏洞进行传播，很大部分的蠕虫病毒都有向外发送带毒邮件，阻塞网络的特性。比如冲击波（阻塞网络），小邮差（发带毒邮件）等。

（3）木马病毒、黑客病毒

木马病毒其前缀是：Trojan，黑客病毒前缀名一般为 Hack。木马病毒的公有特性是通过网络或者系统漏洞进入用户的系统并隐藏，然后向外界泄露用户的信息，而黑客病毒则有一个可视的界面，能对用户的计算机进行远程控制。木马、黑客病毒往往是成对出现的，即木马病毒负责侵入用户的计算机，而黑客病毒则会通过该木马病毒来进行控制。现在这两种类型都越来越趋向于整合了。一般的木马如 QQ 消息尾巴木马 Trojan.QQ3344，还有大家可能遇见比较多的针对网络游戏的木马病毒如 Trojan.LMir.PSW.60。这里补充一点，病毒名中有 PSW 或者什么 PWD 之类的一般都表示这个病毒有盗取密码的功能（这些字母一般都为“密码”的英文“password”的缩写）一些黑客程序如：网络枭雄（Hack.Nether.Client）等。

（4）脚本病毒

脚本病毒的前缀是：Script。脚本病毒的公有特性是使用脚本语言编写，通过网页进行的传播的病毒。脚本病毒还会有如下前缀：VBS、JS（表明是何种脚本编写的），如欢乐时光（VBS.Happytime）、十四日（Js.Fortnight.c.s）等。

（5）宏病毒

其实宏病毒是也是脚本病毒的一种，由于它的特殊性，因此在这里单独算成一类。宏病毒的前缀是：Macro，第二前缀是：Word、Word97、Excel、Excel97（也许还有别的）其中之一。凡是只感染 Word 97 及以前版本 Word 文档的病毒采用 Word97 作为第二前缀，格式是 Macro.Word97；凡是只感染 Word 97 以后版本 Word 文档的病毒采用 Word 做为第二前缀，格式是 Macro.Word；凡是只感染 Excel 97 及以前版本 Excel 文档的病毒采用 Excel97 作为第二前缀，格式是 Macro.Excel97；凡是只感染 Excel 97 以后版本 Excel 文档的病毒采用 Excel 作为第二前缀，格式是 Macro.Excel，依此类推。该类病毒的公有特性是能感染 Office 系列文档，然后通过 Office 通用模板进行传播，如：著名的美丽莎（Macro.Melissa）。

（6）后门病毒

后门病毒的前缀是：Backdoor。该类病毒的公有特性是通过网络传播，给系统开后门，给用户带来安全隐患。如很多人遇到过的 IRC 后门 Backdoor.IRCBot。

（7）病毒种植程序病毒

这类病毒的公有特性是运行时会从体内释放出一个或几个新的病毒到系统目录下，由释放出来的新病毒产生破坏。如：冰河播种者（Dropper.BingHe2.2C）、MSN 射手（Dropper.Worm.Smibag）等。

（8）破坏性程序病毒

破坏性程序病毒的前缀是：Harm。这类病毒的公有特性是本身具有好看的图标来诱惑用户点击，当用户点击这类病毒时，病毒便会直接对用户计算机产生破坏。如：格式化 C 盘（Harm.formatC.f）、杀手命令（Harm.Command.Killer）等。

（9）玩笑病毒

玩笑病毒的前缀是：Joke。也称恶作剧病毒。这类病毒的公有特性是本身具有好看的图标来诱惑用户点击，当用户点击这类病毒时，病毒会做出各种破坏操作来吓唬用户，其实病毒并没有对用户计算机进行任何破坏。如：女鬼（Joke.Girlghost）病毒。

（10）捆绑机病毒

捆绑机病毒的前缀是：Binder。这类病毒的公有特性是病毒作者会使用特定的捆绑程序将病毒与一些应用程序如 QQ、IE 捆绑起来，表面上看是一个正常的文件，当用户运行这些捆绑病毒时，会表面上运行这些应用程序，然后隐藏运行捆绑在一起的病毒，从而给用户造成危害。如：捆绑 QQ（Binder.QQPass.QQBin）、系统杀手（Binder.killsys）等。

以上为比较常见的病毒前缀，有时候我们还会看到一些其他的，但比较少见，这里简单提一下：

DoS：会针对某台主机或者服务器进行 DoS 攻击。

Exploit：会自动通过溢出对方或者自己的系统漏洞来传播自身，其自身就是一个用于 Hacking 的溢出工具。

HackTool：黑客工具，也许本身并不破坏用户的计算机，但是会被别人加以利用去破坏其他人。

7.2.6　典型的病毒分析

U 盘是目前使用最为广泛的移动存储器，它有体积小、重量轻、容量大鞋带方便等优点，但是目前 U 盘也是传播病毒的主要途径之一。

1．U 盘“runauto..”文件夹病毒及清除方法

（1）“runauto..”文件夹病毒

经常在计算机硬盘里会发现名为“runauto..”的一个文件夹，在正常模式或安全模式下都无法删除，粉碎也不可以。图 7-2 所示为 runauto..文件夹。

（2）病毒清除方法

假设这个文件夹在 C 盘，则删除办法是：在桌面单击“开始”按钮，选择“运行”命令，输入“cmd”，再输入“C:”，再输入“rd/s/q runauto...\”即可，图 7-3 所示为删除 runauto..文件夹的方法。

图 7-2　病毒文件夹

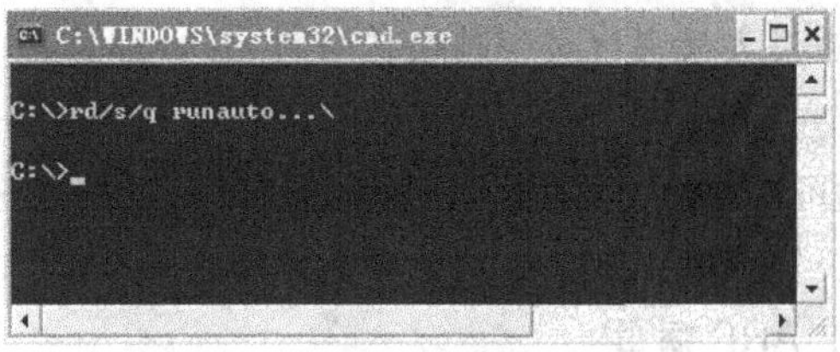

图 7-3　删除病毒方法

2．U 盘 autorun.inf 文件病毒及清除方法

（1）autorun.inf 文件病毒

目前几乎所有 U 盘类的病毒的最大特征都是利用 autorun.inf 这个来侵入的，而事实上 autorun.inf 相当于一个传染途径，经过这个途径入侵的病毒，理论上是“任何”病毒。

autorun.inf 这个文件是很早就存在的，在 Windows XP 以前的其他 Windows 系统（如 Windows 98，2000 等），需要让光盘、U 盘插入到机器自动运行，就要靠 autorun.inf。这个文件是保存在驱动器的根目录下的，是一个隐藏的系统文件。它保存着一些简单的命令，告诉系统这个新插入的光盘或硬件应该自动启动什么程序，也可以告诉系统让系统将它的盘符图标改成某个路径下的 icon。所以，这本身是一个常规且合理的文件和技术。

另一种是假回收站方式：病毒通常在 U 盘中建立一个“RECYCLER”的文件夹，然后把病毒藏在里面很深的目录中，一般人以为这就是回收站了，而事实上，回收站的名称是“Recycled”，而且两者的图标是不同的，如图 7-4 所示。

（2）病毒清除方法

对于 autorun.inf 病毒的解决方案如下：

① 如果发现 U 盘有 autorun.inf 文件，且不是你自己创建生成的，请删除它，并且尽快查毒。

② 如果有貌似回收站、瑞星文件等文件，而自己又能通过对比硬盘上的回收站名称、正版的瑞星名称，同时确认该内容不是自己创建生成的，请删除它。

③ 一般建议插入 U 盘时，不要双击 U 盘，另外有一个更好的技巧：插入 U 盘前，按住【Shift】键，然后插入 U 盘，建议按键的时间长一点。插入后，用右击 U 盘，选择“资源管理器”命令，来打开 U 盘。

3. U 盘 RavMonE.exe 病毒及清除方法

（1）病毒描述

经常有人发现自己的 U 盘有病毒，杀毒软件报出一个 RavMonE.exe 病毒文件，这个也是经典的一个 U 盘病毒。图 7-5 所示为 RavMonE.exe 病毒运行后出现在进程里。

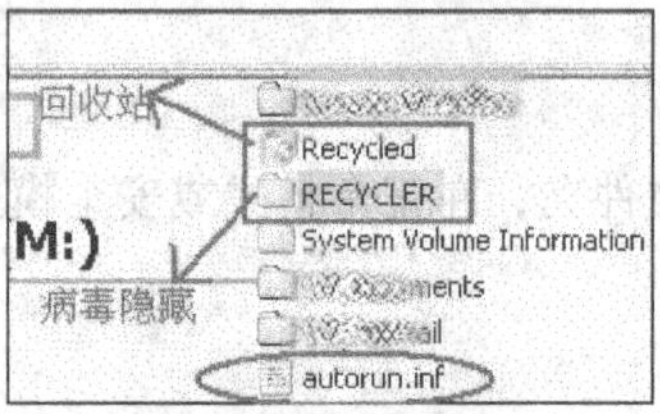

图 7-4 病毒图标

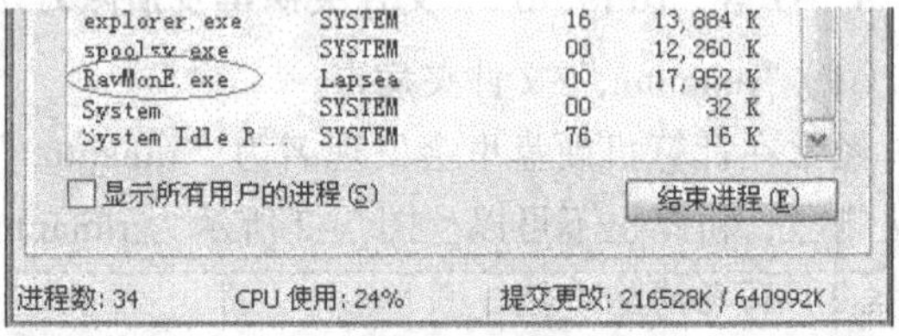

图 7-5 RavMonE.exe 病毒运行后在进程里

（2）解决方法

① 打开任务管理器（【Ctrl+Alt+Del】或任务栏右击也可），终止所有 RavMonE.exe 进程。

② 进入病毒目录，删除其中的 ravmone.exe。

③ 打开系统注册表依次展开 HK_Loacal_Machine\software\Microsoft\windows\ CurrentVersion\Run\，在右边可以看到一项数值是 c:\windows\ravmone.exe 的键，把它删除掉。

④ 完成后，重新启动计算机，病毒就被清除了。

4. ARP 病毒

ARP 地址欺骗类病毒（以下简称 ARP 病毒）是一类特殊的病毒，该病毒一般属于木马病毒，不具备主动传播的特性，不会自我复制。但是由于其发作的时候会向全网发送伪造的 ARP 数据包，干扰全网的运行，因此它的危害比一些蠕虫还要严重得多。

7.3 蠕 虫

蠕虫病毒是一种常见的计算机病毒。它是利用网络进行复制和传播，传染途径是通过网络和电子邮件。最初的蠕虫病毒定义是因为在 DOS 环境下，病毒发作时会在屏幕上出现一条类似虫子的东西，胡乱“吞吃”屏幕上的字母并将其改形。蠕虫病毒是自包含的程序（或是一套程序），它能传播自身功能的备份或自身（蠕虫病毒）的某些部分到其他的计算机系统中（通常是经过网络连接）。

7.3.1 蠕虫概述

“蠕虫”这个生物学名词于 1982 年由 XeroxPARC 的 JohnF.Shoeh 等人最早引入计算机领域，并给出了计算机蠕虫的两个最基本的特征：“可以从一台计算机移动到另一台计算机”和“可以自我复制”。最初，他们编写蠕虫的目的是做分布式计算的模型试验。1988 年 Morris 蠕虫爆发后，EugeneH.Spafford 为了区分蠕虫和病毒，给出了蠕虫的技术角度的定义。“计算机蠕虫可以独立运行，并能把自身的一个包含所有功能的版本传播到另外的计算机上。”计算机蠕虫和计算机病毒都具有传染性和复制功能，这两个主要特性上的一致，导致二者之间是非常难区分的。近年来，越来越多的病毒采取了蠕虫技术来达到其在网络上迅速感染的目的。因而，“蠕虫”本身只是“计算机病毒”利用的一种技术手段。

7.3.2 蠕虫病毒的特征及传播

1. 一般特征

① 蠕虫病毒具有自我复制能力、具有很强的传播性、具有一定的潜伏性、具有特定的触发性、具有很大的破坏性。

② 独立个体，单独运行。

③ 大部分利用操作系统和应用程序的漏洞主动进行攻击。

④ 传播方式多样。蠕虫入侵网络的主要途径是通过工作站传播到服务器硬盘中，再由服务器的共享目录传播到其他的工作站。但蠕虫病毒的传染方式比较复杂。

⑤ 传播速度快。在单机上，病毒只能通过软盘、光盘、U 盘从一台计算机传染到另一台计算机；在网络中则可以通过网络通信机制，借助高速电缆进行迅速扩散。

⑥ 清除难度大。单机病毒可通过删除带毒文件、低级格式化硬盘等措施清除；而网络中只要有一台工作站未能杀毒干净就可能使整个网络重新全部被病毒感染，甚至刚刚完成杀毒工作的一台工作站马上就能被网上另一个工作站的带毒程序所传染。仅对工作站进行病毒杀除不能彻底解决网络蠕虫病毒的问题。

⑦ 破坏性强。网络中蠕虫病毒将直接影响网络的工作状态；轻则降低速度，影响工作效率；重则造成网络系统的瘫痪，破坏服务器系统资源，使多年的工作毁于一旦。

⑧ 制作技术与传统的病毒不同，与黑客技术相结合。

2. 病毒与蠕虫的区别

① 存在形式上病毒寄生在某个文件上，而蠕虫是作为独立的个体而存在。

② 传染机制方面病毒利用宿主程序的运行，而蠕虫利用系统存在的漏洞。

③ 传染目标病毒针对本地文件，而蠕虫针对网络上的其他计算机。

④ 防治病毒是将其从宿主文件中删除，而防治蠕虫是为系统打补丁。

3. 传播过程

① 扫描：由蠕虫的扫描功能模块负责探测存在漏洞的主机。

② 攻击：攻击模块按漏洞攻击步骤自动攻击步骤 1 中找到的对象，取得该主机的权限（一般为管理员权限），获得一个 shell。

③ 现场处理：进入被感染的系统后，要做现场处理工作，现场处理部分工作主要包括隐藏、信息搜集等等

④ 复制：复制模块通过原主机和新主机的交互将蠕虫程序复制到新主机并启动。

每一个具体的蠕虫在实现这四个部分时会有不同的侧重，有的部分实现的相当复杂，有的部分实现的则相当简略。

尼姆达病毒是一个比较典型的病毒与蠕虫技术相结合的蠕虫病毒，它几乎包括目前所有流

行病毒的传播手段，并且可以攻击 Windows 98/7/NT/2000/XP 等所有的 Windows 操作平台。该病毒有以下 4 种传播方式：

- 通过 Email 发送在客户端看不到的邮件附件程序 sample.exe，该部分利用了微软的 OE 信件浏览器的漏洞；
- 通过网络共享的方式来传染给局域网络上的网络邻居，使用设置密码的共享方式可以有效地防止该病毒的此种传播方式；
- 通过没有补丁的 IIS 服务器来传播，该传播往往是病毒屡杀不绝的原因，该方式利用了微软 IIS 的 UNICODE 漏洞；
- 通过感染普通的文件来传播，在这一点上和普通的病毒程序相同。

4. 蠕虫病毒的传播趋势

目前的流行病毒越来越表现出以下三种传播趋势：

① 通过邮件附件传播病毒，如 Mydoom 等邮件病毒。

② 通过无口令或者弱口令共享传播病毒，如 Nimda、Netskey 等。

③ 利用操作系统或者应用系统漏洞传播病毒，如冲击波蠕虫、震荡波蠕虫等。

7.3.3 蠕虫的工作原理

1. 蠕虫程序的实体结构

蠕虫程序相对于一般的应用程序，在实体结构方面体现更多的复杂性，通过对多个蠕虫程序的分析，可以粗略地把蠕虫程序的实体结构分为如下的六大部分，具体的蠕虫可能是由其中的几部分组成：

① 未编译的源代码：由于有的程序参数必须在编译时确定，所以蠕虫程序可能包含一部分未编译的程序源代码。

② 已编译的链接模块：不同的系统（同族）可能需要不同的运行模块，例如不同的硬件厂商和不同的系统厂商采用不同的运行库，这在 UNIX 族的系统中非常常见。

③ 可运行代码：整个蠕虫可能是由多个编译好的程序组成。

④ 脚本：利用脚本可以节省大量的程序代码，充分利用系统 shell 的功能。

⑤ 受感染系统上的可执行程序：受感染系统上的可执行程序如文件传输等可被蠕虫作为自己的组成部分。

⑥ 信息数据：包括已破解的口令、要攻击的地址列表、蠕虫自身的压缩包等。

2. 蠕虫程序的功能结构

鉴于所有蠕虫都具有相似的功能结构，本文给出了蠕虫程序的统一功能模型，统一功能模型将蠕虫程序分解为基本功能模块和扩展功能模块。实现了基本功能模块的蠕虫程序就能完成复制传播流程，包含扩展功能模块的蠕虫程序则具有更强的生存能力和破坏能力。蠕虫程序功能模型如图 7-6 所示。

基本功能由五个功能模块构成：

① 搜索模块：寻找下一台要传染的机器；为提高搜索效率，可以采用一系列的搜索算法。

② 攻击模块：在被感染的机器上建立传输通道（传染途径）；为减少第一次传染数据传输量，可以采用引导式结构。

③ 传输模块：计算机间的蠕虫程序复制。

④ 信息搜集模块：搜集和建立被传染机器上的信息。

⑤ 繁殖模块：建立自身的多个副本；在同一台机器上提高传染效率、判断避免重复传染。

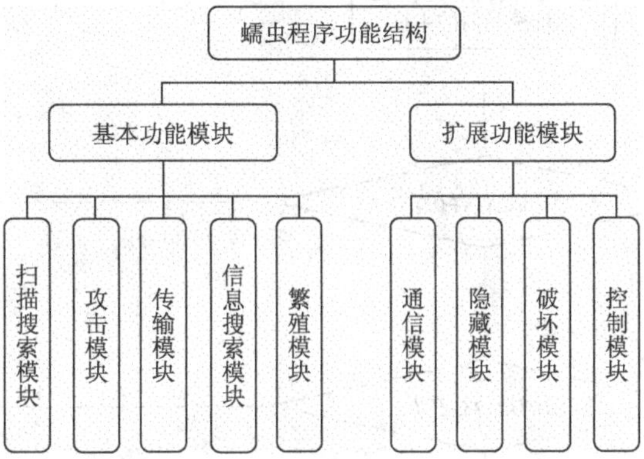

图 7-6　蠕虫程序功能模型

扩展功能由四个功能模块构成：

① 隐藏模块：隐藏蠕虫程序，使简单的检测不能发现。

② 破坏模块：摧毁或破坏被感染计算机；或在被感染的计算机上留下后门程序等。

③ 通信模块：蠕虫间、蠕虫同黑客之间进行交流，可能是未来蠕虫发展的重点。

④ 控制模块：调整蠕虫行为，更新其他功能模块，控制被感染计算机。

3．蠕虫的工作流程

网络蠕虫病毒的工作流程一般可以分为四个阶段：扫描、攻击、处理、复制。扫描主要是对目标地址空间内存在漏洞的计算机，收集相关信息以备攻击计算机，为攻击目标而准备；攻击阶段则是对扫描出的存在漏洞的计算机进行攻击，并感染目标机器；处理阶段隐藏自己在已感染的主机上，并且给自己留下后门，执行破坏命令；复制阶段主要是自动生成多个副本，主动感染其他主机，达到破坏网络的效果。图 7-7 所示为蠕虫病毒工作流程。

4．蠕虫的行为特征

通过对蠕虫的整个工作流程进行分析，可以归纳得到它的行为特征：

① 主动攻击：蠕虫在本质上已经演变为黑客入侵的自动化工具，当蠕虫被释放（release）后，从搜索漏洞，到利用搜索结果攻击系统，到复制副本，整个流程全由蠕虫自身主动完成。

② 行踪隐蔽：由于蠕虫的传播过程中，不像病毒那样需要计算机使用者的辅助工作（如执行文件、打开文件、阅读信件、浏览网页等），所以蠕虫传播的过程中计算机使用者基本上不可察觉。

③ 利用系统、网络应用服务漏洞：除了最早的蠕虫在计算机之间传播是程序设计人员许可，并在每台计算机上做了相应的配合支持机制之外，所有后来的蠕虫都是要突破计算机系统的自身防线，并对其资源进行滥用。计算机系统存在漏洞是蠕虫传播的前提，利用这些漏洞，蠕虫获得被攻击的计算机系统的相应权限，完成后继的复制和传播过程。这些漏洞有的是操作系统本身的问题，有的是应用服务程序的问题，有的是网络管理人员的配置问题。正是由于漏洞产生原因的复杂性，导致面对蠕虫的攻击防不胜防。

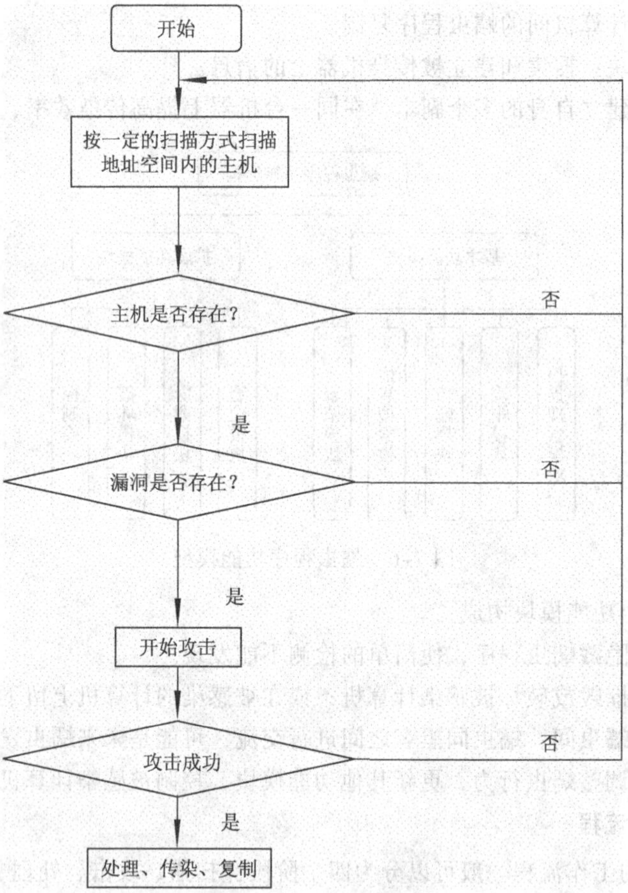

图 7-7　蠕虫病毒工作流程

④ 造成网络拥塞：蠕虫进行传播的第一步就是找到网络上其他存在漏洞的计算机系统，这需要通过大面积的搜索来完成，搜索动作包括：判断其他计算机是否存在；判断特定应用服务是否存在；判断漏洞是否存在。这不可避免地会产生附加的网络数据流量。即使是不包含破坏系统正常工作的恶意代码的蠕虫，也会因为它产生了巨量的网络流量，导致整个网络瘫痪，造成经济损失。

⑤ 降低系统性能：蠕虫入侵计算机系统之后，会在被感染的计算机上产生自己的多个副本，每个副本启动搜索程序寻找新的攻击目标。大量的进程会耗费系统的资源，导致系统的性能下降。这对网络服务器的影响尤为明显。

⑥ 产生安全隐患：大部分蠕虫会搜集、扩散、暴露系统敏感信息（如用户信息等），并在系统中留下后门。这些都会导致未来的安全隐患。

⑦ 反复性：即使清除了蠕虫在文件系统中留下的所有痕迹，如果没有修补计算机系统漏洞，重新接入到网络中的计算机还是会被重新感染。这个特性在 Nimda 蠕虫的身上表现的尤为突出，计算机使用者用一些声称可以清除 Nimda 的防病毒产品清除本机上的 Nimda 蠕虫副本后，很快就又重新被 Nimda 蠕虫所感染。

⑧ 破坏性：从蠕虫的历史发展过程可以看到，越来越多的蠕虫开始包含恶意代码，破坏

被攻击的计算机系统，而且造成的经济损失数目越来越大。

7.3.4　蠕虫病毒检测技术研究

蠕虫技术的不断扩大对网络的安全构成了极大的威胁，甚至有可能带来网络瘫痪，造成巨大的经济损失，因此必须采取有效措施和途径，对网络蠕虫进行检测和控制，下面将对蠕虫病毒的检测技术进行研究。

1. 基于蠕虫特征码的检测技术

基于蠕虫特征码的检测技术是目前使用最多的一种检测技术，其主要手段是通过特征进行匹配。具体的检测原理是：首先收集一些蠕虫恶意代码的特征值，然后在这些特征值的基础上创建相应的特征码规则库，当检测计算机是否受到蠕虫病毒感染或者攻击时，将检测到的网络行为的特征码和特征码规则库中具体规则进行匹配，若是匹配成功则说明该网络存在异常，可能含有蠕虫病毒等危害，应当给出警告提示或者拒绝访问。

由以上检测原理可见，这种检测技术存在一定的限制，只有当特征码规则库中存在恶意行为的特征码规则时，才能够匹配成功，判定该网站存在恶意行为，进行抑制或者反击。在这种情况下，若是有些蠕虫病毒并没有在规则库中匹配成功，不能被检测出来，那么该网络就可以通过检测，对计算机系统造成危害，带来不可预测的经济损失，因此需要对规则库实时进行维护和更新，确保最新的蠕虫病毒特征码存储在特征库中，能够被识别出来。

目前比较熟知的基于蠕虫特征码的检测算法包括 Earlybird 和 Autograh，这两种方法提供实时提取特征码功能，基于 Rabinfingerprint 算法。当蠕虫病毒变形扩散后，单一连续的字符串不能够作为特征码使用，为此 JamesNewsome 提出了著名的 Ploygraph 检测系统，可以提取出具有蠕虫变形规律的特征码。

2. 基于蠕虫行为特征的检测技术

基于蠕虫行为特征的检测技术主要包括四种方法：统计分类法、简单阈值法、信号处理法以及智能计算法。其中简单阈值法的检测指标是与连接相关的指标，包括连接失败数、连接请求数、ICMP 消息数以及连接端口的流量等。Bakos 提出了一种蠕虫行为特征检测技术，利用了 ICMP 目标主机不可达报文来判断辨识蠕虫的随机扫描行为，并通过信息收集点来收集网络中由路由器产生的这种不可达报文信息，然后统计消息的个数，并和给定的阈值进行比较，以此判断蠕虫是否有传播行为。但是这种方法中如果路由器个数较少，那么收集到的报文信息数就会较少，会影响到判断的准确性。

其他的行为特征检测方法是通过识别网络中不断重复出现的数据包内容进行识别蠕虫病毒，但是由于这些方法在检测时必须要有大量的统计信息，因此在时间上会有一个滞后的过程，造成不能够及时地检测到蠕虫病毒。

3. 基于蜜罐和蜜网的检测技术

1988 年 5 月，Clifford Stoll 提出了蜜罐的概念，并明确指出“蜜罐是一个了解黑客的手段”的一种方法。蜜罐是通过故意设计为一个有缺陷的系统，并且专门用来引诱那些蠕虫攻击者进入到受控环境中，接着充分利用各种监控技术来捕获蠕虫攻击者的行为，获取蠕虫行为特征。其中蜜罐技术是一种虚拟环境，因此不会对真实网络造成瘫痪的影响。目前，蜜罐技术得到了大量应用，在网络安全领域具有十分重要的意义，具体体现为：①蜜罐技术不提供真实的检测服务，而是在一个虚拟环境中进行，但是收集信息是真实有效的，并且可以从中捕获蠕虫病毒的行为特性；②变被动防御为主动控制；③网络蠕虫不能够判断目标系统的具体用途，因此蜜罐技术虚拟环境具有良好的隐蔽性。

随着蜜罐引诱技术的出现，蜜网检测相应产生，其实质仍然是一种蜜罐技术。与传统意义上的蜜罐技术不同的是蜜网检测是一个网络系统，并不仅仅是一台具有系统漏洞的主机，存在一种简单的虚拟环境，此网络系统隐藏在防火墙内，可以监控、捕获以及控制所有进出信息，实现更加强大的蠕虫检测功能。

4. 基于贝叶斯的网络蠕虫检测技术

贝叶斯定理是由英国学者贝叶斯在18世纪提出来的，其最初主要是用于概率论和数理统计方面的应用。蠕虫在进行网络传播时，首先会对网络中那些存在漏洞的目标主机发送大量的连接请求数据包，从而判断这些目标主机是否开机、目标主机系统或者应用软件是否存在漏洞，以及是否可以被感染。但是，在实际的网络应用中，网络蠕虫指向的大多数IP地址中的主机根本就不存在，有些要么就没有开机，要么被其他的网络设施所隐藏，比如采用了防火墙或者NAT设备对其进行了保护，所以网络蠕虫在进行传播的时候，所发送的链接失败的概率也比较大。

因为网络蠕虫感染的目的是在最短的时间内让尽可能多的目标主机受到感染，因此在进行传播时，它发送连接请求的时间间隔会非常的短，而正常的主机在进行网络通信的时候，其数据的发送相对比较规律，时间的间隔也比较固定，不会出现大幅度的波动。据此，在进行蠕虫检测时我们把主机发起连接请求的时间间隔作为一个参数。另一方面，在传播蠕虫的过程中，有些蠕虫在扫描阶段会加入一些正常的数据包去避免被检测到，从而引起网络的漏报。之所以会产生这种情况，一个原因就是对当前失败次数的连接没有考虑到历史状态的影响，从而导致检测结果出现问题。而采用贝叶斯的方法来计算数据的概率后可以通过后验的概率去更新先验的概率，从而获得比较高的检测精度。因此我们在进行蠕虫的检测时，通过统计单位时间内针对目标机器的数据连接成功与否，即可对网络蠕虫进行检测。

7.3.5 蠕虫病毒防御技术研究

蠕虫病毒通过各种方式进行检测，往往将多种方法结合，对已知的蠕虫病毒和未知的蠕虫病毒进行检测，然后进行蠕虫控制。然而，除了做好蠕虫检测控制技术外，个人和企业用户等需要积极做好蠕虫防御技术，定时定期清理修复系统漏洞，避免蠕虫的侵害，下面将对蠕虫病毒的防御技术进行讨论。

1. 企业防范蠕虫病毒措施

企业网络的应用广泛，比如文件和打印服务共享、企业的业务系统办公、企业自动化办公系统等领域。如果企业网络受到了蠕虫病毒的侵害，那么蠕虫可以快速阻塞网络，影响网络速度，甚至造成网络瘫痪。因此，企业用户必须考虑蠕虫病毒等危害问题，以保护企业系统内部数据不被侵害。

具体地，企业在考虑如何防范蠕虫病毒时，需要考虑蠕虫病毒的查杀能力、监控能力以及对新病毒的反应能力，同时，对于日常的网络安全管理企业应该采取合理的科学制度，提高员工的网络安全意识，做到以下几点：

① 加强企业网络安全管理员的管理水平，提高其安全管理意识。蠕虫病毒具有利用系统

漏洞进行攻击的行为特性，因此，管理员需要时刻保持系统以及应用软件的安全性，及时地更新操作系统和系统应用程序，修复系统漏洞，不给蠕虫病毒的侵入留下任何可乘之机。随着蠕虫病毒不断扩大，侵害手段也越来越厉害，企业网络所受的攻击概率也越来越大，必须要求企业网络管理员具有很高的管理水平和安全意识。

② 建立蠕虫病毒检测系统。在修复漏洞的基础上，仍需要对网络中的蠕虫数据包进行实时检测，发现受到蠕虫病毒的攻击后采取相应的隔离和控制措施进行保护，并及时清理病毒，避免扩大。

③ 建立应急响应系统，尽可能减小风险。蠕虫病毒的侵害是不可预测的，具有突然暴发性，若是发现蠕虫侵害时，整个网络已经受到感染，就需要采取应急响应方案，尽可能减小风险损失。

④ 建立数据备份系统。数据备份是很有必要的，若是系统受到攻击数据无法恢复，备份系统可以恢复数据，避免过大的经济损失。

⑤ 对于企业内部局域网络安全，需要注意在网络入口处安装防火墙软件和杀毒软件，将病毒隔离在局域网之外，同时对网络内部员工进行必要的安全培训，限制一些用户操作，对邮件服务器进行网络监控，防止蠕虫病毒携带进入，对网络内部操作系统进行升级和修复补丁，最大可能地保证企业局域网内的安全性。

2. 个人用户防范蠕虫病毒措施

网络蠕虫病毒攻击个人用户的主要途径是利用社会工程学，通过网络各种形式携带病毒进入个人计算机，因此，个人用户需要从以下几个方面做好防范措施：

① 安装合适的杀毒软件。蠕虫病毒发展不断扩大，传统的“文件级实时监控系统”杀毒软件已不能满足要求，必须要求具有内存实时监控和邮件实时监控功能的杀毒软件来保护计算机。网页蠕虫的侵害也对杀毒软件提出了更高要求。

② 升级病毒库。杀毒软件对于蠕虫病毒的查杀是以病毒数据库中的病毒特征码为依据，进行比对查杀，而蠕虫病毒更新速度和传播速度快，变化多种多样，因此，必须实时更新病毒数据库，确保杀毒软件的最新查杀能力。

③ 提高个人网络安全意识。随着网络的发展，网页上出现了各种不良的信息，携带的蠕虫病毒等很多，存在着很多恶意代码，因此，个人用户要有较高的网络安全意识，不轻易查看陌生网站，并把浏览器网络安全级别设置为高，并将 ActiveX 和 Java 脚本禁止运行，减小计算机被恶意代码感染攻击的可能性。

④ 不随意查看陌生的邮件。蠕虫病毒往往通过自动发送功能，给用户发送邮件，病毒就携带在其中，尤其是存在不明附件的邮件。用户要经常升级浏览器和补丁程序，防止过多陌生恶意邮件的侵入。

7.3.6 蠕虫举例

1. I_WORM.Blebla.B 网络蠕虫

该病毒是通过电子邮件的附件来发送的，文件的名称是：xromeo.exe 和 xjuliet.chm，该蠕虫程序的名称由此而来。

当用户在使用 OE 阅读信件时，这两个附件自动被保存、运行。当运行了该附件后，该蠕虫程序将自身发送给 Outlook 地址簿里的每一个人，并将信息发送给 alt.comp.virus 新闻组。该蠕虫程序是以一个 E-mail 附件的形式发送的，信件的主体是以 HTML 语言写成的，并且含有两个附件：xromeo.exe 及 xjuliet.chm，收件人本身看不到邮件的内容。

该蠕虫程序的危害性还表现在它还能修改注册表一些项目，使得一些文件的执行，必须依赖该蠕虫程序生成的在 Windows 目录下的 SYSRNJ.EXE 文件，由此可见对于该病毒程序的清除不能简单地将蠕虫程序删除掉，而必须先将注册表中的有关该蠕虫的设置删除后，才能删除这些蠕虫程序。

2. I_WORM/EMMANUEL 网络蠕虫

该病毒通过 Microsoft 的 OutlookExpress 来自动传播给受感染计算机的地址簿里的所有人，给每人发送一封带有该附件的邮件。该网络蠕虫长度 16896 ~ 22000 字节，有多个变种。

在用户执行该附件后，该网络蠕虫程序在系统状态区域的时钟旁边放置一个“花”一样的图标，如果用户单击该“花”图标，就会出现一个消息框，大意是不要按此按钮。如果按了该按钮的话，会出现一个以 Emmanuel 为标题的信息框，当用户关闭该信息框时又会出现一些别的：诸如上帝保佑你的提示信息。

该网络蠕虫程序与其他常见的网络蠕虫程序一样，是通过网络上的电子邮件系统 Outlook 来传播的，同样是修改 Windows 系统下的主管电子邮件收发的 wsock32.dll 文件。它与别的网络蠕虫程序的不同之处在于它不断可以通过网络自动发送网络蠕虫程序本身，而且发送的文件的名称是变化的。

该病毒是世界上第一个可自我将病毒体分解成多个大小可变化的程序块（插件），分别潜藏计算机内的不同位置，以便躲避查毒软件。该病毒可将这些碎块聚合成一个完整的病毒，再进行传播和破坏。

3. I-Worm.Magistr 网络蠕虫

这是一个恶性病毒，可通过网络上的电子邮件或在局域网内进行传播，发作时间是在病毒感染系统一个月后。该病毒随机在当前机上找一个.EXE 或.SCR 文件和一些.DOC 或.TXT 文件作为附件发出去。蠕虫会改写本地机和局域网中计算机上的文件，文件内容全部被改写，这将导致文件不能恢复。在 Windows 9x 环境下，该蠕虫会像 CIH 病毒一样，破坏 BIOS 和清除硬盘上的数据，是危害性非常大的一种病毒。

该蠕虫采用了多变形引擎和两组加密模块，感染文件的中部和尾部，将中部的原文件部分代码加密后潜藏在蠕虫体内。其长为 24000 ~ 30000 字节，使用了非常复杂的感染机制，感染.EXE、.DLL、.OCX、.SCR、.CPL 等文件；每传染一个目标，就变化一次，具有无穷次变化，其目的是使反病毒软件难以发现和清除。目前，该蠕虫已有许多变种。

4. SQL 蠕虫王

SQL 蠕虫王是 2003 年 1 月 25 日在全球爆发的蠕虫。它非常小，仅仅只有 376 字节，是针对 Microsoft SQL Server 2000 的蠕虫，利用的安全漏洞是“Microsoft SQL Server 2000 Resolution 服务远程缓冲区溢出”漏洞，利用的端口是 SQL Server Resolution 服务的 UDP1434。

Microsoft SQL Server 2000 可以在一个物理主机上提供多个逻辑的 SQL 服务器的实例。每个实例都可以看做一个单独的服务器。但是，这些实例不能全都使用标准的 SQL 服务对话端口（TCP1433），所以 SQL Server Resolution 服务会监听 UDP1434 端口，提供一种特殊的 SQL 服务实例的途径，用于客户端查询适当的网络末端。

当 SQL Server Resolution 服务在 UDP1434 端口接收到第一个字节设置为 0x04 的 UDP 包时，SQL

监视线程会获取 UDP 包中的数据，并使用用户提供的该信息来尝试打开注册表中的某一键值。利用这一点，攻击者会在该 UDP 包后追加大量字符串数据。当尝试打开这个字符串对应的键值时，会发生基于栈的缓冲区溢出。蠕虫溢出成功取得系统控制权后，就开始向随机 IP 地址发送自身。

5. 震荡波

震荡波（Worm.Sasser）是一种长度为 15872 字节的蠕虫，它依赖于 Windows NT/2000/XP/Server 2003，以系统漏洞为传播途径。下面介绍震荡波的传播过程。

① 复制自身到系统目录（名为%WINDOWS%\avserve2.exe，15872 字节），然后登记到自启动项：

HKEY_LOCAL_MACHINE\SOFTWARE\Microsoft\Windows\CurrentVersion\Run avserve2.exe=%WINDOWS%\avserve2.exe

② 开辟线程，在本地开辟后门：监听 TCP5554 端口（支持 USER、PASS、PORT、RETR 和 QUIT 命令）被攻击的机器主动连接本地 5554 端口，把 IP 地址和端口传过来。本线程负责把病毒文件传送到被攻击的机器。

③ 开辟 128 个扫描线程。以本地 IP 地址为基础，取随机 IP 地址，疯狂地试探连接 445 端口：如果试探成功，则运行一个新的病毒进程对该目标进行攻击，把该目标的 IP 地址保存到“c:\win2.log”。

④ 利用 Windows 的 LSASS 中存在一个缓冲区溢出漏洞进行攻击。一旦攻击成功，会导致对方机器感染此病毒并进行下一轮的传播；攻击失败也会造成对方机器的缓冲区溢出，导致对方机器程序非法操作，以及系统异常等。由于该病毒在 lsass.exe 中溢出，可以获取管理员的权限，执行任意指令。

⑤ 溢出代码会主动从原机器下载病毒程序，运行起来，开始新的攻击。

7.4 木　　马

木马（Trojan）病毒源自古希腊特洛伊战争中著名的“木马计”而得名，顾名思义就是一种伪装潜伏的网络病毒，等待时机成熟就出来害人。Trojan 一词的特洛伊木马本意是特洛伊的，即代指特洛伊木马，也就是木马计的故事。木马病毒一般通过电子邮件附件发出，捆绑在其他的程序中。“木马”程序与一般的病毒不同，它不会自我繁殖，也并不“刻意”地去感染其他文件，它会修改注册表，驻留内存，在系统中安装后门程序，开机加载附带的木马。木马病毒的发作要在用户的机器里运行客户端程序，一旦发作，就可设置后门，定时地发送该用户的隐私到木马程序指定的地址，一般同时内置可进入该用户计算机的端口，并可任意控制此计算机，进行文件删除、复制、改密码等非法操作。

7.4.1 木马病毒概述

木马的全称是“特洛伊木马”，是一种新型的计算机网络病毒程序。它利用自身所具有的植入功能，或依附其他具有传播能力病毒，或通过入侵后植入等多种途径，进驻目标机器，搜集其中各种敏感信息，并通过网络与外界通信，发回所搜集到的各种敏感信息，接受植入者指令，完成其他各种操作，如修改指定文件、格式化硬盘等。

木马病毒和其他病毒一样都是一种人为的程序，都属于计算机病毒。以前的计算机病毒的作用，其实完全就是为了搞破坏，破坏计算机里的资料数据，除了破坏之外其他无非就是有些病毒制造者为了达到某些目的而进行的威慑和敲诈勒索的作用，或是为了炫耀自己的技术。木马病毒则不一样，它的作用是赤裸裸地监视别人的所有操作和盗窃别人的各种密码和数据等重要信息，如盗窃系统管理员密码搞破坏；偷窃 ADSL 上网密码和游戏账号密码用于牟利；更有甚者直接窃取股票账号、网上银行账户等机密信息达到盗窃别人财务的目的。所以木马病毒的危害性比其他计算机病毒更加大，更能够直接达到使用者的目的。这个现状就导致了许多别有用心的程序开发者大量的编写这类带有偷窃和监视别人计算机的侵入性程序，这就是目前网上大量木马病毒泛滥成灾的原因。

鉴于木马病毒的这些巨大危害性和它与其他病毒的作用性质的不一样，所以木马病毒虽然属于病毒中的一类，但是要单独的从病毒类型中间剥离出来，独立地称之为“木马病毒”程序。

7.4.2 木马病毒的发展

1. 第一代木马

伪装型木马。这种木马通过伪装成一个合法性程序诱骗用户上当。世界上第一个计算机木马是出现在 1986 年的 PC-Write 木马。它伪装成共享软件 PC-Write 的 2.72 版本（事实上，编写 PC-Write 的 Quicksoft 公司从未发行过 2.72 版本），一旦用户信以为真运行该木马程序，那么他的下场就是硬盘被格式化。此时的第一代木马还不具备传染特征。

2. 第二代木马

AIDS 型木马。继 PC-Write 之后，1989 年出现了 AIDS 木马。由于当时很少有人使用电子邮件，所以 AIDS 的作者就利用现实生活中的邮件进行散播：给其他人寄去一封封含有木马程序软盘的邮件。之所以叫这个名称是因为软盘中包含有 AIDS 和 HIV 疾病的药品、价格、预防措施等相关信息。软盘中的木马程序在运行后，虽不会破坏数据，但会将硬盘加密锁死，然后提示受感染用户花钱消灾。可以说第二代木马已具备了传播特征（尽管通过传统的邮递方式）。

3. 第三代木马

网络传播性木马。随着 Internet 的普及，这一代木马兼备伪装和传播两种特征并结合 TCP/IP 网络技术四处泛滥。同时它还有新的特征：

① 添加了“后门”功能。所谓后门就是一种可以为计算机系统秘密开启访问入口的程序。一旦被安装，这些程序就能够使攻击者绕过安全程序进入系统。该功能的目的就是收集系统中的重要信息，例如，财务报告、口令及信用卡号。此外，攻击者还可以利用后门控制系统，使之成为攻击其他计算机的帮凶。由于后门是隐藏在系统背后运行的，因此很难被检测到。它们不像病毒和蠕虫那样通过消耗内存而引起注意。

② 添加了键盘记录功能。从名称上就可以知道，该功能主要是记录用户所有的键盘内容然后形成键盘记录的日志文件发送给恶意用户。恶意用户可以从中找到用户名、口令以及信用卡号等用户信息。这一代木马比较有名的有国外的 BO2000（BackOrifice）和国内的冰河木马。它们有如下共同特点：基于网络的客户端/服务器应用程序。具有搜集信息、执行系统命令、重新设置机器、重新定向等功能。当木马程序攻击得手后，计算机就完全在黑客控制的傀儡主机，黑客成了超级用户，用户的所有计算机操作不但没有任何秘密而言，而且黑客可以远程控制傀儡主机对别的主机发动攻击，这时被俘获的傀儡主机成了黑客进行进一步攻击的挡箭牌和跳板。

虽然木马程序手段越来越隐蔽，但只要加强个人安全防范意识，还是可以大大降低“中招”的几率。对此笔者有如下建议：安装个人防病毒软件、个人防火墙软件；及时安装系统补丁；

对不明来历的电子邮件和插件不予理睬；经常浏览安全网站，以便及时了解一些新木马的底细，做到知己知彼，百战不殆。

7.4.3 木马病毒的危害性

木马对计算机系统具有强大的控制和破坏能力，可以窃取密码、控制系统操作、进行文件操作等，一个功能强大的木马一旦被植入机器，攻击者就可以像操作自己的计算机一样控制你的机器，甚至可以远程监控你的所有操作。木马的危害性在于以下四个方面。

1. 窃取密码

一切以明文的形式，或缓存在 Cache 中的密码都能被木马侦测到。此外，很多木马还提供有击键记录功能，所以，一旦有木马入侵，密码将很容易被窃取。

2. 文件操作

控制端可由远程控制对服务端上的文件进行删除、修改、下载等一系列操作，基本涵盖了 Windows 平台上所有的文件操作功能。

3. 修改注册表

控制端可任意修改服务端注册表，包括删除、新建或修改主键、子键、键值。有了这项功能，控制端就可以将服务器端上木马的触发条件设置得更隐蔽。

4. 系统操作

这项内容包括重启或关闭服务端操作系统，断开服务端网络连接，控制服务端的鼠标、键盘，监视服务端桌面操作，查看服务端进程等，控制端甚至可以随时给服务端发送信息。

7.4.4 木马病毒的基本特征

木马是病毒的一种，木马程序也有不同种类，但它们之间又有一些共同的特性。

1. 隐蔽性

当用户执行正常程序时，在难以察觉的情况下，完成危害用户的操作，具有隐蔽性。它的隐蔽性主要体现在以下 6 个方面，一是不产生图标，不在系统“任务栏”中产生有提示标志的图标；二是文件隐藏，将自身文件隐藏于系统的文件夹中；三是在专用文件夹中隐藏；四是自动在任务管理器中隐形，并以“系统服务”的方式欺骗操作系统；五是无声息地启动；六是伪装成驱动程序及动态链接库。

2. 自行运行

木马为了控制服务端，必须在系统启动时跟随启动。所以，它潜入在启动配置文件中，如 Win.ini，System.ini，Winstart.bat 以及启动组等文件之中。

3. 欺骗性

捆绑欺骗，用包含具有未公开并且可能产生危险后果的功能程序与正常程序捆绑合并成一个文件。

4. 自动恢复

采用多重备份功能模块，以便相互恢复。

5. 自动打开端口

用服务器客户端的通信手段，利用 TCP/IP 协议不常用端口自动进行连接，开方便之“门”。

6. 功能特殊性

木马通常都有特殊功能，具有搜索 cache 中的口令、设置口令、扫描目标 IP 地址、进行键盘记录、远程注册表操作以及锁定鼠标等功能。

7.4.5 木马病毒的分类

木马的种类很多，主要有以下几种：

① 远程控制型，如冰河。远程控制型木马是现今最广泛的特洛伊木马，这种木马起着远程监控的功能，使用简单，只要被控制主机联入网络，并与控制端客户程序建立网络连接，控制者就能任意访问被控制的计算机。

② 键盘记录型。键盘记录型木马非常简单，它们只做一种事情，就是记录受害者的键盘敲击，并且在 LOG 文件里进行完整的记录，然后通过邮件或其他方式发送给控制者。

③ 密码发送型。密码发送型木马的目的是找到所有的隐藏密码，并且在受害者不知道的情况下把它们发送到指定的信箱。这类木马程序大多不会在每次都自动加载，一般都使用 25 端口发送电子邮件。

④ 反弹端口型。反弹端口型木马的服务端使用主动端口，客户端使用被木马定时监测控制端的存在，发现控制端上线立即弹出端口主动连接控制端打开的主动端口。为了隐蔽起见，控制端的被动端口一般使用 80，稍微疏忽一点，用户就会以为是自己在浏览网页。

7.4.6 木马病毒的工作原理

木马程序的结构是典型的客户端/服务器（Client/Server）模式，服务器端程序骗取用户执行后，便植入在计算机内，作为响应程序。所以它的特点是隐蔽，不容易被用户察觉，或被杀毒程序、木马清除程序消灭，而且它一般不会造成很大的危害，计算机还可以正常执行。另外，木马服务器端程序还有容量小的特点，一般它的大小不会超过 300KB，最小的木马程序甚至只有 3KB，这样小的木马很容易就可以合并在一些可以执行.exe 的文件中或网页中而不被察觉，而且这样小的文件也能很快就下载至磁盘中，若是再利用压缩技术还可以让木马程序变得更小。

木马的实质只是一个通过端口进行通信的网络客户/服务程序，其原理是一台主机提供服务（服务器），另一台主机接收服务（客户机）。作为服务器的主机，一般会打开一个默认的端口并进行监听（Listen），如果有客户机向服务器的这一端口提出连接请求（Connect Request），服务器上的相应程序就会自动应答客户机的请求。

木马程序是由客户端和服务端两个程序组成，其中客户端是攻击者远程控制终端程序，服务端程序即木马程序。当木马的服务端程序在被入侵的计算机系统上成功运行以后，攻击者就可以使用客户端与服务端建立连接，并进一步控制被入侵的计算机系统。在客户端和服务端通信协议的选择上，绝大多数木马程序使用的是 TCP/IP 协议，也有一些木马由于特殊的原因，使用 UDP 协议进行通信。当服务端在被入侵计算机上运行以后，它尽量把自己隐藏在计算机系统的某个角落里，以防用户发现；同时监听某个特定的端口，等待客户端（攻击者）与其取得连接；为了下次重启计算机时能正常工作，木马程序一般会通过修改注册表或者其他的方法让自己成为固定的启动程序。

7.4.7 木马病毒的传播技术

由于木马病毒是一个非自我复制的恶意代码，因此它们需要依靠用户向其他人发送其备份。木马病毒可以作为电子邮件附件传播，或者它们可能隐藏在用户与其他用户进行交流的文档和其他文件中。它们还可以被其他恶意代码所携带，如蠕虫。木马病毒有时也会隐藏在从互联网上下载的捆绑免费软件中。当用户安装这个软件时，木马病毒就会在后台被自动秘密安装。

1. 木马病的病毒植入传播技术

木马病毒植入技术，主要是指木马病毒利用各种途径进入目标机器的具体实现方法。

① 利用电子邮件进行传播：攻击者将木马程序伪装成 E-mail 附件的形式发送过去，收信方只要查看邮件附件就会使木马程序得到运行并安装进入系统。

② 利用网络下载进行传播：一些非正规的网站以提供软件下载为名，将木马捆绑在软件安装程序上，下载后，只要运行这些程序，木马就会自动安装。

③ 利用网页浏览传播：这种方法利用 Java Applet 编写出一个 HTML 网页，当浏览该页面时，Java Applet 会在后台将木马程序下载到计算机缓存中，然后修改注册表，使其指向木马程序。

④ 利用一些漏洞进行传播：如微软著名的 IIS 服务器溢出漏洞，通过一个 IISHACK 攻击程序即可使 IIS 服务器崩溃，并且同时在受控服务器执行木马程序。由于微软的浏览器在执行 Script 脚本上存在一些漏洞，攻击者可以利用这些漏洞传播病毒和木马，甚至直接对浏览者主机进行文件操作等控制。

⑤ 远程入侵进行传播：黑客通过破解密码和建立 IPC 远程连接后登录到目标主机，将木马服务端程序复制到计算机中的文件夹（一般在 C:\WINDOWS\system32 或者 C:\WINNT\system32）中，然后通过远程操作让木马程序在某一个时间运行。

⑥ 基于 DLL 和远程线程插入的木马植入：这种传播技术是以 DLL 的形式实现木马程序，然后在目标主机中选择特定目标进程（如系统文件或某个正常运行程序），由该进程将木马 DLL 植入到本系统中。而 DLL 文件的特点决定了这种实现形式的木马的可行性和隐藏性。首先，由于 DLL 文件映像可以被映射到调用进程的地址空间中，所以它能够共享宿主进程（调用 DLL 的进程）的资源，进而根据宿主进程在目标主机的级别未授权地访问相应的系统资源。其次，因为 DLL 没有被分配独立的进程地址空间，也就是说 DLL 的运行并不需要创建单独的进程，增加了隐蔽性的要求。

⑦ 利用蠕虫病毒传播木马：网络蠕虫病毒具有很强的传染性和自我复制能力，将木马和蠕虫病毒结合在一起就可以大大地提高木马的传播能力。结合了蠕虫病毒的木马利用病毒的特性，在网络上进行传播、复制，这就加快了木马的传播速度。

2. 木马病毒的加载技术

当木马病毒成功植入目标机后，就必须确保自己可以通过某种方式得到自动运行。常见的木马病毒加载技术主要包括：系统启动自动加载、文件关联和文件劫持等。

（1）系统启动自动加载

系统启动自动加载，这是最常见的木马自动加载方法。木马病毒通过将自己复制到启动组，或在 win.ini，system.ini 和注册表中添加相应的启动信息而实现系统启动时自动加载。这种加载方式简单有效，但隐蔽性差。目前很多反木马软件都会扫描注册表的启动键（信息），故而新一代木马病毒都采用了更加隐蔽的加载方式。

（2）文件关联

文件关联，这是通过修改注册表来完成木马的加载。但它并不直接修改注册表中的启动键（信息），而将其与特定的文件类型相关联，如与文本文件或图像文件相关联。这样在用户打开这种类型的文件时，木马病毒就会被自动加载。

修改关联的途径是选择对注册表的修改，它主要选择的是文件格式中的“打开”“编辑”“打印”项目。如果感染了冰河木马，则在[HKEY_CLASS_ROOT\txtfile\shell\open\command]中的键值不是“C:\windows\notopad.exe%1”，而是改为“sysexplr.exe%1”。

由图 7-8 可知，在注册表 HKEY_CLASSES_ROOT\txtfile\shell\open\command 中的值就是文本文件的关联程序*.exe，默认“%SystemRoot\%system32\notepad.exe%1”，即 Windows 系统默认为用记事本程序来打开文本文件。如果把这个程序改为木马程序，则每打开一个文件就会执行木马程序，这样，木马就启动，待木马启动后，再打开文本文件，这样对于一般的人来看好像什么事也没发生过。

修改文件打开方式的程序设计算法，如图 7-8 所示。

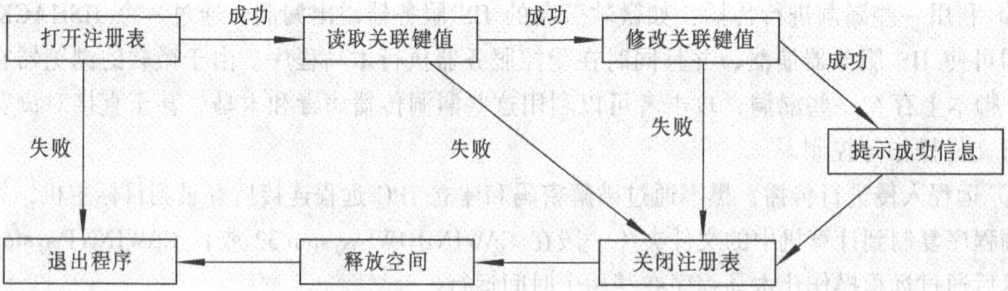

图 7-8 修改文件打开关联的程序流程图

步骤一：打开注册表，如果成功打开，则进入步骤二，否则转步骤七。

步骤二：读取某类文件打开方式的键值，如果成功找到，则进入步骤三，否则转步骤五。

步骤三：修改键值为希望设定的键值，如果成功修改，则进入步骤四，否则转步骤五。

步骤四：给出成功提示信息，转步骤六。

步骤五：给出错误提示信息，进入步骤六。

步骤六：关闭注册表，进入步骤七。

步骤七：释放变量空间，退出程序。

修改文件打开方式的设计界面，如图 7-9 所示。

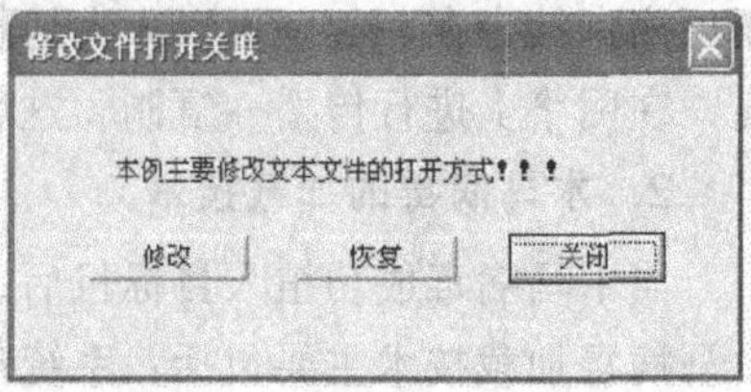

图 7-9 修改文件打开方式

（3）文件劫持

文件劫持，是一种特殊的木马加载方式。木马病毒被植入到目标机后，需要首先对某个系统文件进行替换或嵌入操作，使得该系统文件在获得访问权之前，木马病毒被率先执行，然后再将控制权交还给相应的系统文件。采用这种方式加载木马不需要修改注册表，从而可以有效地躲过注册表扫描型反木马软件的查杀。这种方式最简单的实现方法是将某系统文件改名，然后将木马程序改名。这样当该系统文件被调用的时候，实际上是木马程序被运行，而木马启动后，再调用相应的系统文件并传递原参数。

3. 木马病毒的隐藏技术

为确保有效性，木马病毒必须具有较好的隐蔽性。木马病毒的主要隐蔽技术包括：伪装、进程隐藏、DLL 技术等。

① 伪装。从某种意义上讲，伪装是一种很好的隐藏。木马病毒的伪装主要有文件伪装和进程伪装。前者除了将文件属性改为隐藏之外，大多通过采用一些比较类似于系统文件的文件名来隐蔽自己；而后者则是利用用户对系统了解的不足，将自己的进程名设为与系统进程类似而达到隐藏自己的目的。

② 进程隐藏。木马病毒进程是它驻留在系统中的最好证据，若能够有效隐藏自己的进程，显然将大大提高木马病毒的隐蔽性。在 Windows 98 系统中可以通过将自己设为系统进程来达到隐藏进程的目的。但这种方法在 Windows 2000/NT 下就不再有效，只能通过下面介绍的 DLL 技术或设备驱动技术来实现木马病毒的隐藏。

③ DLL 技术。采用 DLL 技术实现木马的隐蔽性，主要通过以下两种途径：DLL 陷阱和 DLL 注入。DLL 陷阱技术是一种针对 DLL（动态链接库）的高级编程技术，通过用一个精心设计的 DLL 替换已知的系统 DLL 或嵌入其内部，并对所有的函数调用进行过滤转发。DLL 注入技术是将一个 DLL 注入到某个进程的地址空间，然后潜伏在其中并完成木马的操作。

7.4.8 木马病毒的防范技术

1. 防范木马攻击

① 运行反木马实时监控程序可即时显示当前所有运行程序并配有相关的详细描述信息。另外，也可以采用一些专业的最新杀毒软件、个人防火墙进行监控。

② 不要执行任何来历不明的软件。

③ 不要轻易打开不熟悉的邮件。

④ 不要随便在网上下载一些盗版软件，特别是一些不可靠的 FTP 站点、公众新闻组、论坛或 BBS，因为这些地方正是新木马发布的首选之地。

⑤ 将 Windows 资源管理器配置成始终显示扩展名，因为一些扩展名为：VBS、SHS、PIF 的文件多为木马程序的特征文件，一经发现要立即删除，千万不要打开。

⑥ 尽量少用共享文件夹。

⑦ 隐藏 IP 地址，这一点非常重要。我们在上网时，最好用一些工具软件隐藏自己计算机的 IP 地址。

2. 木马病毒的信息获取技术

获取目标机的各种敏感信息，是木马病毒有别于其他病毒或蠕虫的最大特点之一。木马病毒原则上可以获取目标机中所有信息，包括：一是基本信息，如系统版本、用户名、系统目录等；二是利用钩子程序获取用户键入的口令或其他输入；三是对目标机所在局域网中流动的信息包进行嗅探，以获得诸如系统口令或其他敏感信息；四是目标机屏幕截取与传送；五是目标机附近声音信号的采集与传输。

3．木马病毒的查杀

木马的查杀，可以采用手动和自动两种方式。最简单的方式是安装杀毒软件，当今国内很多杀毒软件像瑞星、金山毒霸等都能删除网络中最猖獗的木马。但杀毒软件的升级通常慢于新木马的出现，因此学会手工查杀很有必要。

4．反木马软件

除了以上查杀木马病毒的方法外，我们还可以用一些反木马软件来清除木马病毒。随着技术的不断发展，木马病毒必定也会以更隐蔽、破坏力更强的方式出现，但“魔高一尺，道高一丈”，相信反病毒技术也会不断进步，从而确保我们的信息安全。

实训 8　宏病毒分析

一、实训目的

掌握宏病毒的制作方法。

二、实训环境

PC，Windows 2003、Windows XP、Windows 7 等操作系统，Office 办公软件。

三、实训内容

制作宏病毒，并运行分析。

具体实训步骤如下：

① 启动 Word，创建一个新文档。

② 在新文档中打开工具菜单、选择宏、查看宏。

③ 为宏起一个名字，自动宏的名字规定必须为 autoexec。

④ 单击“创建”按钮，如图 7-10 所示。

图 7-10　创建宏对话框

⑤ 在宏代码编辑窗口，输入 VB 代码 Shell（“c:\windows\system32\sndvol32.exe”），调用 Windows 自带的音量控制程序，如图 7-11 所示。

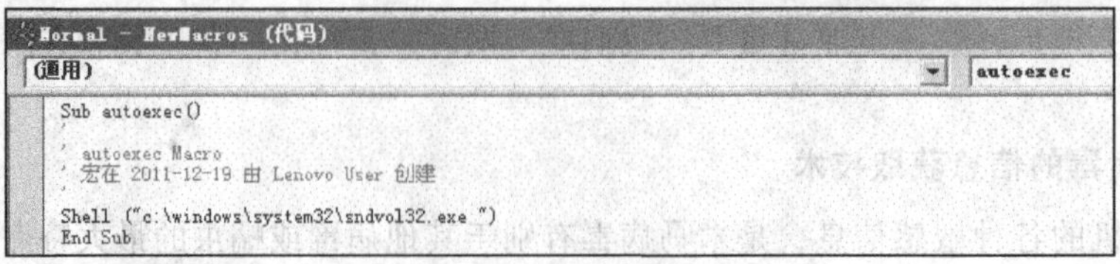

图 7-11　宏代码编辑窗口

⑥ 关闭宏代码编辑窗口，将文档存盘并关闭。

⑦ 再次启动刚保存的文档，可以看到音量控制程序被自动启动，如图 7-12 所示。

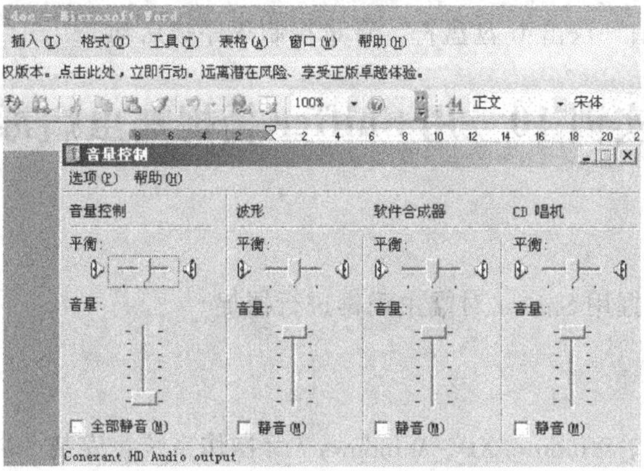

图 7-12　音量控制程序被自动启动

实训 9　U 盘病毒分析

一、实训目的

掌握 U 盘病毒的使用。

二、实训环境

PC，Windows 2003、Windows XP、Windows 7 等操作系统，记事本或者其他文本文件编辑软件。

三、实训内容

制作 U 盘病毒并运行分析。

具体实训步骤如下：

① 用记事本或其他文本文件编辑软件在 U 盘中建立文件名为 autorun.inf 的文本文件。

② 新建 txt 文档，以 autorun.inf 为文件名保存到 U 盘根目录后，如图 7-13 所示，重新插入 U 盘，如图 7-14 所示。

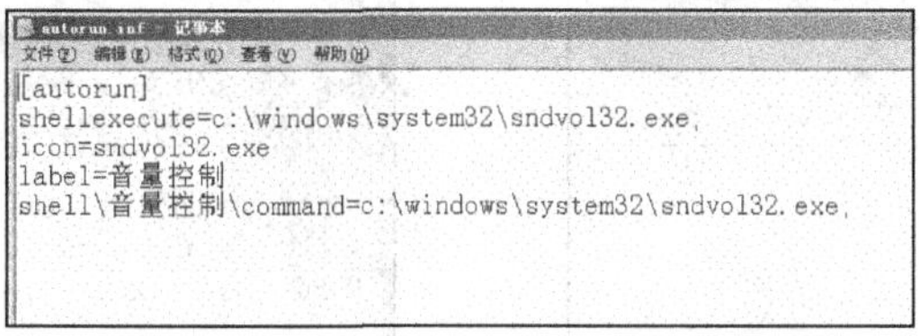
```
[autorun]
shellexecute=c:\windows\system32\sndvol32.exe
icon=sndvol32.exe
label=音量控制
shell\音量控制\command=c:\windows\system32\sndvol32.exe
```

图 7-13　autorun.inf 文件编辑窗口

图 7-14　重新插入 U 盘后

③ 通过“我的电脑”双击U盘盘符，音量控制程序被启动。

实训10　用Sniffer捕捉蠕虫病毒

一、实训目的

了解蠕虫病毒；掌握用Sniffer对蠕虫病毒进行捕捉。

二、实训环境

PC，Windows 2003、Windows XP、Windows 7等操作系统，安装Sniffer。

三、实训内容

了解蠕虫病毒，蠕虫病毒是一种常见的计算机病毒。它是利用网络进行复制和传播，传染途径是通过网络和电子邮件。最初的蠕虫病毒定义是因为在DOS环境下，病毒发作时会在屏幕上出现一条类似虫子的东西，胡乱吞吃屏幕上的字母并将其改形。蠕虫病毒是自包含的程序（或是一套程序），它能传播自身功能的备份或自身（蠕虫病毒）的某些部分到其他的计算机系统中（通常是经过网络连接）。添加组件FTP协议，创建用户和密码（省略）；用FTP协议制造蠕虫病毒。

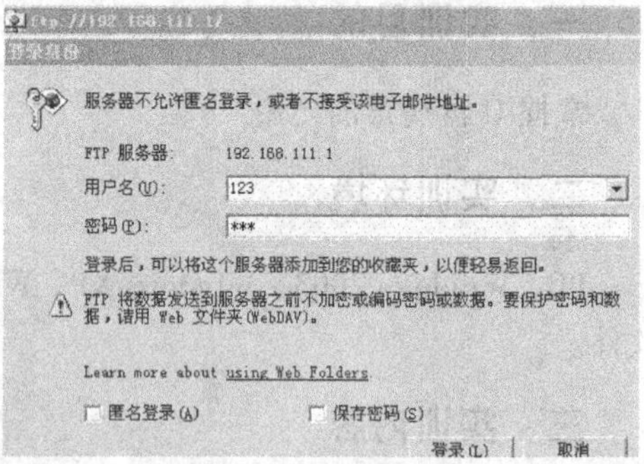

图7-15　登录FTP

具体实训步骤如下：

① 使用账号进行登录，如图7-15所示。

② 登录成功显示如图7-16所示。

③ 将FTP文件下载下来，如图7-17所示。

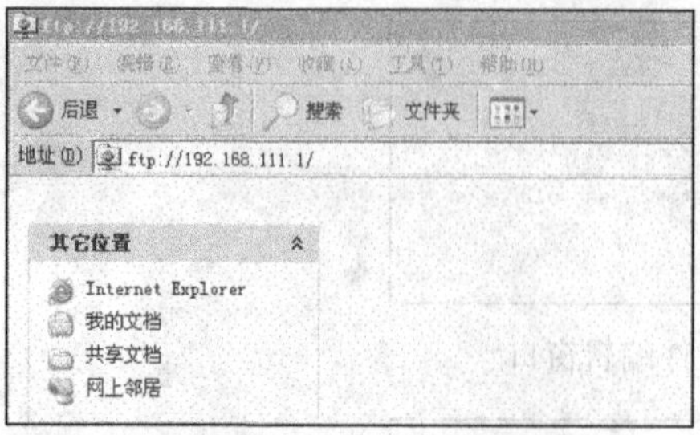

图7-16　登录后FTP界面

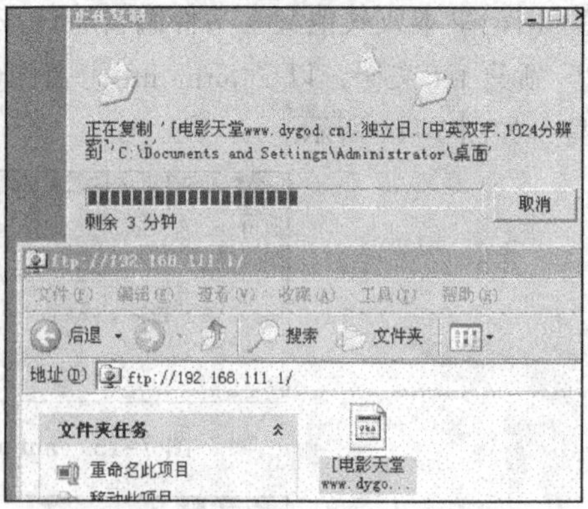

图7-17　下载FTP中内容

④ 用Sniffer对蠕虫病毒进行捕捉。单击开始按钮，开始捕捉，如图7-18所示。

⑤ 捕捉结果如下：流量表显示如图7-19所示。

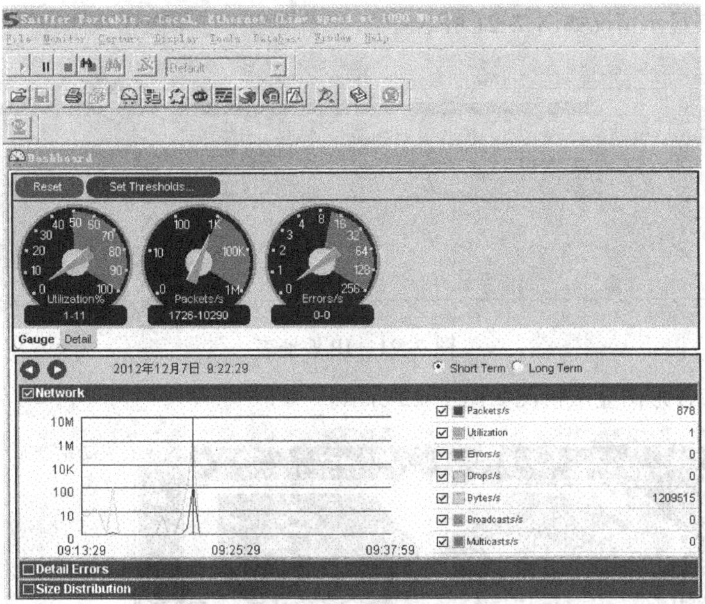

图 7-18　用 Sniffer 对蠕虫病毒进行捕捉

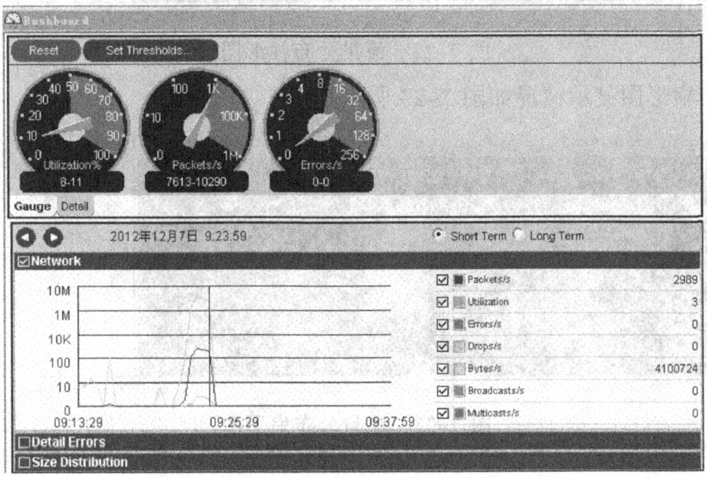

图 7-19　流量表

⑥ Mac 地址表显示情况如图 7-20 所示。

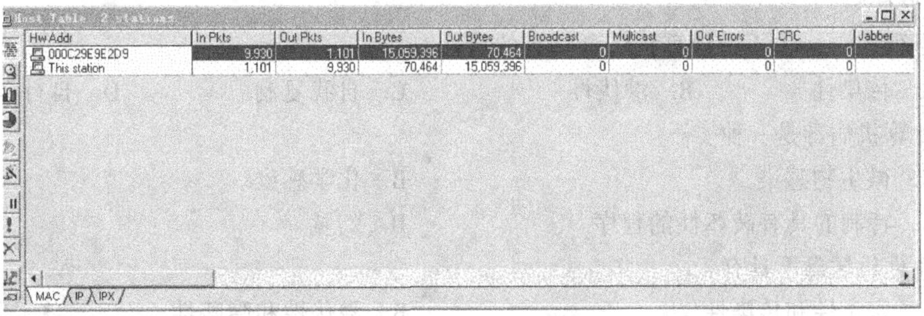

图 7-20　Mac 地址表

⑦ IP 地址表显示情况如图 7–21 所示。

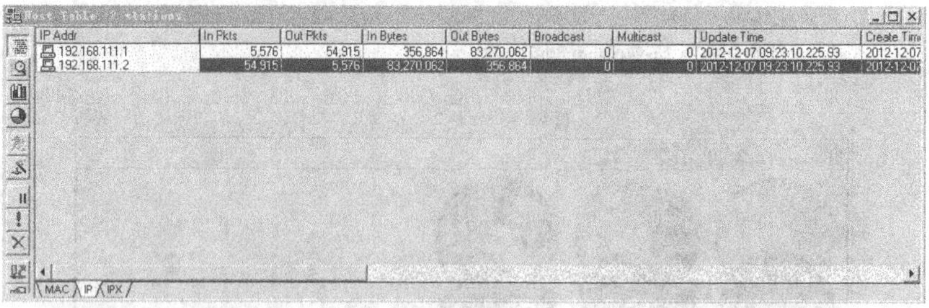

图 7–21　IP 地址表

⑧ 流量分布柱形图显示情况如图 7–22 所示。

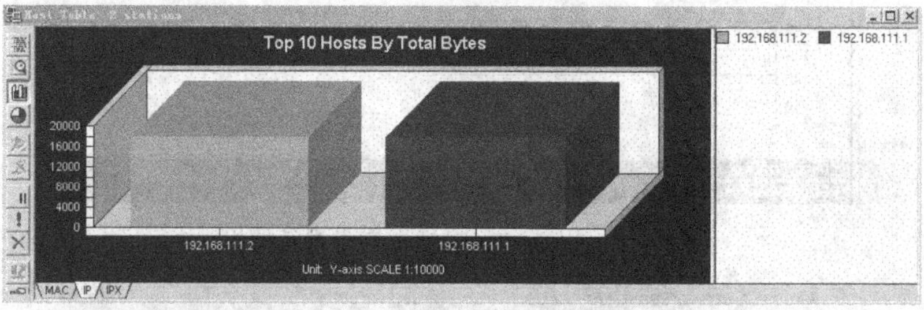

图 7–22　流量分布柱形图

⑨ 流量分布扇形图显示情况如图 7–23 所示。

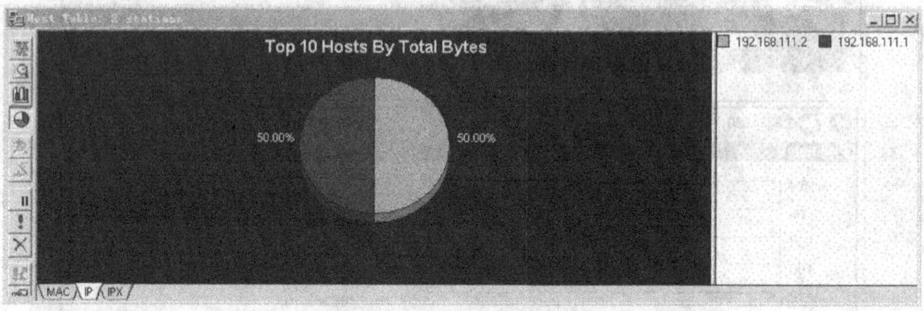

图 7–23　流量分布扇形图

习　题

一、选择题

1. 下列（　　）不是计算机病毒具有的特性？

A. 传染性　　B. 潜伏性　　C. 自我复制　　D. 自行消失

2. 计算机病毒是一种（　　）。

A. 微生物感染　　B. 化学感染

C. 特制的具有破坏性的程序　　D. 幻觉

3. 计算机病毒不具有（　　）。

A. 寄生性和传染性　　B. 潜伏性和隐蔽性

C. 自我复制性和破坏性　　D. 自行消失性和易防范性

4. 防病毒软件（　　）所有病毒。

A. 是有时间性的，不能消除　　B. 是一种专门工具，可以消除

C. 有的功能很强，可以消除　　D. 有的功能很弱，不能消除

5. 为了防止已存有信息的软盘感染病毒，应该（　　）。

A. 保护软盘清洁　　B. 不要把此软盘与有病毒的软盘放在一起

C. 进行写保护　　D. 定期对软盘进行格式化

6. 使计算机病毒传播范围最广的媒介是（　　）。

A. 硬磁盘　　B. 软磁盘　　C. 内部存储器　　D. 互联网

7. 关于计算机病毒的传播途径，不正确的说法是（　　）。

A. 通过软件的复制　　B. 通过共用软盘

C. 通过共同存放软盘　　D. 通过借用他人的软盘

8.（　　）是计算机感染病毒的可能途径。

A. 从键盘输入统计数据　　B. 运行外来程序

C. 软盘表面不清洁　　D. 机房电源不稳定

9. 计算机病毒对于操作计算机的人（　　）。

A. 只会感染，不会致病　　B. 会感染致病，但无严重危害

C. 不会感染　　D. 产生的作用尚不清楚

10. 目前最好的防病毒软件的作用是（　　）。

A. 检查计算机是否染有病毒，消除已感染的任何病毒

B. 杜绝病毒对计算机的感染

C. 查出计算机已感染的任何病毒，消除其中的一部分

D. 检查计算机是否染有病毒，消除已感染的部分病毒

11. 下列有关计算机病毒的说法中，（　　）是错误的。

A. 游戏软件常常是计算机病毒的载体

B. 用消毒软件将一片软盘消毒之后，该软盘就没有病毒了

C. 尽量做到专机专用或安装正版软件，是预防计算机病毒的有效措施

D. 计算机病毒在某些条件下被激活之后，才开始起干扰和破坏作用

12. 计算机病毒传染的渠道是（　　）。

A. 磁盘　　B. 计算机网络　　C. 操作员　　D. 磁盘和计算机网络

13. 指出（　　）中哪一个不是预防计算机病毒的可行方法。

A. 对系统软件加上写保护

B. 对计算机网络采取严密的安全措施

C. 切断一切与外界交换信息的渠道

D. 不使用来历不明的、未经检测的软件

14. 下列关于计算机病毒的叙述中，有错误的一条是（　　）。

A. 计算机病毒是一个标记或一个命令

B. 计算机病毒是人为制造的一种程序

C. 计算机病毒是一种通过磁盘、网络等媒介传播、扩散，并能传染其他程序的程序

D. 计算机病毒是能够实现自身复制，并借助一定的媒体存在的具有潜伏性、传染性和破坏性的程序

15. 检查与消除木马的手段有（　　）。

A. 手动检测　　B. 立即物理断开网络，然后清除

C. 手动清除　　D. 利用清除工具软件清除

16. 以下病毒中，不属于蠕虫病毒的是（　　）。

A. 冲击波　　B. 震荡波　　C. 破坏波　　D. 扫荡波

17. 常见的病毒名前缀有（　　）。

A. Trojan　　B. Script　　C. Macro　　D. Binder

二、简答题

1. 简述恶意程序及其分类。
2. 简述计算机病毒的原理。
3. 简述计算机病毒的特征。
4. 简述蠕虫病毒特征、传播趋势和工作原理。
5. 简述木马病毒的分类。
6. 简述木马病毒的工作原理。
7. 简述木马的防范技术。

单元 8 网络攻击与防护技术

本章重点介绍黑客的含义、分类、攻击动机和过程；黑客攻击的基本工具；黑客攻击的常用方式；黑客攻击的基本防护技术。最后向大家介绍了黑客攻击常用工具的使用和黑客常用攻击方式的过程。

通过本章的学习，使读者：

（1）理解黑客的含义、分类、攻击动机和过程；

（2）理解黑客攻击的基本工具；

（3）理解黑客攻击的常用方式；

（4）掌握黑客攻击的基本防护技术；

（5）理解黑客攻击常用工具的使用和常用攻击方式的过程。

8.1 黑客概述

8.1.1 黑客的真正含义

黑客（Hacker）原意是指用斧头砍木的工人，最早被引进计算机圈则可追溯自 1960 年代。加州伯克利大学计算机教授 Brian Harvey 在考证此字时曾写到：当时在麻省理工学院（MIT）中的学生通常分成两派，一是 tool，意指乖乖牌学生，成绩都拿甲等；另一则是所谓的黑客，也就是常逃课，上课爱睡觉，但晚上却又精力充沛喜欢搞课外活动的学生。

这跟计算机有什么关系？

一开始并没有。不过当时黑客也有区分等级，就如同 tool 用成绩比高下一样。真正一流黑客并非整天不学无术，而是会热衷追求某种特殊嗜好，比如研究电话、铁道（模型或者真的）、科幻小说，无线电，或者是计算机。也因此后来才有所谓的 computer hacker 出现，意指计算机高手。

最初的黑客一般都是一些高级的技术人员，他们热衷于挑战、崇尚自由并主张信息的共享。1994 年以来，因特网在全球的迅猛发展为人们提供了方便、自由和无限的财富，政治、军事、经济、科技、教育、文化等各个方面都越来越网络化，并且逐渐成为人们生活、娱乐的一部分。可以说，信息时代已经到来，信息已成为物质和能量以外维持人类社会的第三资源，它是未来生活中的重要介质。随着计算机的普及和因特网技术的迅速发展，黑客也随之出现了。

在国内，许多人对黑客了解不多，所以往往把“黑客”简单地与“网络杀手”联系起来。

随着人们对黑客的逐渐了解，目前在世界各地，大众对黑客的认识正从模糊、恐惧转向中性。这从各地对黑客的“定义”可以感觉到，例如，在东方人眼中，黑客与“侠客”具有相似之处，让网络“江湖”多了一层神秘色彩。

日本《新黑客字典》把黑客“定义”为：“喜欢探索软件程序奥秘并从中增长其个人才干的人。他们不像绝大多数计算机使用者，只是规规矩矩地了解被指定的狭小范围内的知识。”比较普遍的定义是，黑客泛指：计算机系统的非法入侵者。

多数黑客对计算机非常着迷，认为自己拥有比他人更高的才能，因此只要他们愿意，就能够非法闯入某些禁区恶作剧，甚至干出违法的事情，并以此作为一种智力的挑战而陶醉其中。中华人民共和国公共安全行业标准《计算机信息系统安全专用产品分类原则》第 3.6 条规定：“黑客 Hacker”是指“对计算机信息系统进行非授权访问的人员”。

对黑客难以用一句话作出评判，有些黑客臭名昭著，令人谈黑色变，他们攻击各种网站、窃取个人秘密，被冠以“Cracker”，称为骇客；而也有些黑客勇于创新、充满正义，他们努力提高技术水平，致力于网络安全事业，热爱祖国，同邪恶势力作斗争。虽然同为黑客，所作所为却有天壤之别。根据开放源代码的创始人“埃里克·S·雷蒙德”对此字的解释是：“黑客”与“骇客”是分属两个不同世界的族群，基本差异在于，黑客是有建设性的，而骇客则专门搞破坏。

所以，真正意义上黑客是崇尚探索技术奥秘与自由精神的计算机高手，他们拥有高超的计算机应用技术，掌握了一些少为人知的“黑客技术”，其目的不是进行破坏和攻击，其研究与探索也促进了网络技术完善和发展。

那些“Cracker”们的目的是邪恶的，是网络上的黑暗势力，其攻击手法很多，网络的开放性决定了它的复杂性和多样性。随着技术的不断进步，各种各样高明的“黑客”还会不断诞生，同时，他们使用的手段也会越来越先进，因此对网络安全问题应该给予充分的重视。

我们只要不断加强防火墙等的研究力度，加上平时必要的警惕，是能够防范常见的各种黑客攻击的。随着网络技术的完善和人们网络安全意识和防范技术的提高，“黑客”们的舞台将会越来越小。

目前，“黑客”和“黑客技术”的存在已经是不争的事实，同时由于互联网世界的开放性，“黑客技术”很容易被非法者利用，所以我们不仅反对把黑客技术用于网络攻击和盗窃活动，我们也不提倡把黑客技术随意传播发布。

8.1.2 黑客的分类

一般情况下，大家都认为黑客就是上节提到的 Hacker 和 Cracker，Hacker 就是那些勇于创新、积极进取的人士，而 Cracker 就是一些为了寻求刺激专门搞破坏的人。

但是现在从广义上来说，黑客又可以分为三类：第一类：破坏者，他们通常是为了寻求刺激，从而搞一些恶作剧。第二类：红客，红客是一种精神，它是一种热爱国家、坚持正义、开拓进取的精神，所以只要是拥有这些精神的并且热爱着计算机技术的人都可以称之为红客。他们是国家的一些隐蔽势力，为国家效力，认为国家的利益高于一切。第三类：间谍，他们主要是为了钱财，谁给的钱多就为谁工作。

对一个黑客来说，学会编程是必须的，计算机可以说就是为了编程而设计的，运行程序是计算机的唯一功能。数学知识也是不可少的，运行程序其实就是运算，离散数学、线性代数、微积分等。然而要成为一名好的黑客，不仅需要一定的技术深度，还必须具备以下四种基本精神："Free"精神、探索与创新精神、反传统精神和合作精神。

1．"Free"（自由、免费）精神

需要在网络上和本国以及国际上一些高手进行广泛的交流，并有一种奉献精神，将自己的心得和编写的工具与其他黑客共享。

2．探索与创新精神

所有的黑客都是喜欢探索软件程序奥秘的人。他们探索程序与系统的漏洞，在发现问题的同时会提出解决问题的方法。

3．反传统精神

找出系统漏洞并策划相关的手段，利用该漏洞进行攻击，这是黑客永恒的工作主题，而所有的系统在没有发现漏洞之前，都号称是安全的。

4．合作的精神

在目前的形式下，有些工作单靠一个人的力量已经没有办法完成了，通常需要数人、数百人的通力协作才能完成任务，互联网提供了不同国家黑客交流合作的平台。

8.1.3 黑客攻击的动机

现在黑客的攻击越来越复杂化、智能化，因为网络上各种攻击工具非常多，可以自由下载，也越来越傻瓜化，对某些黑客的技术水平要求越来越低。随着时间的变化，黑客攻击的动机不再像以前那么简单：只是对编程感兴趣，或是为了发现系统漏洞。现在黑客攻击的动机越来越多样化，主要有以下几种：

一是贪心，因为贪心而偷窃或者敲诈，由于这种动机，才引发了许多金融案件。

二是恶作剧，计算机程序员设计一些恶作剧，是黑客的传统。

三是名声，有些人为了显露其计算机经验和才智，以便证明自己的能力，获得名气。

四是报复/宿怨，解雇、受批评、被降级，或者其他认为自己受到不公平待遇的人，为了报复而进行攻击，而且他也希望通过此方法来获得他人注意。

五是无知/好奇，有些人拿到了一些攻击工具，因为好奇而使用，以至于破坏了信息还不知道。

六是窃取情报，有些黑客喜欢在 Internet 上监视个人、企业或竞争对手的活动信息及数据文件以达到窃取情报的目的。

七是政治目的，还有些政治黑客，他们具有的任何政治因素都会反映到网络领域中，这类黑客不是为了钱，他们的一切行动几乎永远都是为了政治，主要表现在：

① 以国家利益为出发点，对其他国家进行监视；

② 敌对国之间利用网络进行一些破坏活动；

③ 个人及组织对政府不满而产生的破坏活动。

8.1.4 黑客入侵攻击的一般过程

一次成功的攻击，都可以归纳成基本的五步，只有了解这些过程才能更好地防范。

1. 隐藏 IP

Internet 上的计算机有许多，为了让它们能够相互识别，Internet 上的每一台主机都分配有一个唯一的 32 位地址，该地址称为 IP 地址，也称作网际地址，IP 地址由 4 个数值部分组成，每个数值部分可取值 0 ~ 255，各部分之间用一个“.”分开。通常隐藏 IP 有以下两种方法：

第一种方法是首先入侵互联网上的一台计算机（俗称“肉鸡”），利用这台计算机进行攻击，这样即使被发现了，也是“肉鸡”的 IP 地址。

第二种方式是做多级跳板“Sock 代理”，这样在入侵的计算机上留下的是代理计算机的 IP 地址。

比如攻击 A 国的站点，一般选择离 A 国很远的 B 国计算机作为“肉鸡”或者“代理”，这样跨国度的攻击，一般很难被侦破。

2. 踩点扫描

踩点就是通过各种途径对所要攻击的目标进行多方面的了解（包括任何可得到的蛛丝马迹，但要确保信息的准确），踩点的目的就是探察对方的各方面情况，确定攻击的时机。摸清楚对方最薄弱的环节和守卫最松散的时刻，为下一步的入侵提供良好的策略。

扫描的目的是利用各种工具在攻击目标的 IP 地址或地址段的主机上寻找漏洞。

3. 获得系统或管理员权限

得到管理员权限的目的是连接到远程计算机，对其进行控制，达到自己攻击目的。获得系统及管理员权限的方法有：

① 通过系统漏洞获得系统权限。

② 通过管理漏洞获得管理员权限。

③ 通过软件漏洞得到系统权限。

④ 通过监听获得敏感信息进一步获得相应权限。

⑤ 通过弱口令获得远程管理员的用户密码。

⑥ 通过穷举法获得远程管理员的用户密码。

⑦ 通过攻破与目标机有信任关系的另一台机器进而得到目标机的控制权。

⑧ 通过欺骗获得权限以及其他有效的方法。

4. 利用一些方法来保持访问，如后门、特洛伊木马

后门（BackDoor）是指一种绕过安全性控制而获取对程序或系统访问权的方法。为了保持长期对自己胜利果实的访问权，黑客们会在已经攻破的计算机上种植一些供自己访问的后门。创建后门的主要方法有：

① 创建具有特权的虚拟用户账户。

② 建立一些批处理文件。

③ 安装远程控制工具。

④ 安装木马程序。

⑤ 安装带有监控机制、感染启动文件的程序等。

5. 隐藏踪迹

一次成功入侵之后，一般在对方的计算机上已经存储了相关的登录日志，这样就容易被管理员发现，在入侵完毕后黑客会清除登录日志以及其他相关的日志。

8.2 黑客攻击的基本工具

1. 扫描工具

在上节中，我们了解到黑客的每一次入侵都是通过扫描开始的，而扫描器是一种自动检测远程或本地主机安全性弱点的程序。通过使用扫描器可不留痕迹地发现远程服务器的各种 TCP 端口的分配、提供的服务、使用的软件版本，这就能间接或直观地了解到远程主机所存在的安全问题。它的工作原理是扫描器通过选用远程 TCP/IP 不同的端口的服务，并记录目标给予的回答，通过这种方法，可以搜集到很多关于目标主机的各种有用的信息。扫描器能够发现目标主机某些内在的弱点，这些弱点可能是破坏目标主机安全性的关键性因素。扫描器对于 Internet 安全性之所以重要，是因为它们能发现网络的弱点。

扫描器分为基于服务器的扫描器和基于网络的扫描器。基于服务器的扫描器主要扫描服务器相关的安全漏洞，如 password 文件，目录和文件权限、共享文件系统、敏感服务、软件、系统漏洞等，并给出相应的解决办法建议。通常与相应的服务器操作系统紧密相关。基于网络的安全扫描主要扫描设定网络内的服务器、路由器、网桥、交换机、访问服务器、防火墙等设备的安全漏洞，并可设定模拟攻击，以测试系统的防御能力。通常该类扫描器限制使用范围（IP 地址或路由器跳数）。网络安全扫描的主要性能：

① 速度。在网络内进行安全扫描非常耗时。

② 网络拓扑。通过 GUI 的图形界面，可选择某些区域的设备。

③ 能够发现的漏洞数量。

④ 是否支持可定制的攻击方法。因为网络内服务器及其他设备对相同协议的实现存在差别，所以预制的扫描方法肯定不能满足客户的需求。

⑤ 报告，扫描器应该能够给出清楚的安全漏洞报告。

⑥ 更新周期。提供该项产品的厂商应尽快给出新发现的安全漏洞扫描特性升级，并给出相应的改进建议。

扫描器并不是一个直接的攻击网络漏洞的程序，它仅仅能帮助我们发现目标机的某些内在的弱点。一个好的扫描器能对它得到的数据进行分析，帮助我们查找目标主机的漏洞。但它不会提供进入一个系统的详细步骤。

扫描器应该有三项功能：

① 发现一个主机或网络的能力。

② 一旦发现一台主机，有发现什么服务正运行在这台主机上的能力。

③ 通过测试这些服务，发现漏洞的能力。

常用的扫描工具一般为 SSS 扫描器、Windows 系统安全监测、CGI 扫描器、流光扫描器、S-GUI Ver 扫描器、Web Vulnerability Scanner 网页扫描器等。

2. 嗅探工具

网络监听原本是网络管理员经常使用的一个工具，主要用来监视网络的流量、状态、数据等信息，但是网络监听工具也成了黑客常用来窃取信息的工具，当信息以明文的形式在网络上传输时，黑客只需将网络接口设置成监听模式，便可以源源不断地将网上传输的信息截获。

常用的网络监听工具有Sniffer，中文名称是嗅探器。顾名思义，嗅探，无非是以窃取数据为主要目的。除了此功能外，它还是网管手中用来排除网络故障的利器，可通过与基准数据对比来查找故障源。

Sniffer可以是软件，也可以是硬件。一个Sniffer需要做的工作就是：①把网卡置于混杂模式；②捕获数据包；③分析数据包。它的原理是这样的：当向网络上的其他计算机发送信息时（它们会被打包成帧），信息（帧）会被分组传送到各个网络结点，而帧中的包头具有目的网络结点的地址用以鉴别是否为目的地，如果匹配就接收这些分组，不匹配就丢弃这些包，但是无论丢弃还是接收都是通过网络适配器（例如网卡）来控制的，因此只要在网络适配器上安装具有监测这些帧的软件，再把这些数据记录下来就达到窃取数据的目的。

嗅探器可能造成的危害：①能够捕获口令；②能够捕获专用的或者机密的信息；③可以用来危害网络邻居的安全，或者用来获取更高级别的访问权限。

常用的嗅探器主要有以下几种：Iris嗅探器、SpyNet Sniffer嗅探器、Sniffer Pro嗅探器、艾菲网页侦探、影音神探嗅探器等。

3. 网站漏洞攻防

网站攻击的手段多种多样，其基本原理是：网站攻击者利用网站服务器操作系统自身存在的或因配置不当而产生的安全漏洞、网站编写所使用语言程序本身所具有的安全隐患等，然后通过网站攻击命令、从网上下载的专用软件或自己编写的攻击软件非法进入网站服务器系统，从而获得网站服务器的管理权限，进而非法修改、删除网站系统中的重要信息或在网站服务器的系统中添加垃圾、色情和有害信息（如特洛伊木马）等。

网站攻击主要有以下几个特点。

① 广泛性：目前，由于网络上各种各样的网站数不胜数，因此给网站攻击者提供了众多的攻击目标，可以说，有网站的地方就有网站攻击的存在，应用比较广泛。

② 多样性：网站攻击的手段多种多样，主要是因为网站服务器各不相同，且使用的网站编程程序也不尽相同，不同的网站服务器和网站程序都有可能存在着不同的漏洞，因此使得网站的攻击手段极为多样。

③ 危害性：网站攻击的危害性极大，轻则导致网站服务器无法正常运行，重则可以盗取网站用户中的重要信息，造成整个网站的瘫痪，甚至还可以控制整个网站服务器。

④ 难于防范性：对于网站的攻击很难防范，因为每个网站所采用的网站编程程序不尽相同，所产生的漏洞也不相同，很难采用统一的方式为漏洞打补丁。另外，网站的攻击不会在防火墙或系统日志中留下任何入侵痕迹，致使网络管理员也很难从网站日志里查找到入侵者的足迹。

网站漏洞攻防主要分为以下几种：FTP漏洞攻防、网站提权漏洞攻防、网站数据库漏洞攻防。

8.3 黑客攻击的常用方式

1. 口令攻击

一般来说有三种方法：一是通过网络监听非法得到用户口令，这类方法有一定的局限性，但危害性极大，监听者往往能够获得其所在网段的所有用户账号和口令，对局域网安全威胁巨大；二是在知道用户的账号后（如电子邮件@前面的部分）利用一些专门软件强行破解用户口令，这种方法不受网段限制，但黑客要有足够的耐心和时间；三是在获得一个服务器上的用户口令文件（此文件称为 Shadow 文件）后，用暴力破解程序破解用户口令，该方法的使用前提是黑客获得口令的 Shadow 文件。此方法在所有方法中危害最大，因为它不需要像第二种方法那样一遍又一遍地尝试登录服务器，而是在本地将加密后的口令与 Shadow 文件中的口令相比较就能非常容易地破获用户密码，尤其对那些初级用户（指口令安全系数极低的用户，如某用户账号为 zys，其口令就是 zys666、666666、或干脆就是 zys 等）更是在短短的一两分钟内，甚至几十秒内就可以将其破解。

口令破解攻击是指使用某些合法用户的账号和口令登录到目的主机，然后再实施攻击活动。这种方法的前提是必须先得到该主机上的某个合法用户的账号，然后再进行合法用户口令的破解。

口令破解常用方法：

① 傻瓜解密法。攻击者通过反复猜测可能的字词（例如用户子女的姓名、用户的出生城市和当地运动队等）来使用用户账户完成登录。

② 字典取词法。攻击者使用包括字词文本文件的自动程序。通过每次尝试时使用文本文件中的不同字词，该程序反复尝试登录目标系统。

③ 暴力破解法。此类攻击是字典的变体，但此类攻击的宗旨是破解字典攻击所用文本文件中可能没有包括的密码。尽管可以在联机状态下尝试蛮力攻击，但出于网络带宽和网络等待时间，一般是在脱机状态下将密码中可能出现的字符进行排列组合，并将这些结果放入破解字典。在连接状态时再通过每次尝试时使用文本文件中的不同字词，该程序反复尝试登录目标系统。

④ 混合攻击（Hybrid Attack）。将字典攻击和暴力攻击结合在一起。利用混合攻击，将常用字典词汇与常用数字结合起来，用于破解口令。这样，将会检查诸如 password123 和 123password 这样的口令。

最常用的工具之一是 L0phtCrack（现在称为 LC4）。L0phtCrack 是允许攻击者获取加密的 Windows NT/2000 密码并将它们转换成纯文本的一种工具。NT/2000 密码是密码散列格式，如果没有诸如 L0phtCrack 之类的工具就无法读取。它的工作方式是通过尝试每个可能的字母数字组合试图破解密码。另一个常用的工具是协议分析器（最好称为网络嗅探器，如 Sniffer Pro 或 Etherpeek），它能够捕获它所连接的网段上的每块数据。当以混杂方式运行这种工具时，它可以“嗅探出”该网段上发生的每件事，如登录和数据传输。这可能严重地损害网络安全性，使攻击者捕获密码和敏感数据。

2. 特洛伊木马攻击

第一代木马，主要是在 UNIX 环境中通过命令行界面实现远程控制。第二代木马，具有图形控制界面，可以进行密码窃取、远程控制，例如 BO2000 和冰河木马。第三代木马，通过端口反弹技术，可以穿透硬件防火墙，例如灰鸽子木马，但木马进程外联黑客时会被软件防火墙阻挡。第四代木马通过线程插入技术隐藏在系统进程或者应用进程中，实现木马运行时没有进程，比如广外男生木马。第四代木马可以实现对硬件和软件防火墙的穿透。第五代木马在隐藏方面比第四代木马有进一步提升，它普遍采用了 rootkit 技术，通过 rootkit 技术实现木马运行。

一般木马都采用 C/S 运行模式，它分为两部分，即客户端和服务器端木马程序。黑客安装木马的客户端，同时诱骗用户安装木马的服务器端。

特洛伊木马程序可以直接侵入用户的计算机并进行破坏，它常被伪装成工具程序或者游戏等诱使用户打开带有特洛伊木马程序的邮件附件或从网上直接下载，一旦用户打开了这些邮件的附件，或者执行了这些程序之后，它们就会像古特洛伊人在敌人城外留下的藏满士兵的木马一样留在自己的计算机中，并在自己的计算机系统中隐藏一个可以在 Windows 启动时悄悄执行的程序。当连接到因特网上时，这个程序就会通知黑客，来报告用户的 IP 地址以及预先设定的端口。黑客在收到这些信息后，再利用这个潜伏在其中的程序，就可以任意地修改用户的计算机的参数设定、复制文件、窥视用户整个硬盘中的内容等，从而达到控制计算机的目的。

3. 网络监听

网络监听是主机的一种工作模式，在这种模式下，主机可以接收到本网段在同一条物理通道上传输的所有信息，而不管这些信息的发送方和接收方是谁。此时，如果两台主机进行通信的信没有加密，只要使用某些网络监听工具，例如 NetXray for Windows 95/98/NT，Sniffit for Linux、Solaries 等就可以轻而易举地截取包括口令和账号在内的信息资料。虽然网络监听获得的用户账号和口令具有一定的局限性，但监听者往往能够获得其所在网段的所有用户账号及口令。

4. 端口扫描攻击

网络中的每一台计算机如同一座城堡，网络技术中，把这些城堡的“城门”称作计算机的端口。有很多大门对外完全开放，而有些则是紧闭的。端口扫描的目的就是要判断主机开放了哪些服务，以及主机的操作系统的具体情况。端口是为计算机通信而设计的，它不是硬件，不同于计算机中的“插槽”，是由计算机的通信协议 TCP/IP 定义的，相当于两个计算机进程间的大门。

例：如图 8-1 所示，三个用户通过 Telnet 登录到服务器 C 上，一共有三个连接，表示为：

（202.112.97.82/500）与（202.112.97.94/23）连接

（202.112.97.82/501）与（202.112.97.94/23）连接

（202.112.97.84/500）与（202.112.97.94/23）连接

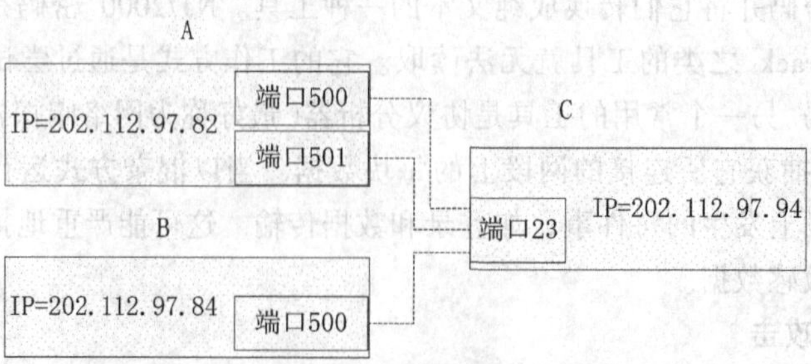

图 8-1　三个用户通过 Telnet 登录到服务器 C

端口扫描就是得到目标主机开放和关闭的端口列表，这些开放的端口往往与一定的服务相对应，通过这些开放的端口，就能了解主机运行的服务，然后就可以进一步整理和分析这些服务可能存在的漏洞，随后采取针对性的攻击。

5. 缓冲区溢出攻击

缓冲区溢出（Buffer Overflow）是指向固定长度的缓冲区中写入超出其预先分配长度的内容，造成缓冲区中数据的溢出，从而覆盖缓冲区相邻的内存空间。一般来说，单单的缓冲区溢出，比如覆盖的内存空间只是用来存储普通数据的，并不会产生安全问题。但如果覆盖的是一个函数的返回地址空间且其执行者具有 root 权限，那么就会将溢出送到能够以 root 权限或其他超级权限运行命令的区域去执行某些代码或者运行一个 shell，该程序将会以超级用户的权限控制计算机。

造成缓冲区越界的根本原因是由于 C 和 C++等高级语言里，程序将数据读入或复制到缓冲区中的任何时候，所用函数缺乏边界检查机制，包括 strcpy()、strcat()、sprintf()、vsprintf()、gets()、scanf()、fscanf()、sscanf()、vscanf()、vsscanf()和 vfscanf()等。

图 8-2 所示为缓冲区溢出原理。

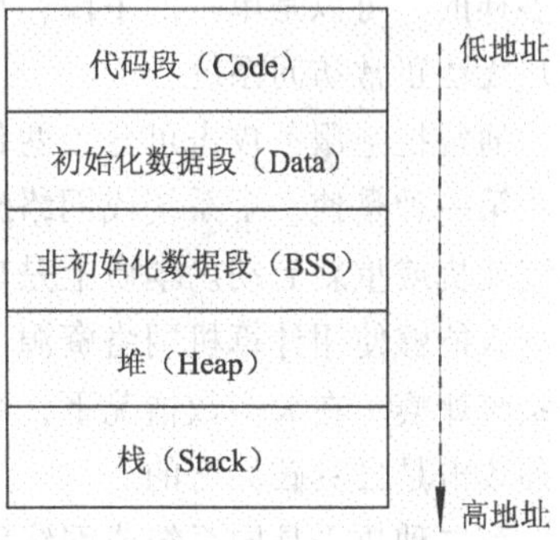

图 8-2 缓冲区溢出原理

代码段也称文本段（Text Segment），用来存储程序文本，可执行指令就是从这里取得的。

初始化数据段用于存放声明时被初始化的全局和静态数据。该部分存储的变量为整个程序服务，且存储的变量空间大小是固定的。

非初始化数据段是未经初始化的全局数据和静态分配的数据存放在进程的 BSS 区域。它和 Data 段一样，都是程序可以改写的，但大小也是固定的。

堆位于 BSS 内存段的上面，用来存储程序的其他变量。通常由实时内存分配函数分配内存，例如 new()函数。通常一个 new()就要对应一个 delete()。如果程序员没有释放掉，那么在程序结束后，操作系统会自动回收。实时分配内存函数分配的内存位于堆的底部，大小是可以变化的。但需要注意的是增长方向，由存储器的低地址向高地址方向增长。

栈是一个比较特殊的段，用作中间结果的暂存。它是用来存储函数调用间的传递变量，还有返回地址等等。特点是，存储的变量是先进后出，而且存储段的区域大小是可以变化的。与堆不同，它的增长方向是相反的，由存储器的高地址向低地址增长的。变量存储区由编译器在需要的时候分配，在不需要的时候自动清除。

缓冲区溢出攻击分为图 8-3 所示的基于栈的缓冲区溢出和图 8-4 所示的基于堆的缓冲区溢出。

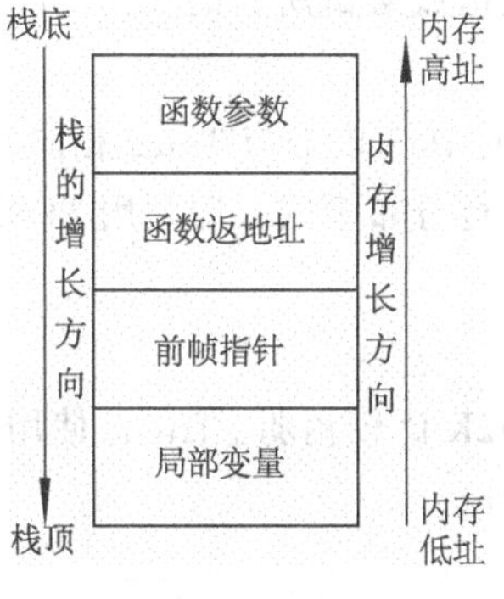

图 8-3 基于栈的缓冲区溢出

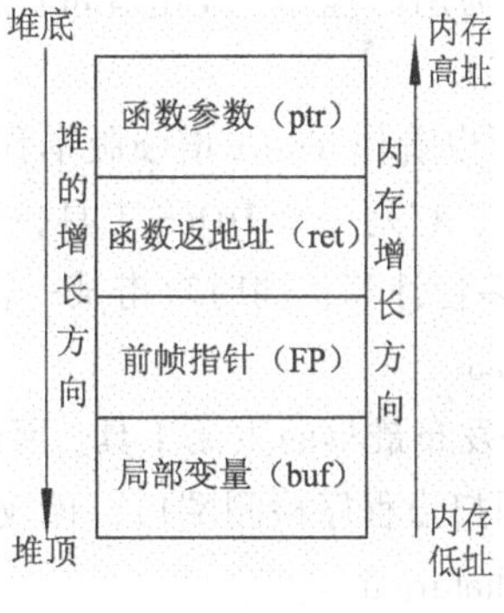

图 8-4 基于堆的缓冲区溢出

基于栈的缓冲区溢出示例。

```
void overflow (char *ptr)
{
    char buf[10];
    strcpy(buf, ptr);
    printf("buf: %s\n",buf);}
```

6. 拒绝服务攻击

拒绝服务攻击（DoS）是一种最悠久也是最常见的攻击形式。严格来说，拒绝服务攻击并不是某一种具体的攻击方式，而是攻击所表现出来的结果，最终使得目标系统因遭受某种程度的破坏而不能继续提供正常的服务，甚至导致物理上的瘫痪或崩溃。具体的操作方法可以是多种多样的，可以是单一的手段，也可以是多种方式的组合利用，其结果都是一样的，即使合法用户无法正常访问系统。

通常拒绝服务攻击可分为两种类型：

第一种是使一个系统或网络瘫痪。如果攻击者发送一些非法的数据或数据包，就可以使得系统死机或重新启动。本质上是攻击者进行了一次拒绝服务攻击，因为在受到拒绝服务攻击后没有人能够使用计算机网络资源。从攻击者的角度来看，可以只发送少量的数据包就使一个网络系统瘫痪。在大多数情况下，系统重新上线需要管理员的干预，重新启动或关闭系统。所以这种攻击是最具破坏力的。

第二种攻击是向系统或网络发送大量信息，使系统或网络因为要回应和处理这些信息而不能响应其他服务。例如，如果一个网络系统在一分钟之内只能处理 5 000 个数据包，攻击者却每分钟向它发送 10 000 个以上的数据包，这时，该网络系统的全部精力和时间都耗费在处理这些数据包上，当合法用户要连接系统时，用户将得不到访问权，因为系统资源已经不足。进行这种攻击时，攻击者必须连续地向系统发送数据包。当攻击者停止向该网络系统发送数据包时，攻击就会立即停止，系统也就恢复正常了。此攻击方法攻击者要耗费很多精和时间，因为他必须不断地发送数据。有时，这种攻击会使系统瘫痪，然而在大多数情况下，恢复系统只需要少量人为干预。

拒绝服务攻击工具有以下几种：

（1）Targa

可以进行 8 种不同的拒绝服务攻击，作者是 Mixter。Mixter 把独立的 DoS 攻击代码放在一起，做出一个易用的程序。攻击者可以选择进行单个的攻击或尝试所有的攻击，直到成功为止。

（2）TFN2K

TFN2K 可以看作 Traga 增强版本程序。TFN2K 运行的 DoS 攻击与 Traga 相同，并增加了 5 种攻击。另外，它是一个 DDoS 工具，这意味着它可以运行分布模式，即利用 TFN2K 可以联合 Internet 上的多台计算机同时攻击某一台计算机或网络。

（3）Trinoo

Trinoo 是发布最早的主流工具，因而在功能上与 TFN2K 比较稍弱。Trinoo 使用 TCP 和 UDP 连接，如果用扫描程序检测端口，该攻击很容易被检测到。

（4）Stacheldraht

Stacheldraht 是另一个 DDoS 攻击工具，它结合了 TFN2K 与 Trinoo 的特点，并添加了一些补充特征，比如加密组件之间的通信和自动更新守护进程。

8.4 黑客攻击的基本防护技术

1. 选用安全的口令

根据十几个黑客软件的工作原理，参照口令破译的难易程度，以破解需要的时间为排序指标，这里列出了常见的危险口令：用户名（账号）作为口令；用户名（账号）的变换形式作为口令；使用生日作为口令；常用的英文单词作为口令；5 位或 5 位以下的字符作为口令。因此，在设置口令时应遵循以下原则：

① 口令应该包括大写字母、小写字母及数字，有控制符更好。

② 口令不要太常见。

③ 口令至少应有 8 位长度。

④ 应保守口令秘密并经常改变口令。最糟糕的口令是具有明显特征的口令，不要循环使用旧的口令。

⑤ 至少每隔 90 天把所有的口令改变一次，对于那些具有高安全特权的口令更应经常地改变。

⑥ 应把所有的默认口令都从系统中去掉，如果服务器是由某个服务公司建立的，要注意找出类似 GUEST、MANAGER、SERVICE 等的口令并立即改变这些口令。

⑦ 如果接收到两个错误的口令就应断开系统连接。

⑧ 应及时取消调离或停止工作的雇员的账号以及无用的账号。

⑨ 在验证过程中，口令不得以明文方式传输。

⑩ 口令不得以明文方式存放于系统中，确保口令以加密的形式写在硬盘上并且包含口令的文件是只读的。

⑪ 用户输入的明口令，在内存逗留的时间尽可能缩短，用后及时销毁。

⑫ 一次身份验证只限于当次登录（login），其寿命与会话长度相等。

⑬ 除用户输入口令准备登录外，网络中的其他验证过程对用户是透明的。

2. 实施存取控制

存取控制规定何种主体对何种客体具有何种操作权力。存取控制是内部网安全理论的重要方面。它包括人员权限、数据标识、权限控制、控制类型、风险分析等内容。

3. 保证数据的完整性

完整性是在数据处理过程中，在原来数据和现行数据之间保持完全一致的证明手段。一般常用数字签名和数据解压算法来保证。

4. 确保数据的安全

通过加密算法对数据进行加密，并采用数字签名及认证来确保数据的安全。

5. 使用安全的服务器系统

如今可以选择的服务器系统有很多：UNIX、Windows NT、Novell、Intranet 等，但是关键服务器最好使用 UNIX 系统。

6. 谨慎开放缺乏安全保障的应用和端口

对一些应用和端口的开放，要有一定的保障和检测措施，特别是缺乏安全保障的应用和端口。

7．定期分析系统日志

这类分析工具在UNIX中随处可见。NTServer的用户现在可以利用Intrusion Detection公司的Kane Security Analyst（KSA）来进行这项工作。欲了解其更多的细节可查看地址为http：//www.intmsion.com的Web网点。

8．不断完善服务器系统的安全性能

很多服务器系统都被发现有不少漏洞，服务商会不断在网上发布系统的补丁。为了保证系统的安全性，应随时关注这些信息，及时完善自己的系统。

9．排除人为因素

再完善的安全体制，没有足够重视和足够安全意识及技术的人员经常维护，安全性将大打折扣。

10．进行动态站点监控

及时发现网络遭受攻击情况并加以防范，避免对网络造成任何损失。

11．攻击自己的站点

测试网络安全的最好方法是自己尝试进攻自己的系统，并且不是做一次，而是定期地做，最好能在入侵者发现安全漏洞之前自己先发现。如果我们从Internet上下载一个口令攻击程序并利用它，这可能会更有利于我们的口令选择。如果能在入侵者之前自己发现不好的或易猜测的口令，这是再好不过的了。

12．请第三方评估机构或专家来完成网络安全的评估

这样做的好处是能对自己所处的环境有更加清醒的认识，把未来可能的风险降到最小。

13．谨慎利用共享软件

许多程序员为了测试和调试的方便，都在他们看起来无害的软件中藏有后门、秘诀及陷阱，发布软件时却忘了去掉它们。对于共享软件和绿色软件，一定要彻底地检测它们。如果不这样做，可能会损失惨重。

14．做好数据的备份工作

这是非常关键的一个步骤，有了完整的数据备份，才可以在遭到攻击或系统出现故障时能迅速恢复系统。

15．使用防火墙

防火墙正在成为控制对网络系统访问的非常流行的方法。事实上，在Internet上的Web网点中，超过三分之一的Web网点都是由某种形式的防火墙加以保护的，这是对黑客防范最严、安全性较强的一种方式，任何关键性的服务器，都建议放在防火墙之后，任何对关键服务器的访问都必须通过代理服务器，这虽然降低了服务器的交互能力，但为了安全，这些牺牲是值得的。

防火墙也存在以下的局限性：

① 防火墙不能防范不经由防火墙的攻击。如果内部网用户与Internet服务提供商建立直接的SLIP或PPP连接，则绕过了防火墙系统所提供的安全保护；

② 防火墙不能防范人为因素的攻击；

③ 防火墙不能防止受病毒感染的软件或文件的传输；

④ 防火墙不能防止数据驱动式的攻击。当有些表面看来无害的数据邮寄或复制到内部网

的主机上并被执行时，可能会发生数据驱动式的攻击。

对此，提出以下几点建议；

① 对敏感性页面不允许缓存；

② 不要打开未知者发来的邮件附件；

③ 不要使用微软的安全系统；

④ 不要迷信防火墙。

16．主动防御

我们也可以使用自己喜欢的搜索引擎来寻找口令攻击软件和黑客攻击软件，并且在自己的网络上利用它们来寻找可能包含系统信息的文件。这样我们也许就能够发现某些我们还未觉察到的安全风险。

相关软件的站点推荐如下：

http://www - genome.wi.mit.edu/WWW/faqs/www - security - faq.txt

http://www.cerf.net/ ~ paulp/cgi - security

http://theory.lcs.mit.edu/ ~ revest/crypt - security.html

ftp://ftp.netcom.com/pub/qwerty/

http://www.psy.uq.oz.au/ ~ ftp/crypto/

http://www.umr.edu/ ~ cgiwrap

http://home.netscape.com/info/SSl.html

http://home.mcom.com/newsref/ref/internet - security.html

ftp://ftp.psy.uq.oz.au/pub/Crypto/SSL

http://web.mit.edu/network/pgp - form.html

ftp://ftp.infomatik.uni - hamburg.de/virus/crpt/pgp/tools

http://world.std.com/ ~ franl/crypto/crypto.html

http://www.rsa.com.faq/

实训 11　SSS 扫描器的演示实验

一、实训目的

掌握利用 SSS 扫描器对系统漏洞进行扫描的步骤。

二、实训环境

PC，Windows 2003、Windows XP、Windows 7 等操作系统。

三、实训内容

具体操作步骤如下：

步骤 1：安装好 SSS 软件后，选择“开始” → “程序” → “Safety-lab” → “Shadow Security Scaner” → “Shadow Security Scaner” 命令，即可打开其操作窗口，如图 8-5 所示。

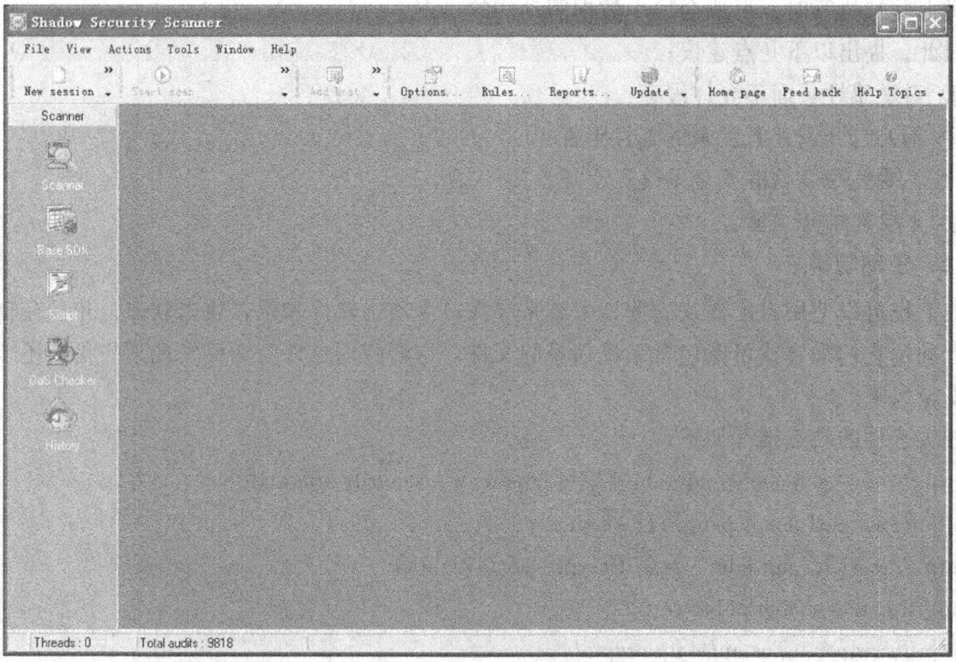

图 8-5　打开 SSS 操作窗口

步骤 2：单击工具栏上的“New session”按钮，即可打开“New session”对话框，在其中设置扫描项目设置向导的有关选项，如图 8-6 所示。

步骤 3：用户可以选择预设的扫描规则或单击“Add rule”按钮，即可打开“Create new rule”对话框，在其中创建新的扫描规则，如图 8-7 所示。

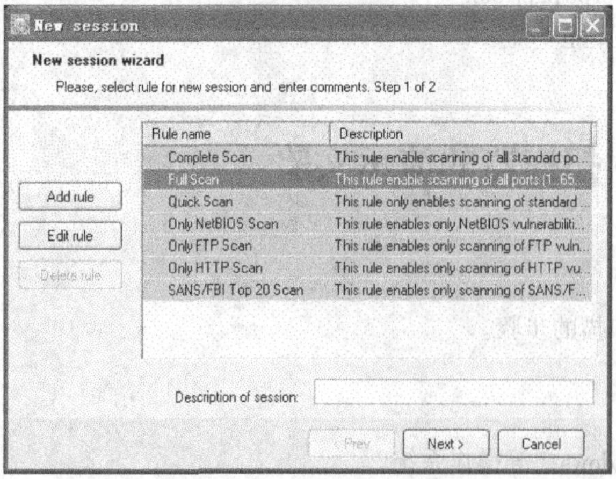

图 8-6　设置扫描项目

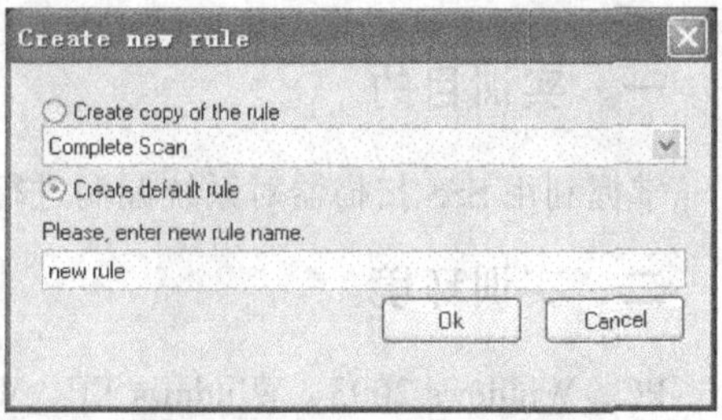

图 8-7　创建新的扫描规则

步骤 4：单击“OK”按钮，即可在弹出的对话框中设置新扫描规则有关选项（如“Complete Scan”选项），如图 8-8 所示。

步骤 5：单击“Next”按钮，在显示的对话框中单击“Add host”按钮，即可添加扫描的目标计算机，如图 8-9 所示。

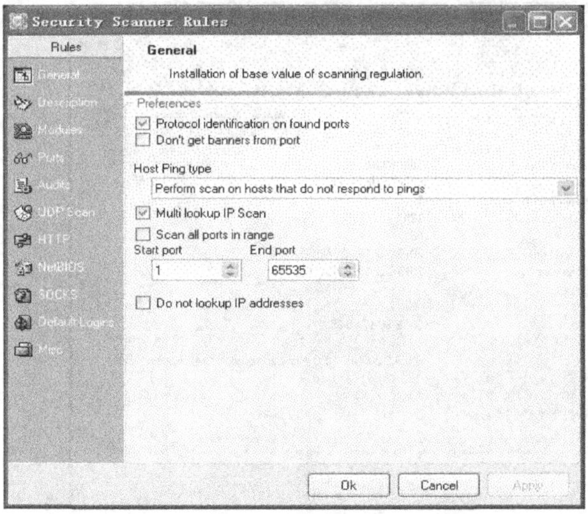

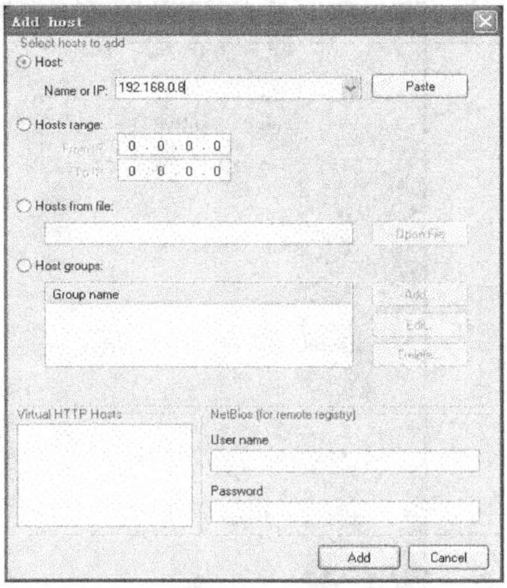

图 8-8　设置新扫描规则有关选项　　　　图 8-9　添加扫描的目标计算机

步骤 6：选取“Host”单选按钮，即可添加单一目标计算机的 IP 地址或计算机名称；选择“Hosts range”单选按钮，可添加一个 IP 地址范围；选取“Hosts from file”单选按钮，可通过指定已存在的目标计算机列表文件添加目标计算机；选取“Host groups”单选按钮，则通过添加工作组的方式添加目标计算机，并设置登录的用户名称和密码。在添加好目标计算机之后，单击“Add”按钮，即可完成目标计算机的添加，如图 8-10 所示。

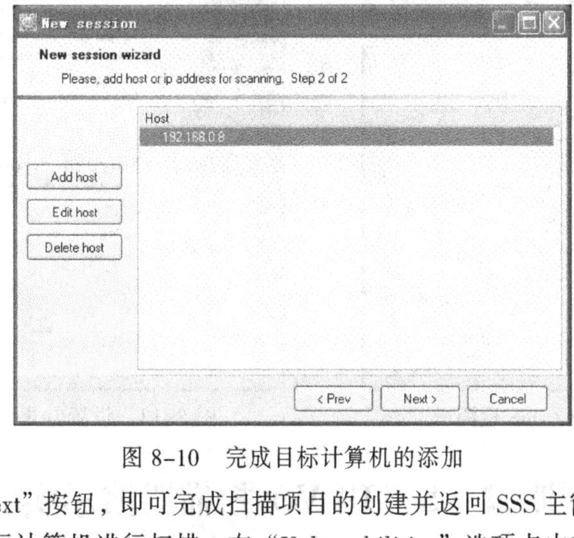

图 8-10　完成目标计算机的添加

步骤 7：单击“Next”按钮，即可完成扫描项目的创建并返回 SSS 主窗口。单击“Start scan”按钮，即可开始对目标计算机进行扫描，在“Vulnerabilities”选项卡中查看扫描结果，其中给出了危险程序、补救措施等内容，在“Statistics”选项卡中查看扫描进程，如图 8-11 所示。

步骤 8：使用 SSS 还可以进行 DoS 安全性进行检测。单击左侧列表中的“DoS Checker”按钮，即可打开如图 8-12 所示的对话框。在其中选择检测的项目，设置扫描的线程数（Threads），单击“Start”按钮，即可进行 DoS 检测并给出检测结果。

步骤 9：选择“Tools”→“Options”命令，即可打开“Security Scanner Options”对话框，在其中可以设置常规选项、扫描选项（见图 8-13）等。

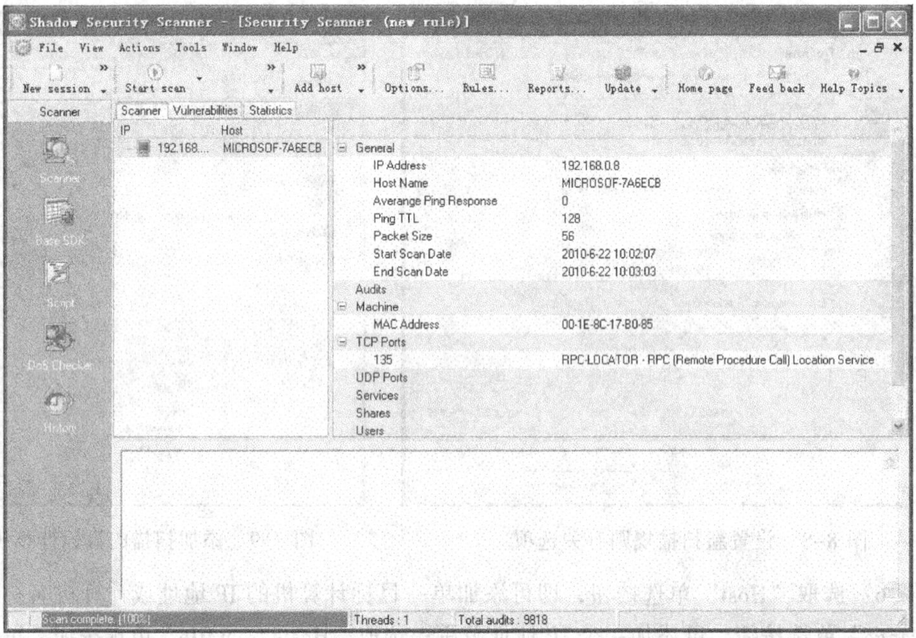

图 8-11　对目标计算机进行扫描

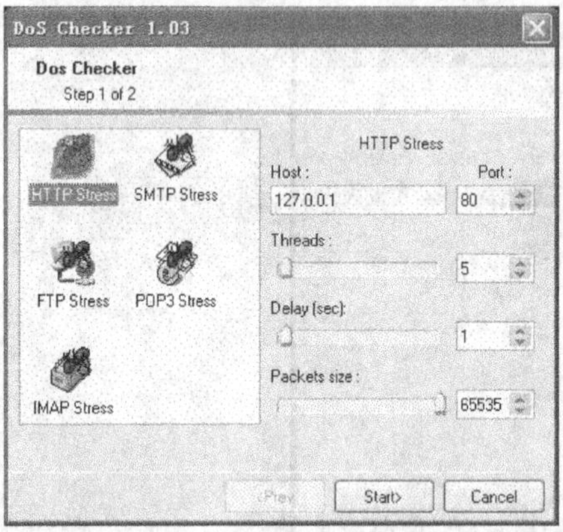

图 8-12　进行 DoS 检测

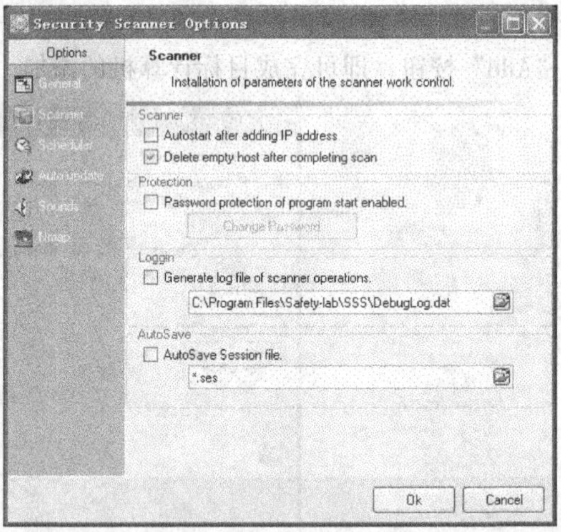

图 8-13　设置常规选项、扫描选项

实训 12　S-GUI Ver 扫描器演示实验

一、实训目的

掌握利用 S-GUI Ver 扫描器对系统漏洞进行扫描的步骤。

二、实训环境

PC，Windows 2003、Windows XP、Windows 7 等操作系统。

三、实训内容

利用 S-GUIVer 扫描器扫描漏洞的具体操作步骤如下：

步骤 1：双击桌面上的“S-GUI Ver2.0”图标，即可打开“S-GUI Ver2.0”主窗口，如图 8-14 所示。

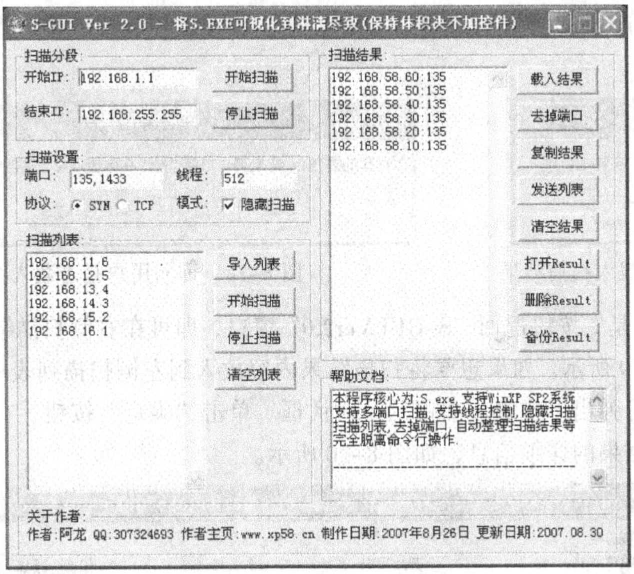

图 8-14 “S-GUI Ver2.0”主窗口

步骤 2：在“S-GUI Ver2.0”窗口的扫描分段选项框中，填写开始扫描的 IP 地址和结果扫描的 IP 地址。如图 8-15 所示。单击“开始扫描”按钮，将会弹出“提示”对话框，提示扫描已经开始，正在扫描中，扫描完毕后有提示信息，如图 8-16 所示。

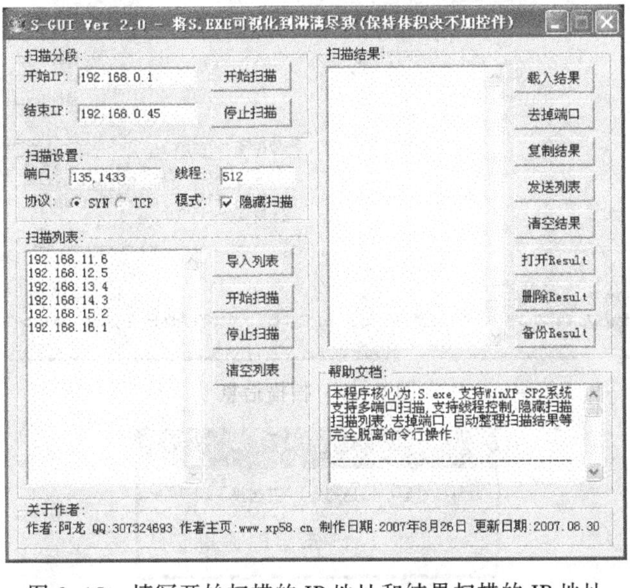

图 8-15 填写开始扫描的 IP 地址和结果扫描的 IP 地址

步骤 3：在阅读完提示信息后，单击“确定”按钮，即可打开“Windows Script Host”对话框，在其中显示扫描已完毕，请载入扫描结果等信息。如图 8-17 所示。

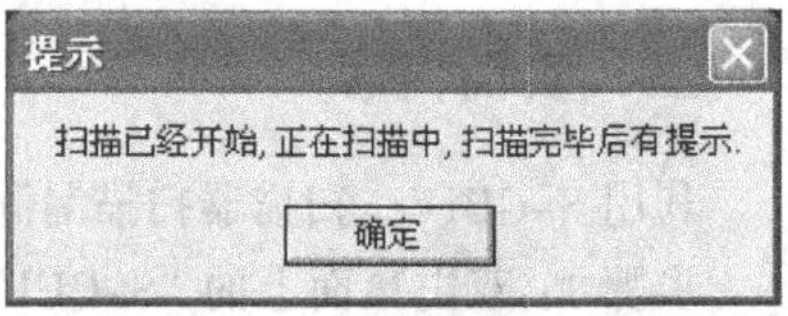

图 8-16　扫描完毕

步骤 4：单击“确定”按钮返回“S-GUI Ver2.0”窗口，单击右侧的按钮，即可打开“载入结果提示”对话框，在其中显示“你真的要载入结果吗？如果‘是’将覆盖掉扫描结果中的原有数据”提示信息，如图 8-18 所示。

图 8-17　提示载入扫描结果

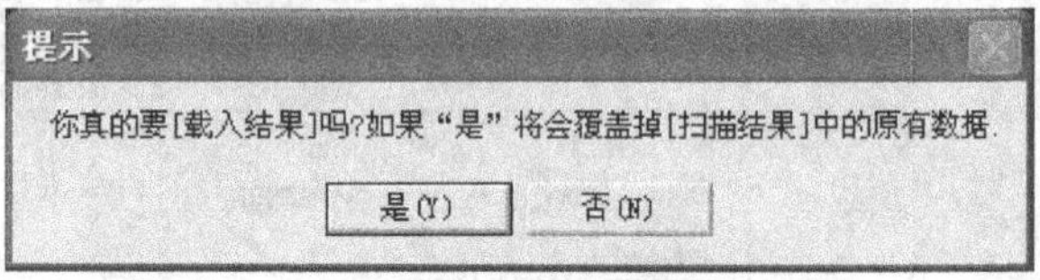

图 8-18　询问用户是否载入结果

步骤 5：单击“是”按钮返回“S-GUI Ver2.0”窗口，即可在右侧扫描结果框中看到相应的扫描信息。如图 8-19 所示。如果想要将扫描结果内容放入到左侧扫描列表中，则需要单击“发送列表”按钮，即可弹出“发送成功提示”对话框。单击“确定”按钮，在窗口左侧扫描列表中将会显示出扫描结果的详细信息，如图 8-20 所示。

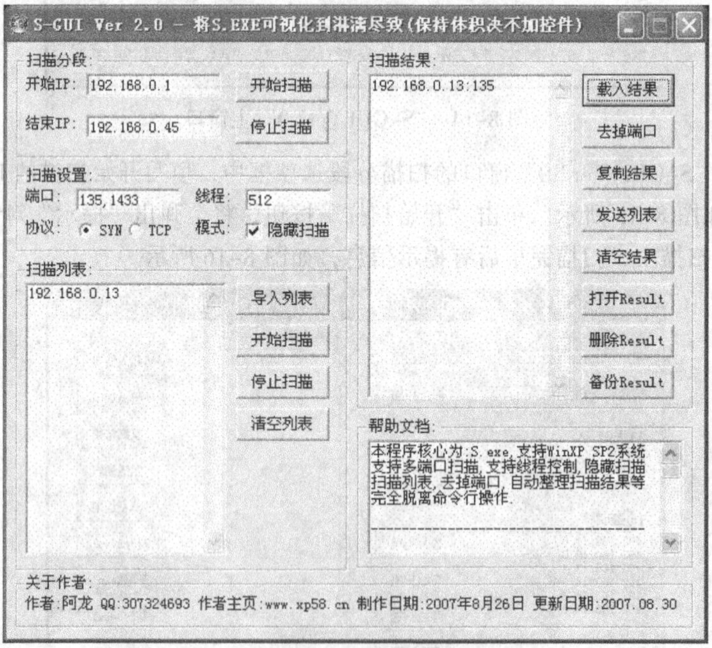

图 8-19　扫描信息

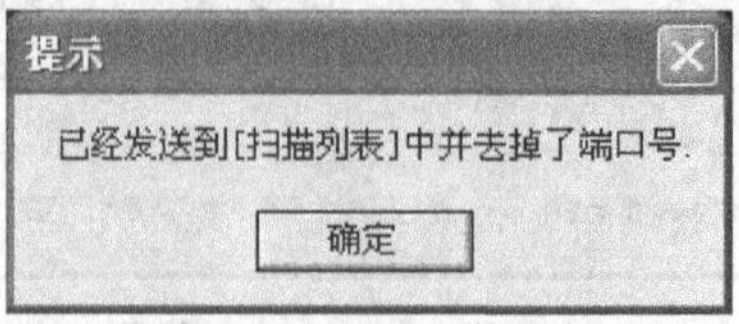

图 8-20　扫描结果的详细信息

步骤 6：单击“打开 Result”按钮，即可打开“Result”记事本文件，在其中可看到所扫描的漏洞数量，如图 8-21 所示。

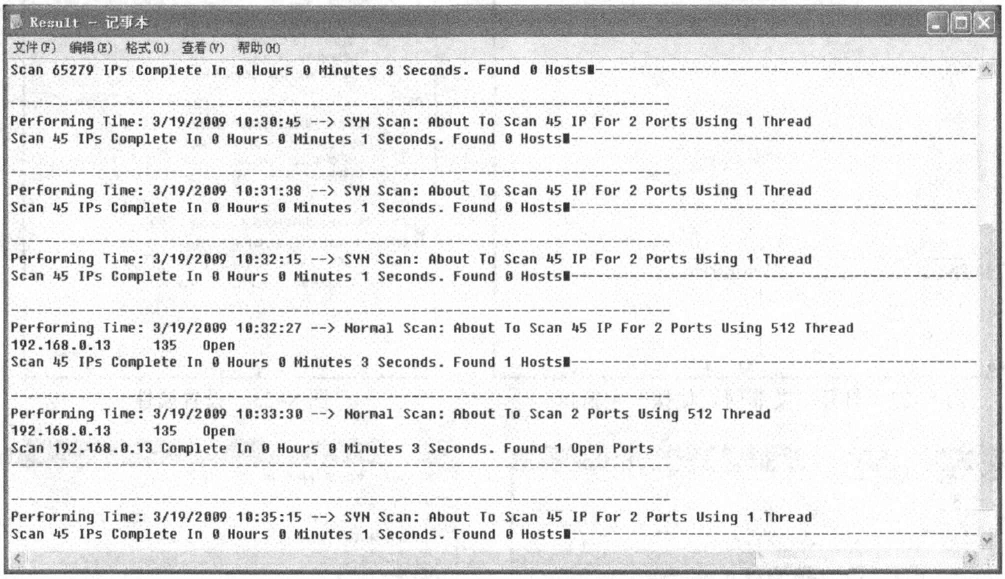

图 8-21　打开“Result”记事本文件

实训 13　捕获网页内容的艾菲网页侦探

一、实训目的

掌握利用艾菲网页侦探对网页内容进行捕获的过程。

二、实训环境

PC，Windows 2003、Windows XP、Windows 7 等操作系统。

三、实训内容

使用艾菲网页侦探对网页内容进行捕获的具体操作步骤如下：

步骤 1：在下载并安装完毕之后，即可打开“艾菲网页侦探”主窗口，如图 8-22 所示。

步骤 2：选择“探测器”→“选项”命令，即可打开“选项”对话框，在其中设置可缓冲区的大小、启动选项、探测文件目标、探测的计算机对象等属性，如图 8-23 所示。

步骤 3：艾菲网页侦探可以自动分析并提取指定网络中的所有数据，单击工具栏上的“开始”按钮，即可捕获目标计算机浏览网页的信息。选择需要查看的捕获记录，则可查看其 HTTP 请求命令和应答信息，如图 8-24 所示。

步骤 4：要想查看捕获详情，选择“探测器”→“查看详情命令”命令，即可打开“HTTP 通讯详细资料”对话框，在其中可查看所选记录条的详细信息，如图 8-25 所示。

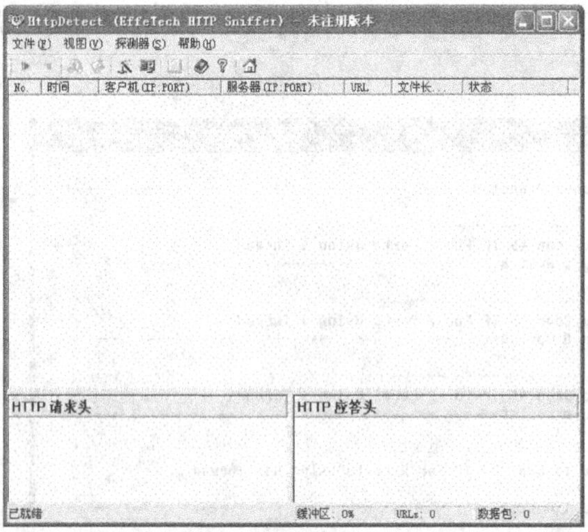

图 8-22　打开“艾菲网页侦探”主窗口

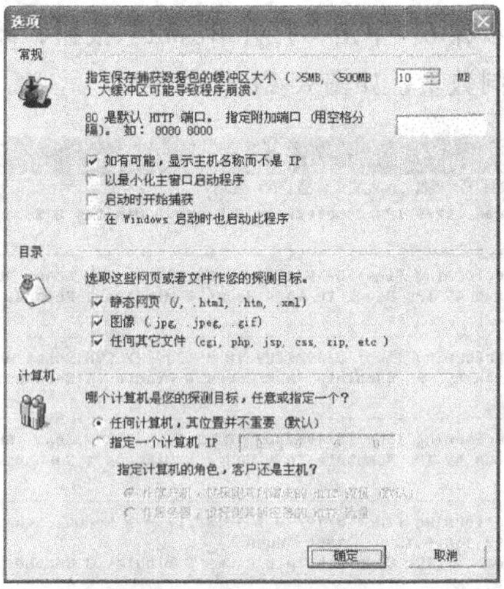

图 8-23　设置属性

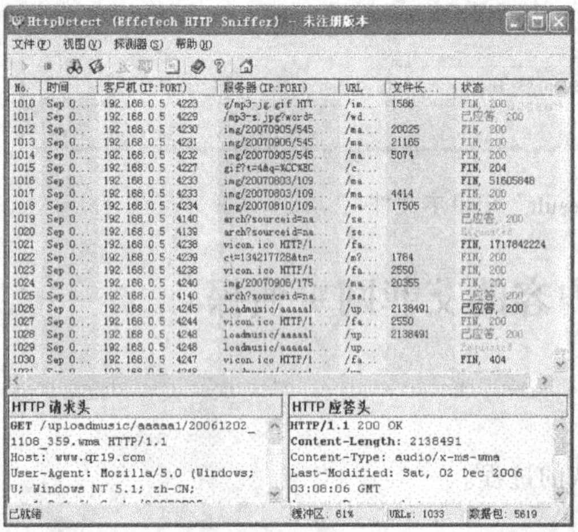

图 8-24　查看其 HTTP 请求命令和应答信息

图 8-25　打开“HTTP 通信详细资料”对话框

实训 14　网络嗅探器——影音神探演示实验

一、实训目的

掌握利用影音神探进行捕获数据的过程。

二、实训环境

PC，Windows 2003、Windows XP、Windows 7 等操作系统。

三、实训内容

设置影音神探的具体操作步骤如下：

步骤 1：下载并安装影音神探 5.2，安装成功后当启动影音神探时，即可弹出“安装 WinPcap”提示框，如图 8-26 所示。

步骤 2：单击“确定”按钮，即可开始安装 WinPcap 了，待安装成功后，单击其中的“Finish”按钮，即可完成安装 WinPcap，如图 8-27 所示。

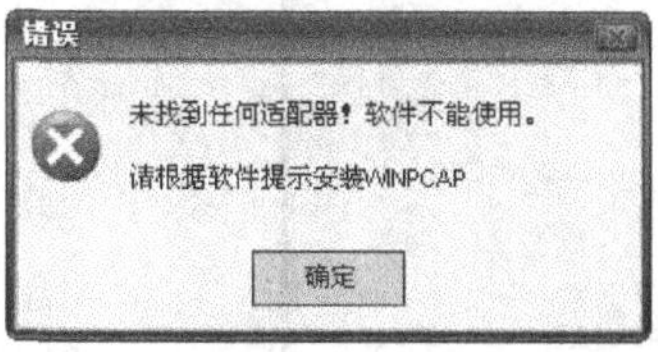

图 8-26　弹出“安装 WinPcap”提示框

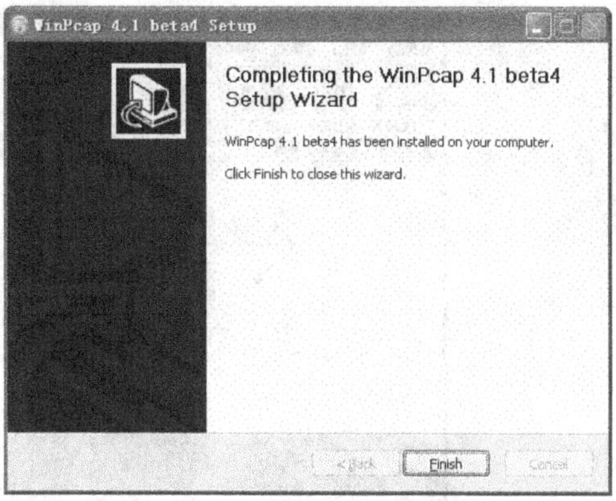

图 8-27　完成安装 WinPcap

步骤 3：待安装 WinPcap 成功后，再次启动影音神探将会看到“程序将测试所有网络适配器”提示框，如图 8-28 所示。单击“确定”按钮，即可打开“设置”对话框，如图 8-29 所示。在这里可以测试网络配置是否可用。

图 8-28　“程序将测试所有网络适配器”提示框

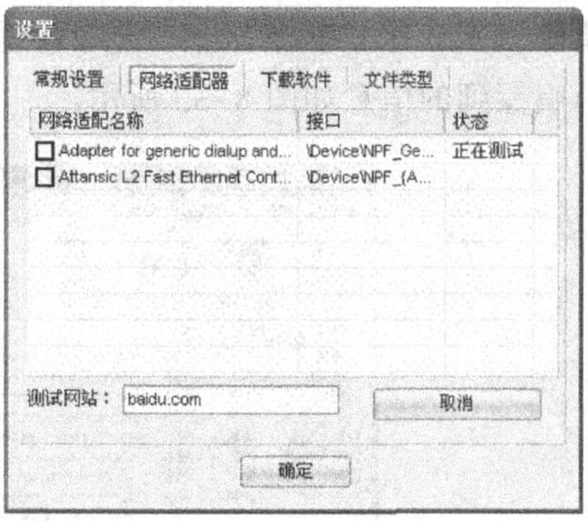

图 8-29　测试网络配置

步骤 4：如果本机的网络适配器符合测试要求，则会看到“当前网络适配器可用，是否它作为缺省适配器”提示框，如图 8-30 所示。单击“确定”按钮返回到“设置”对话框，可看到可用的网络适配器已经被选中，如图 8-31 所示。

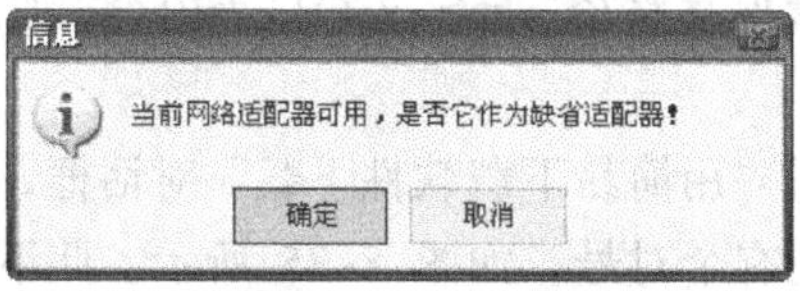

图 8-30　提示框

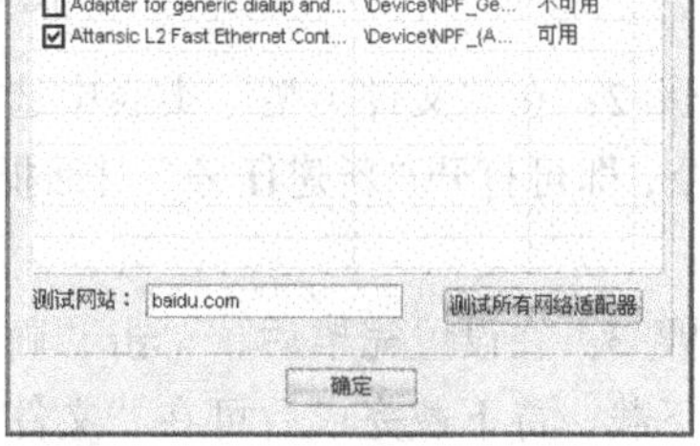

图 8-31　可用的网络适配器

步骤 5：单击“确定”按钮，即可完成对网络适配器的设置。而此时的“网络嗅探器（影音神探）”主窗口如图 8-32 所示。

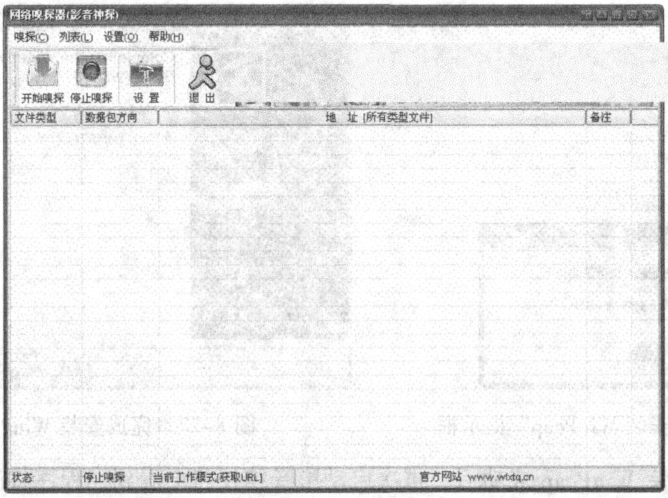

图 8-32 “网络嗅探器（影音神探）”主窗口

在设置好影音神探之后，就可以使用它捕获数据了。具体的操作步骤如下：

步骤 1：选择“嗅探”→“开始嗅探”命令或单击工具栏的“开始嗅探”按钮，即可进行嗅探，嗅探到的信息如图 8-33 所示。

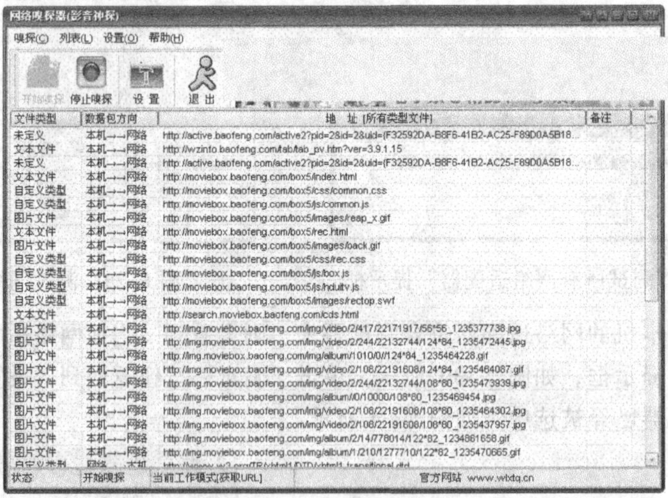

图 8-33 嗅探到的信息

步骤 2：在“文件类型”类表中选中要下载的文件，选择“列表”→“用简易下载软件下载”命令，即可打开“新建任务”对话框，在其中设置保存路径、自定义端口等内容，如图 8-34 所示。

步骤 3：在设置完毕后，单击“确定”按钮返回“用简易下载软件下载”对话框，即可开始进行下载，待下载完成后可在“文件名”前面看到有个对号，如图 8-35 所示。此下载过程和使用迅雷等工具下载的过程相似。

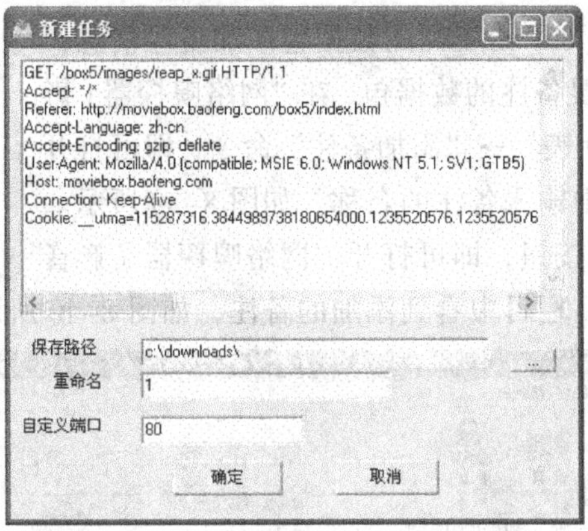

图 8-34　设置保存路径、自定义端口等

步骤 4：在“网络嗅探器（影音神探）”主窗口中选择“设置”→“综合设置”命令，即可打开“设置”对话框，如图 8-36 所示。在“常规设置”选项卡下选中相应复选框，同时还可以在“自定义窗口标题”文本框中输入窗口的标题，如“影音神探 5.2”等。

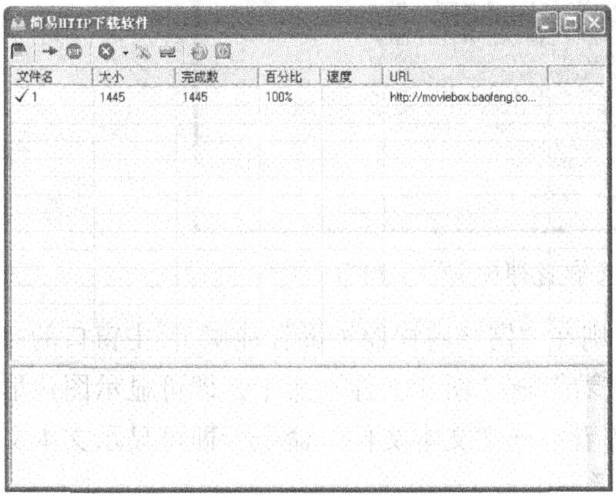

图 8-35　下载后界面

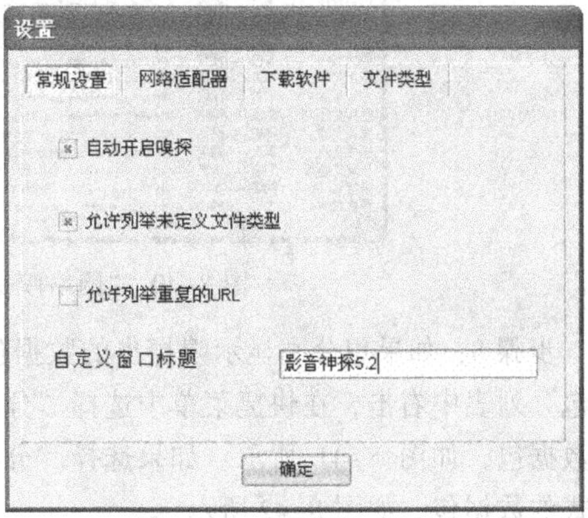

图 8-36　“设置”对话框

步骤 5：选择“下载软件”选项卡，在其中可以选择相应单选项来选择下载软件，同时还可单击“自定义路径”按钮来设置下载路径，如图 8-37 所示。选择“文件类型”选项卡，在其中可以设置要下载文件的类型，在这里选中所有的复选框，如图 8-38 所示。

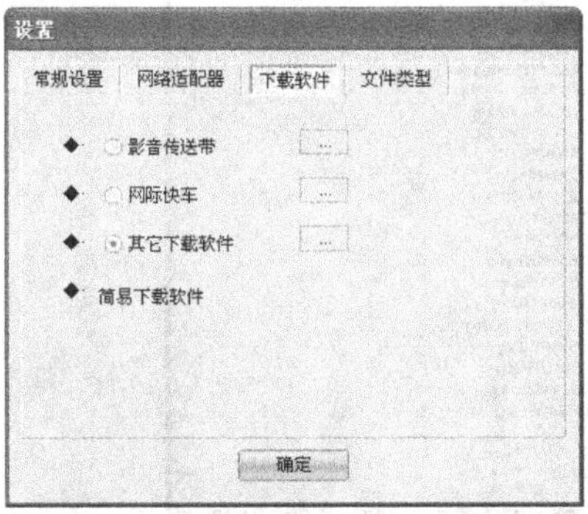

图 8-37　“下载软件”选项卡

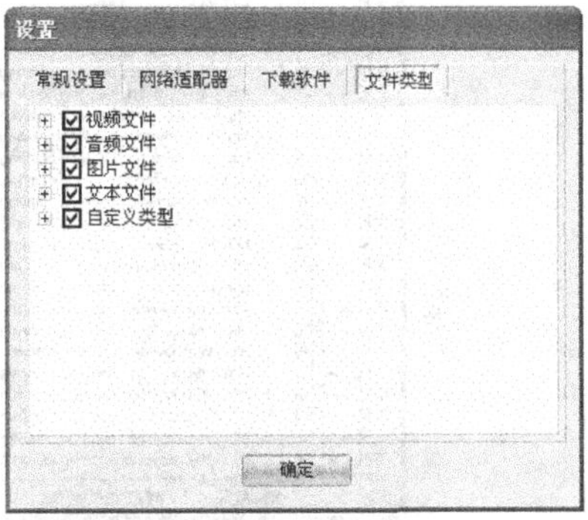

图 8-38　设置要下载文件的类型

步骤 6：在影音神探中可以给嗅探的数据包添加备注信息，在“文件类型”类表中选中要备注的数据包，在“网络嗅探器（影音神探）”主窗口中选择“列表”→“添加备注”命令，即可打开“编辑备注”对话框，在其中输入备注的名称，如图 8-39 所示。

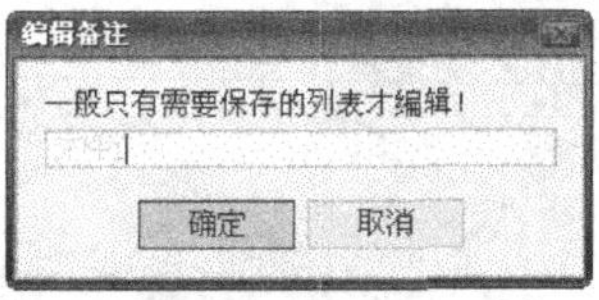

图 8-39　输入备注的名称

步骤 7：单击“确定”按钮，即可打开“网络嗅探器（影音神探）”主窗口，在“备注”栏目中看到添加的备注，如图 8-40 所示。

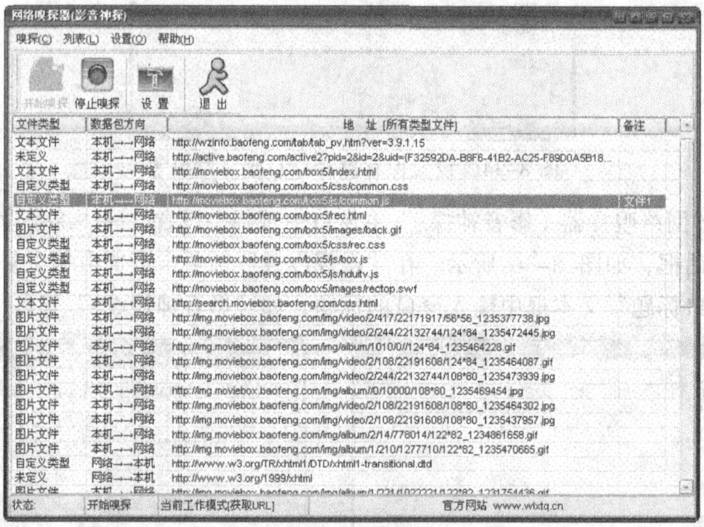

图 8-40　“网络嗅探器（影音神探）”主窗口

步骤 8：如果想分类显示嗅探出的数据包，则在“网络嗅探器（影音神探）”主窗口的“数据包”列表中右击，在快捷菜单中选择“分类查看”→“图片文件”命令，即可显示图片形式的数据包，如图 8-41 所示。如果选择“分类查看”→“文本文件”命令，即可显示文本文件形式的数据包，如图 8-42 所示。

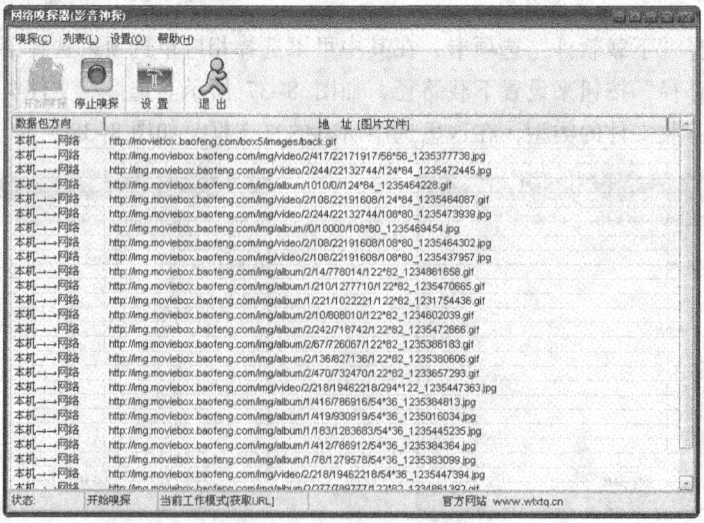

图 8-41　显示图片形式数据包

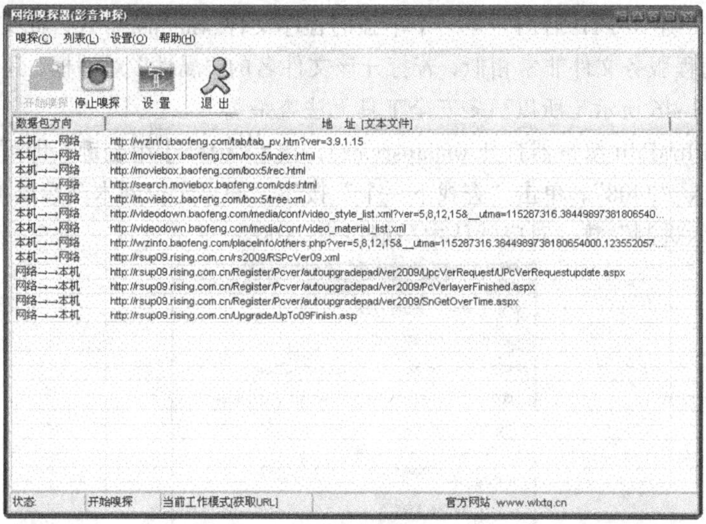

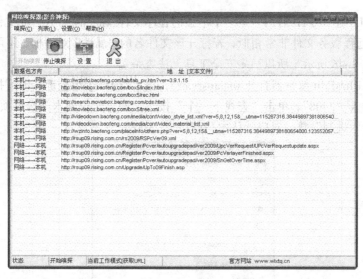

图 8-42 显示文本文件形式数据包

步骤 9：选择“列表”→“保存列表”命令，即可打开“Save file”对话框，如图 8-43 所示。在其中选择相应保存位置后，单击“保存”按钮，即可看到“选择文件保存方式”对话框，如图 8-44 所示。单击“是”按钮保存全部的地址，即可看到“保存完毕”提示框，如图 8-45 所示。

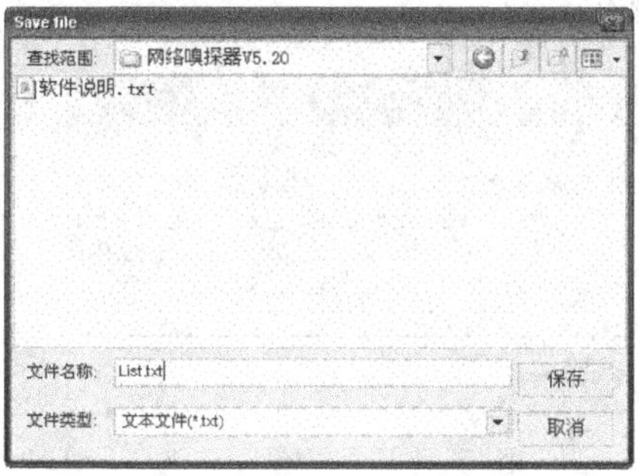

图 8-43 “Save file”对话框

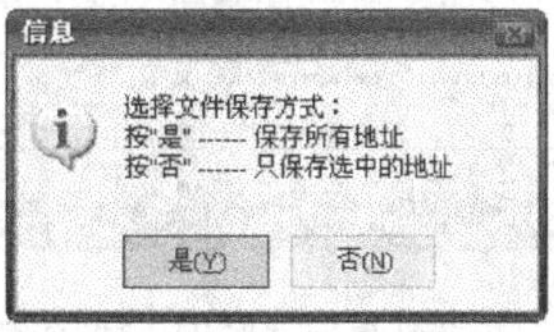

图 8-44 选择文件保存方式

图 8-45 “保存完毕”提示框

实训 15 FTP 漏洞攻防演示实验

一、实训目的

掌握利用“SUS 迷你 FTP 后门”进行 FTP 漏洞攻防演示的过程。

二、实训环境

PC，Windows 2003、Windows XP、Windows 7 等操作系统。

三、实训内容

具体的操作步骤如下：

步骤 1："SUS 迷你 FTP 后门"是一个单独的程序文件 wmiapsrv.exe，此文件名与 Windows 系统中的 WMI 远程服务文件非常相似，若打开该文件名的"属性"对话框，还可以看到微软的数字签名，如图 8-46 所示（所以很多安全工具无法查杀）。

步骤 2：用 UltraEdit 编辑器打开 wmiapsrv.exe，按【Ctrl+F】组合键，即可打开"查找"对话框，在其中输入"3408"。单击"查找下一个"按钮，即可定位到木马端口项上，如图 8-47 所示，此为"十六进制"数，对应默认木马端口为 2100。

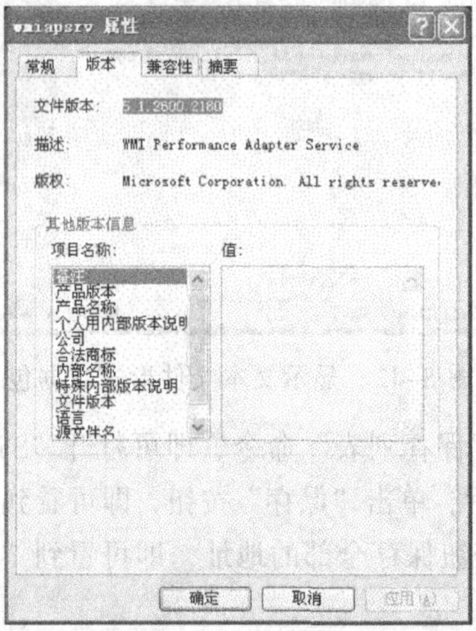

图 8-46　微软的数字签名

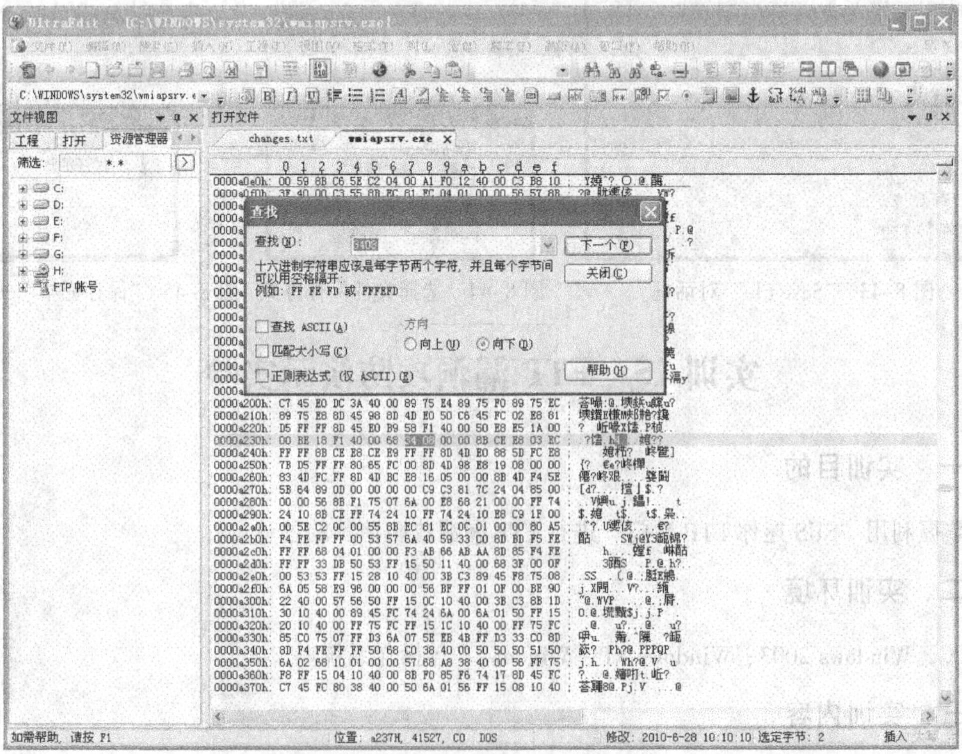

图 8-47　定位木马端口

步骤 3：若想将其端口设置为“21”，则可先用计算器计算出 21 对应的十六进制数“15”，如图 8-48 所示。在 UltraEdit 编辑器中将“3 408”更改为“1 500”，则木马端口被设置为“21”，如图 8-49 所示。十六进制数是反序的，虽然 2100 的十六进制为 834，但反序后应为 3408，十六进制 15 的反序为 1500。

图 8-48　计算 21 对应的十六进制数

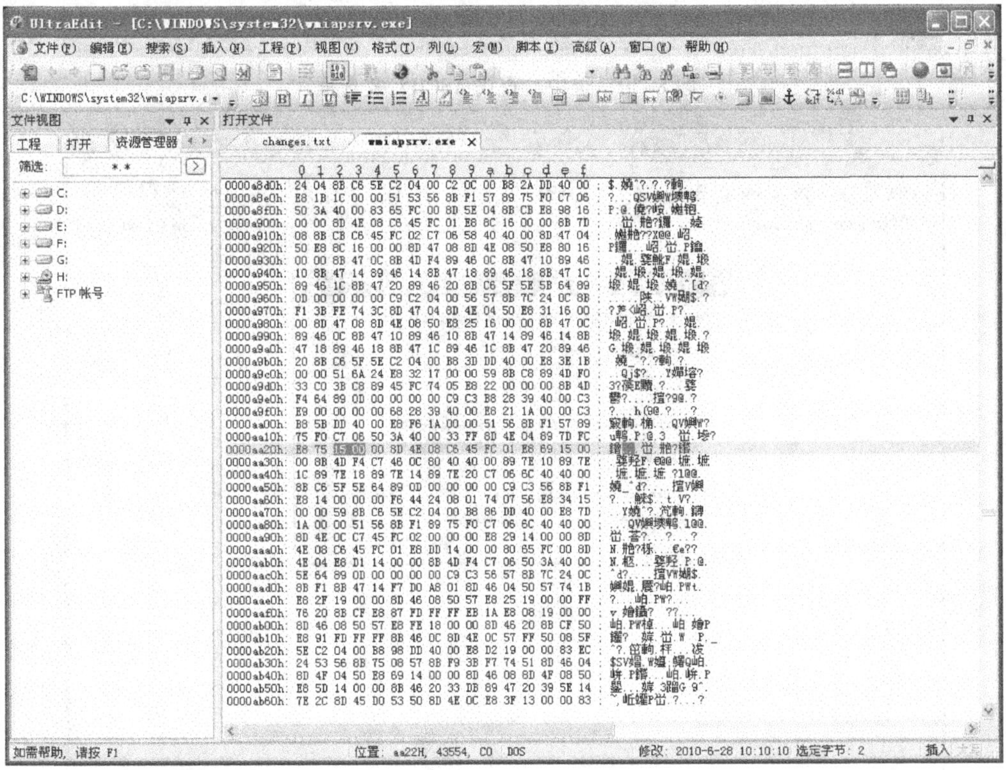

图 8-49　修改木马端口

步骤 4：“SUS 迷你 FTP 后门”的默认用户名为“sus”，默认密码为“sus666”，可以直接查找到后进行修改，但需要选中“查找 ASCII”复选框，如图 8-50 所示。

步骤 5：后门正常运行后，用户即可通过 IE 浏览器、FTP 专用工具、Telnet 工具与 FTP 服务器连接，并可用 Telnet 工具远程控制目标主机，如图 8-51 所示。

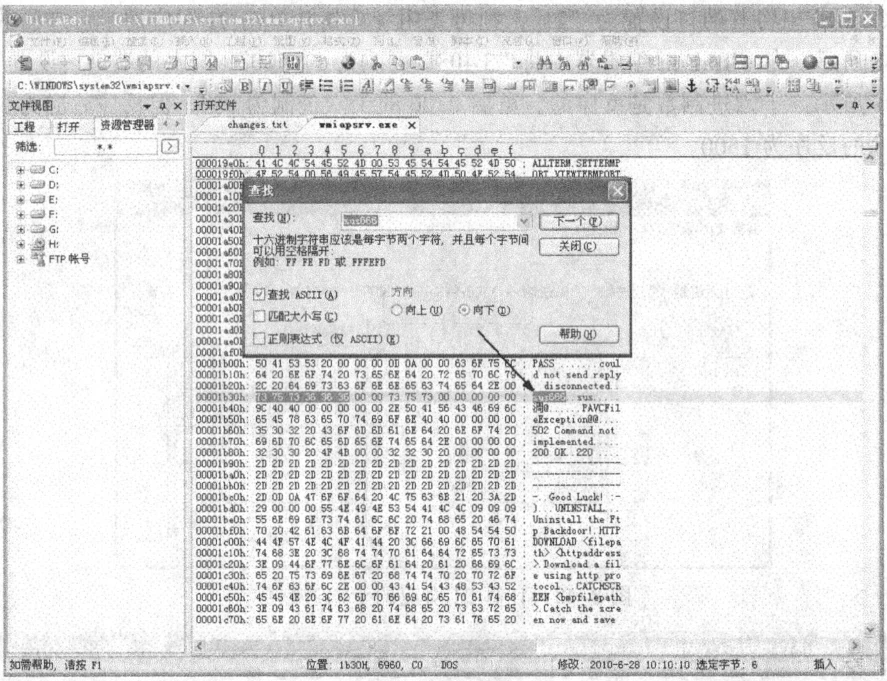

图 8-50　选中“查找 ASCII”复选框

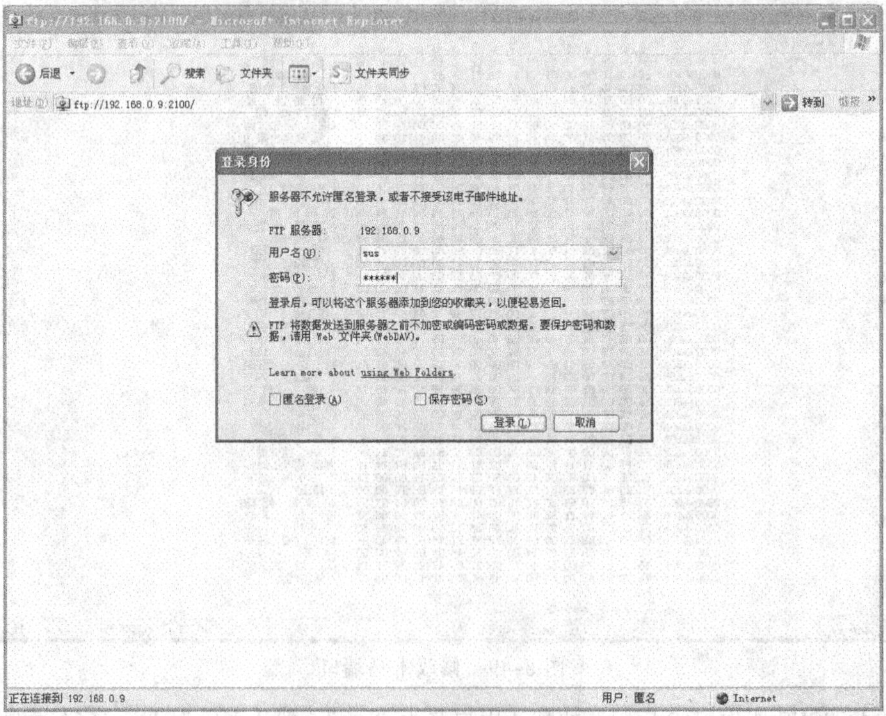

图 8-51　远程控制目标主机

步骤 6：在 Windows 系统中自带有 FTP 命令。方法是在“命令提示符”窗口中输入 FTP 命令，使用“open IP 地址端口”命令，如图 8-52 所示。

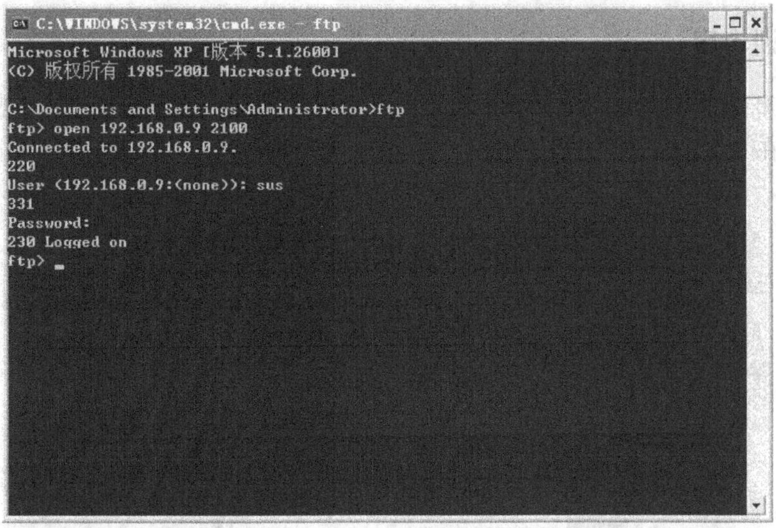

图 8-52　输入 FTP 命令

步骤 7：使用 Telnet 命令同样可连接 FTP 服务器且可远程控制主机。使用内置的 FTP 命令与 Telnet 命令一样可远程控制目标主机，只是每条命令前加“quote”，如图 8-53 所示。

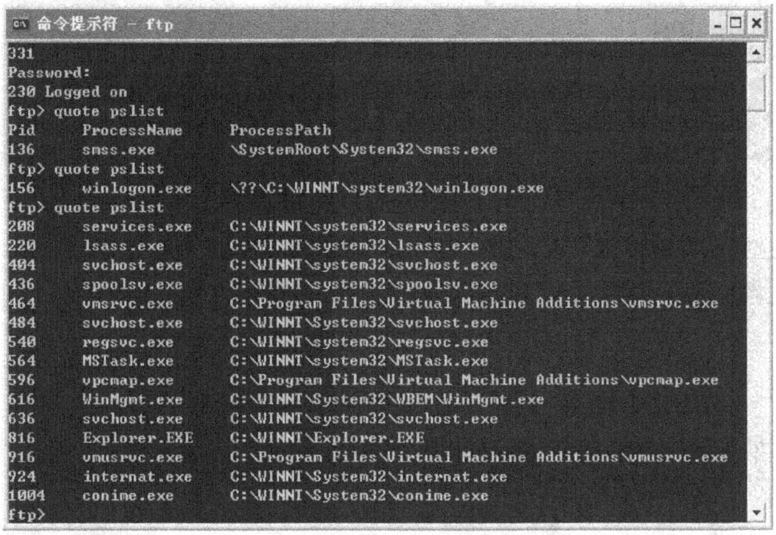

图 8-53　使用 Telnet 命令远程连接

实训 16　口令破解演示实验

一、实训目的

掌握利用 LC5 程序进行口令破解演示的过程。

二、实训环境

PC，Windows 2003、Windows XP、Windows 7 等操作系统。

三、实训内容

步骤 1：事先在 Windows XP 系统中创建用户 test1 和 test2，密码分别设为空密码。

步骤 2：在 Windows XP 中安装 LC5 程序，安装成功后即进入导入破解文件的页面向导，如图 8-54 所示。

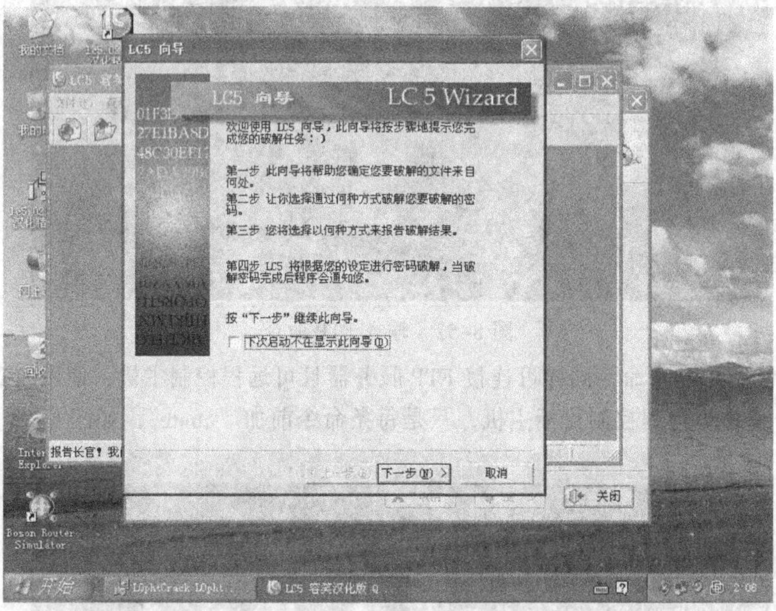

图 8-54　LC5 安装成功后的导入破解文件向导

步骤 3：选择从本地机器导入，运行破解后的账户密码如图 8-55 所示。

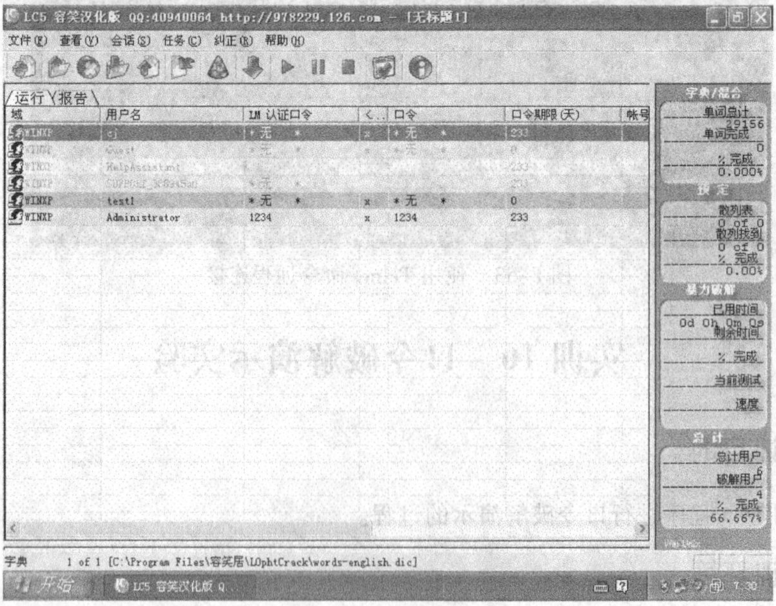

图 8-55　破解后的结果

步骤 4：更新 test1 的密码，分别设置为 123456、security、abc123 等（见图 8-56）并尝试破解，得出什么结论？（注意 LC5 中破解选项的勾选）。

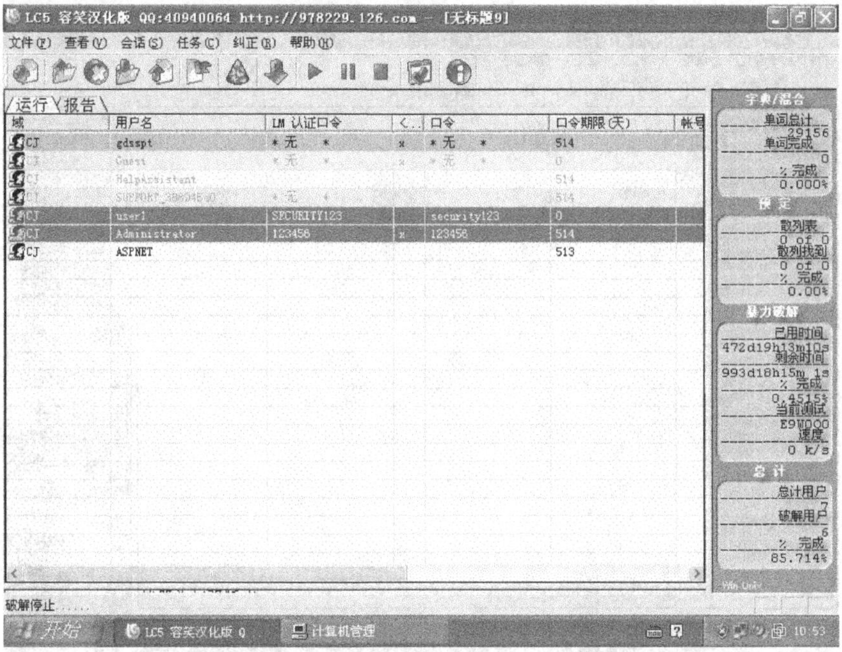

图 8-56　破解由单词组合的密码示意图

步骤 5：更新 test1 的密码，设置为较为复杂的密码，尝试破解。你能从中得出什么结论？

步骤 6：选择从远程电脑导入，输入远程服务器主机的 IP 地址，如图 8-57 所示。破解需要服务器上管理员的密码，可能连接速度也比较慢，需要耐心等候。

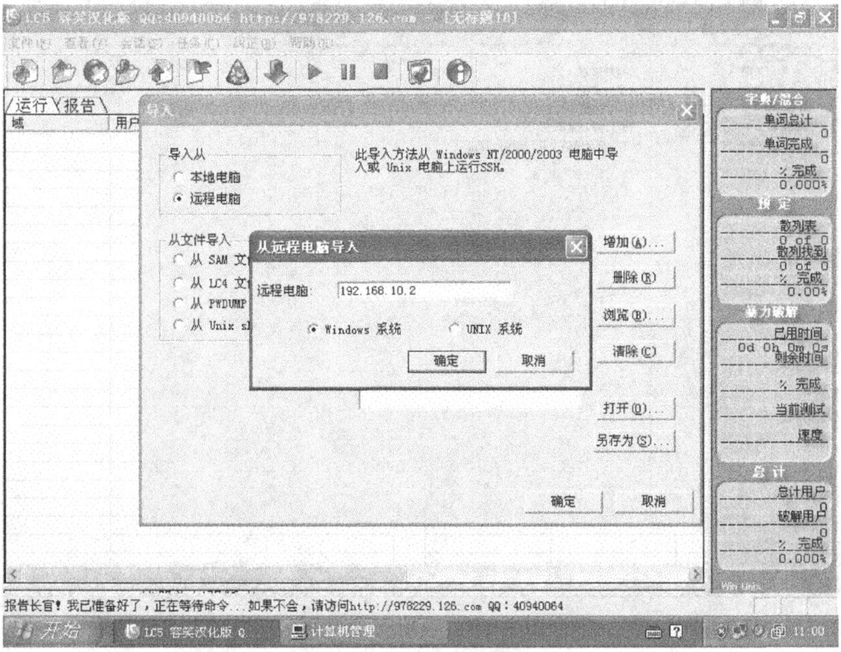

图 8-57　连接到远程服务器

步骤 7：Windows XP 通过网络连接破解 Windows 2003 的账户密码（事先在 Windows 2003 中创建两个用户 test1 和 test2，并且没有密码），破解效果类似于图 8-58 所示。

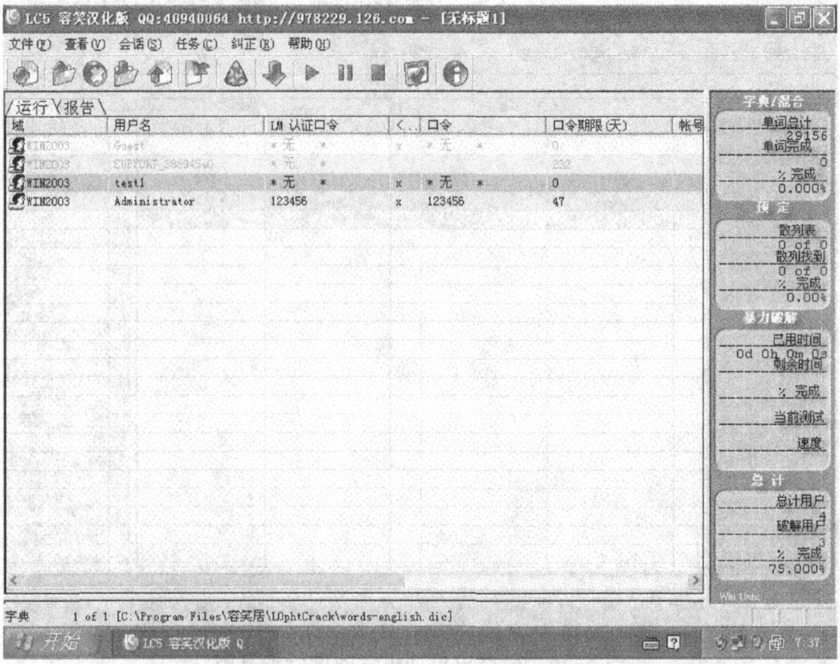

图 8-58　从 XP 访问 Windows 2003 破解密码结果

步骤 8：从"控制面板"→"管理工具"进入"本地安全策略"，如图 8-59 所示。

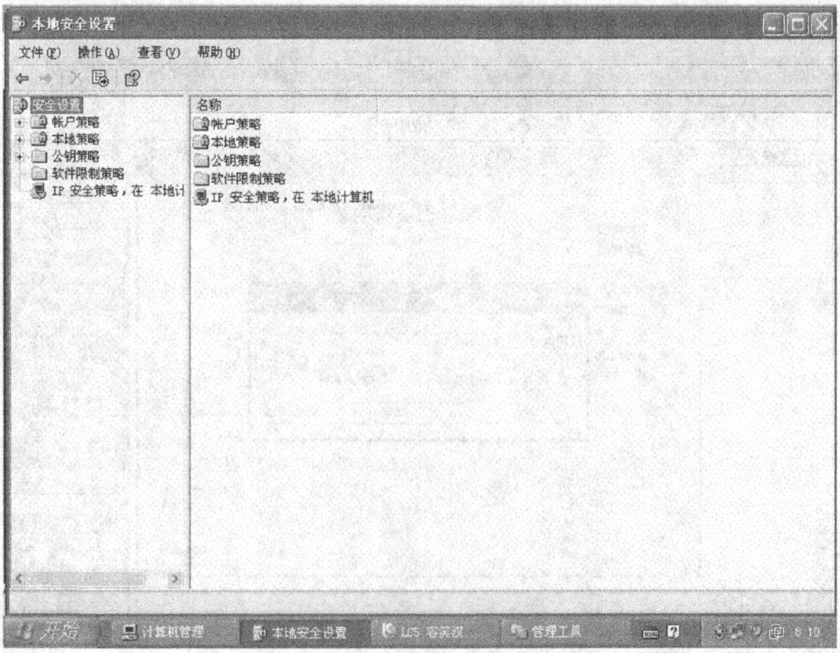

图 8-59　本地安全设置

步骤 9：找到“账户策略”→“密码策略”，设置账户的密码设置要求，比如：启用密码复杂性要求、密码长度最小值、密码最长存留期、密码最短存留期、强制密码历史等，如图 8-60 所示。

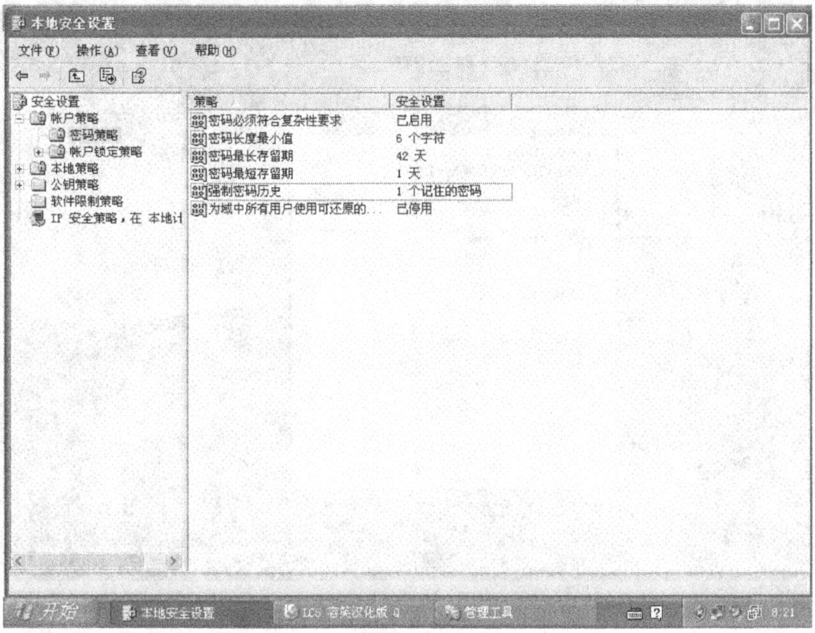

图 8-60　设置完成后的密码策略

步骤 10：利用 syskey 功能保护 Sam 文件中的账号信息。在“运行”对话框中输入 syskey 命令，如图 8-61 所示。

图 8-61　运行 syskey

步骤 11：单击“更新”按钮，可以设置密码及密码保存的地方，如图 8-62 所示。

图 8-62　为数据库设置保护密码

步骤 12：重新启动 Windows XP 系统，将出现提示输入开机密码的提示，如图 8-63 所示。

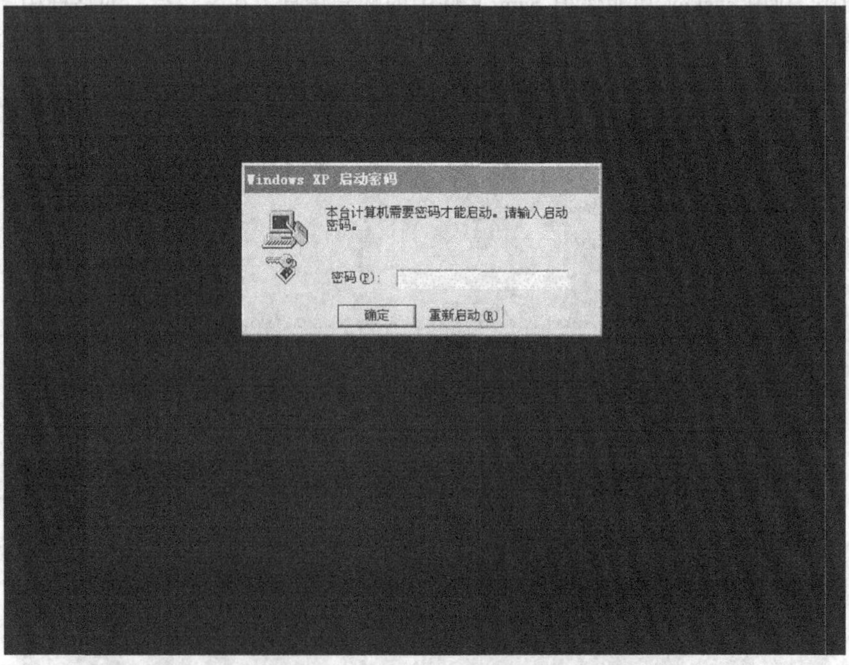

图 8-63　syskey 密码保护系统

实训 17　木马演示实验

一、实训目的

掌握利用灰鸽子进行木马演示的过程。

二、实训环境

PC，Windows 2003、Windows XP、Windows 7 等操作系统。

三、实训内容

步骤 1：灰鸽子介绍。灰鸽子是国内近年来危害非常严重的一种木马程序，其界面如图 8-64 所示。

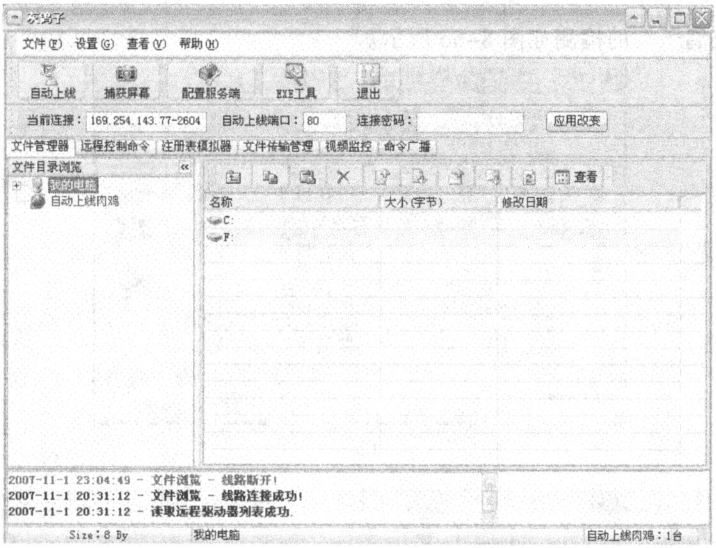

图 8-64　灰鸽子界面

步骤 2：“灰鸽子”的连接与配置如图 8-65 所示。

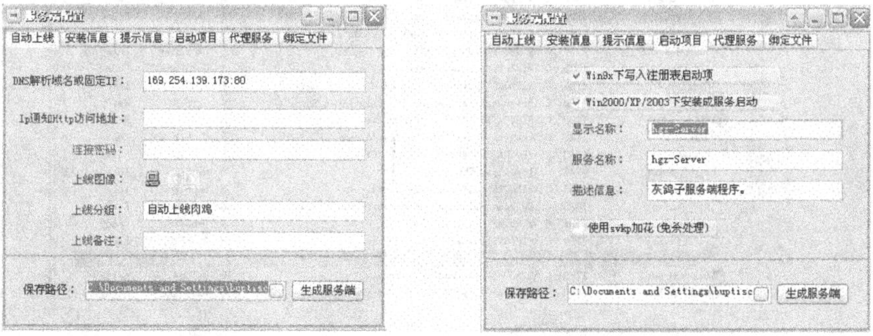

（a）　　　　（b）

图 8-65　“灰鸽子”的连接与配置

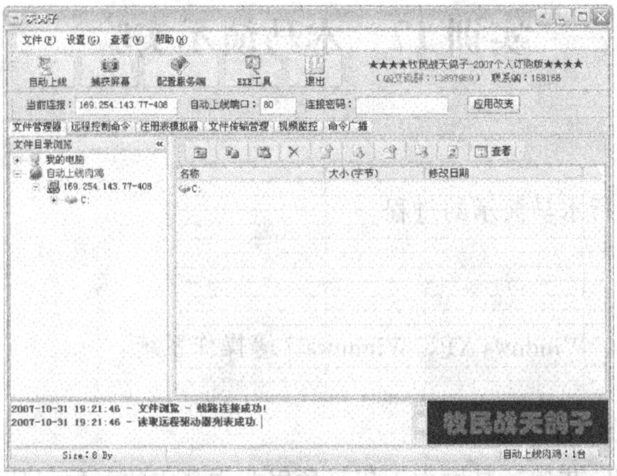

（c）

图 8-65 “灰鸽子”的连接与配置（续）

步骤 3：“灰鸽子”的检测如图 8-66 所示。

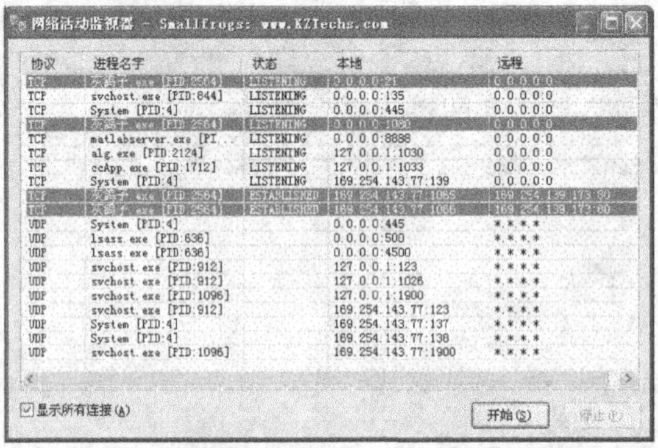

（a）

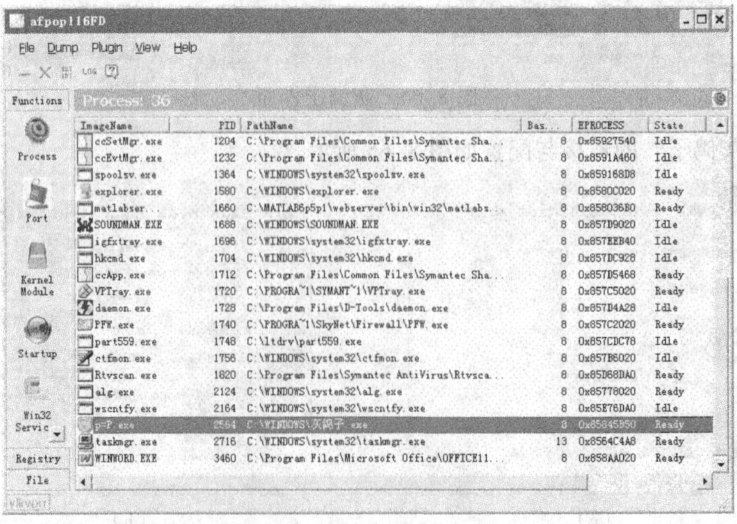

（b）

图 8-66 “灰鸽子”的检测

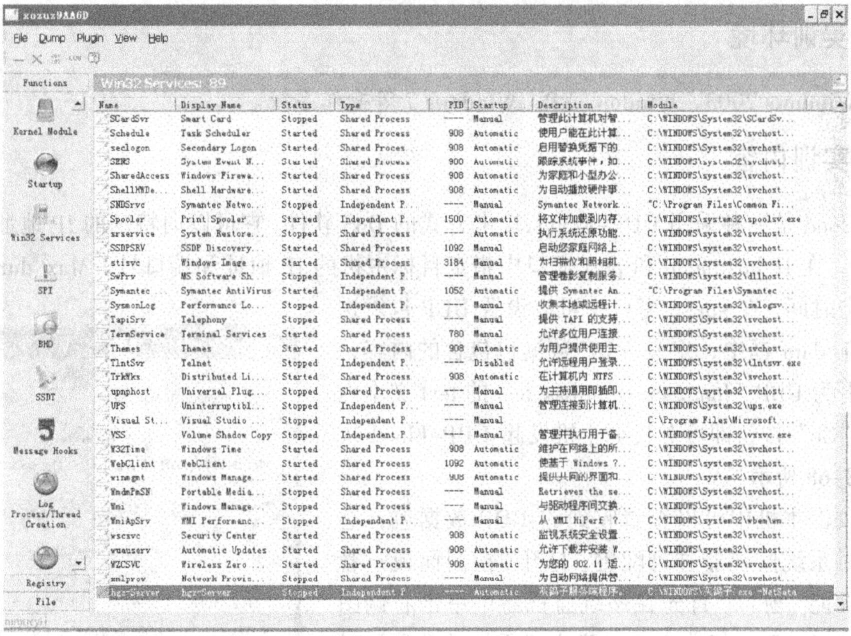

（c）

图 8-66 “灰鸽子”的检测（续）

步骤 4：“灰鸽子”的查杀如图 8-67 所示。

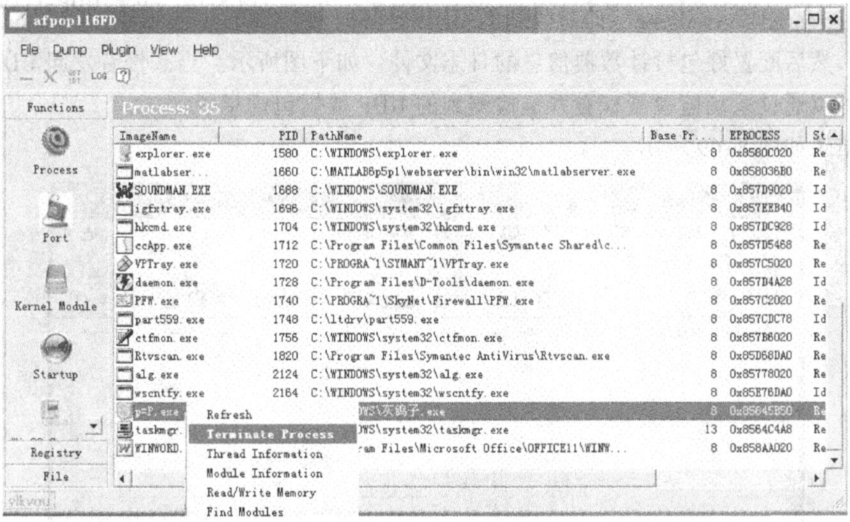

图 8-67 “灰鸽子”的查杀

实训 18 UDP Flood 攻防练习

一、实训目的

掌握利用 UDP Flood 进行攻击演示，通过系统监视器查看系统检测到的 UDP 数据包信息。

二、实训环境

PC，Windows 2003、Windows XP、Windows 7 等操作系统。

三、实训内容

UDP Flood 是一种采用 UDP-Flood 攻击方式的 DoS 软件，它可以向特定的 IP 地址和端口发送 UDP 包。在 IP/hostname 和 port 窗口中指定目标主机的 IP 地址和端口号，Max duration 设定最长的攻击时间，在 speed 窗口中可以设置 UDP 包发送的速度，在 data 框中，定义 UDP 数据包包含的内容，默认情况下为 UDP Flood.Server stress test 的 text 文本内容。单击“Go”按钮即可对目标主机发起 UDP-Flood 攻击，如图 8-68 所示。

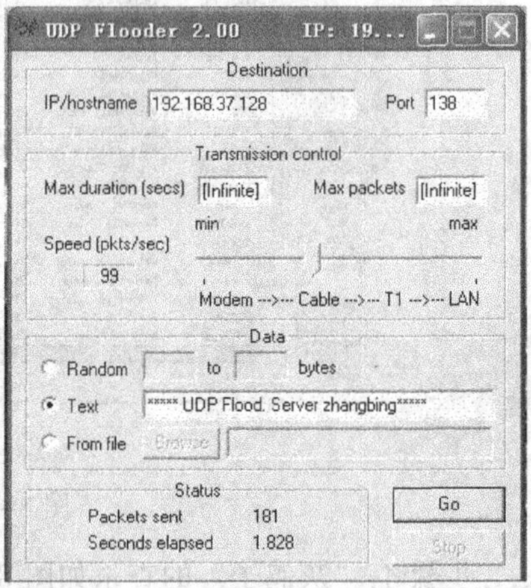

图 8-68　发起 UDP-Flood 攻击

在被攻击主机中可以查看收到的 UDP 数据包，这需要事先对系统监视器进行配置。打开“控制面板→管理工具→性能”窗口，首先在系统监视器中单击右侧图文框上面的“+”按钮或右击，弹出“添加计数器”对话框。

在该对话框中添加对 UDP 数据包的监视，在“性能对象”框中选择 UDP 协议，在“从列表选择计数器”中，选择“Datagram Received/Sec”即对收到的 UDP 数据包进行计数，然后配置好包村计数器信息的日志文件。如下图所示。当入侵者发起 UDP Flood 攻击时，就可以通过系统监视器查看系统检测到的 UDP 数据包信息了。

实验结果如图 8-69 所示。

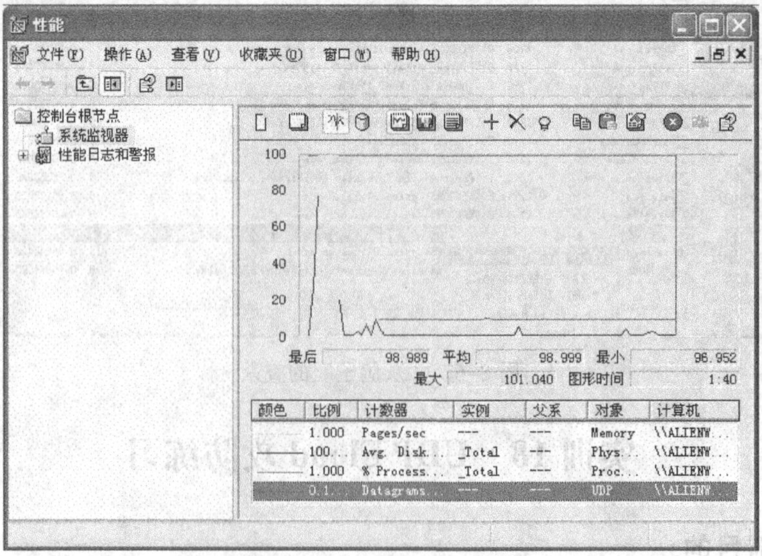

图 8-69　实验结果

在被攻击主机上打开 Sniffer 工具，可以捕获由攻击者计算机发到本地计算机的 UDP 数据包，可以看到内容为 UDP Flood.Server stress test 的大量 UDP 数据包，如图 8-70 所示。

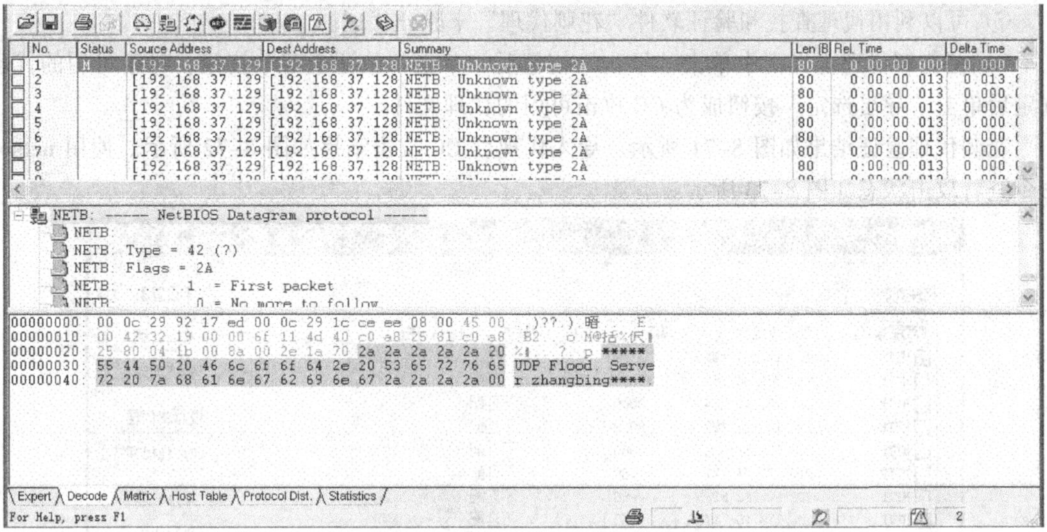

图 8-70　捕获的 UDP 数据包

实训 19　CC 攻防练习

一、实训目的

掌握利用 CC 进行页面攻击演示的过程。

二、实训环境

PC，Windows 2003、Windows XP、Windows 7 等操作系统。

三、实训内容

CC 主要是用来攻击页面的。对于论坛，访问的人越多，论坛的页面越多，数据库就越大，被访问的频率也越高，占用的系统资源也就相当可观。CC 就是充分利用这个特点，模拟多个用户（多少线程就是多少用户）不停地进行访问（访问那些需要大量数据操作，就是需要大量 CPU 时间的页面）。

代理可以有效地隐藏身份，也可以绕开所有的防火墙，因为几乎所有的防火墙都会检测并发的 TCP/IP 连接数目，超过一定数目、一定频率就会被认为是 Connection-Flood。使用代理还能很好地保持连接，这里发送了数据，代理帮助转发给对方服务器，就可以马上断开，代理还会继续保持着和对方的连接。

① 打开 CC 的可执行程序。

② 在 TargetHttp 栏目输入要攻击的目标地址，输入后单击“LoadProxy”按钮。

③ 找到代理文件，单击“打开”按钮。

④ 在这个界面中，可以看到代理文件中的代理加入了攻击的行列。单击主界面上的

“AddAttack”按钮，即开始攻击。每单击一次“AddAttack”按钮，攻击强度就加强一倍。使用“netstat -an”命令可以查看攻击状态。

⑤ 可以利用代理查找和验证软件“花刺代理”来验证代理。

⑥ 在花刺代理主界面中单击“导入”按钮后，单击“验证全部”按钮。对于可用的代理选定后单击“导出选定”按钮成为CC攻击可用的代理文件。

花刺代理验证结果如图8-71所示。导入代理后CC攻击结果如图8-72所示。使用netstat命令查看攻击状态如图8-73所示。

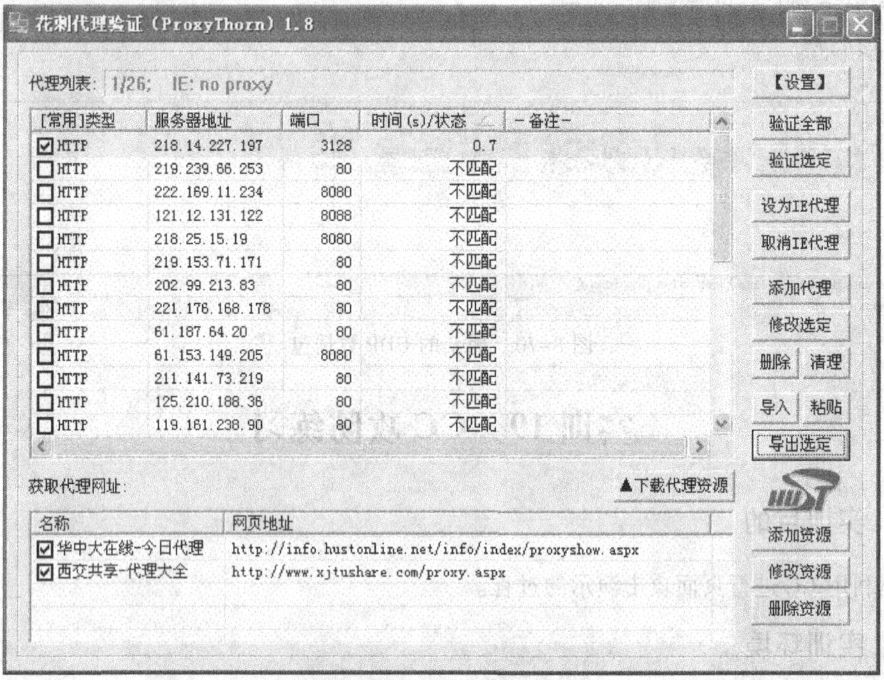

图8-71 花刺代理验证结果

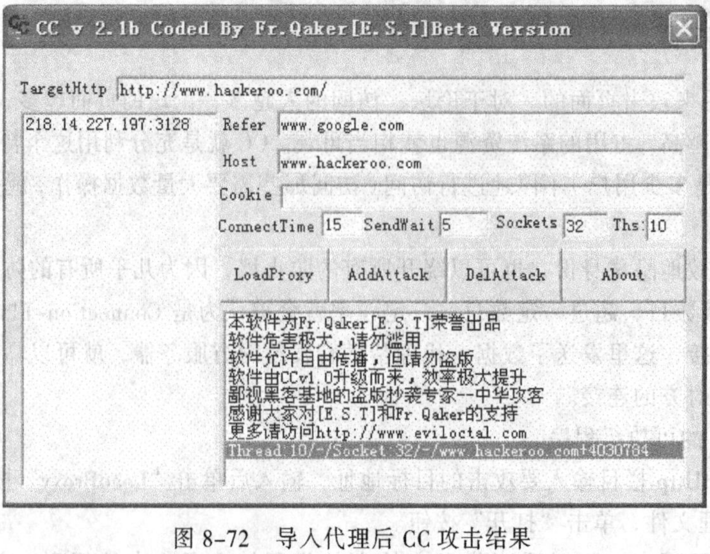

图8-72 导入代理后CC攻击结果

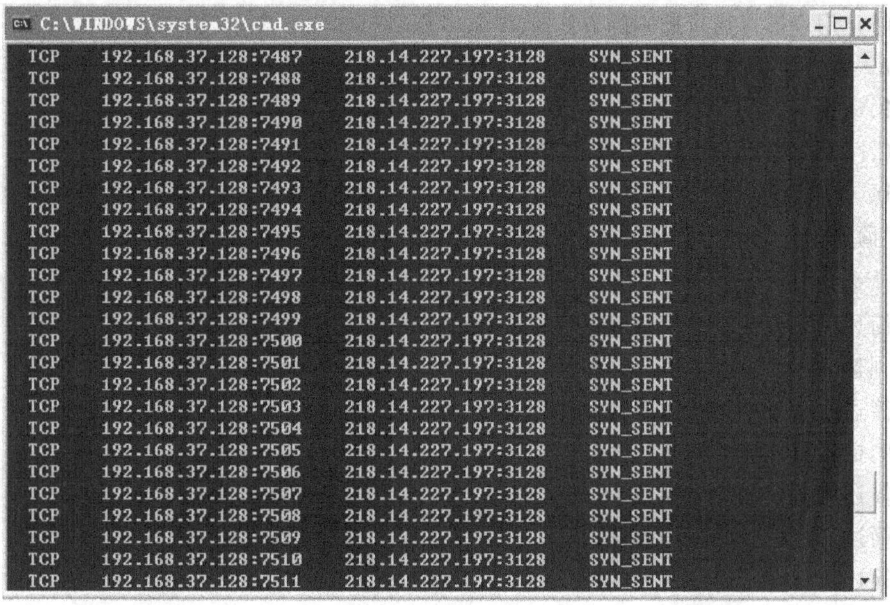

图 8-73　查看攻击状态

习　　题

一、选择题

1. 缓冲区溢出攻击主要是由于（　　）原因造成的。
   A. 被攻击平台主机档次较差
   B. 分布式 DoS 攻击造成系统资源耗尽
   C. 被攻击系统没有安装必要的网络设备
   D. 由于编程人员在编写程序过程中书写不规范造成的
2. 对木马认识正确的是（　　）。
   A. 木马的传播必须要手工放置　　B. 木马实际上就是一种远程控制软件
   C. 木马不是病毒　　D. 木马只能工作在 Windows 平台上
3. Sniffer 在抓取数据的时候实际上是在 OSI 模型的（　　）层抓取。
   A. 物理层　　B. 数据链路层　　C. 网络层　　D. 传输层
4. 以下哪一种攻击不属于拒绝服务攻击？
   A. UDP Flood　　B. Teardrop　　C. Ping Of Death　　D. TCPhijack
5. 下列对入侵检测技术和防火墙关系描述正确的是（　　）。
   A. 入侵检测技术是防火墙技术的拓展
   B. 入侵检测技术是防火墙技术的基础
   C. 入侵检测技术是防火墙技术的补充
   D. 入侵检测技术是防火墙技术的组成部分
6. 黑客利用 IP 地址进行攻击的方法有（　　）。
   A. IP 欺骗　　B. 解密　　C. 窃取口令　　D. 发送病毒

7. 防止用户被冒名所欺骗的方法是（　　）。
   A. 对信息源发方进行身份验证
   B. 进行数据加密
   C. 对访问网络的流量进行过滤和保护
   D. 采用防火墙

二、简答题

1. 什么是黑客？
2. 简述黑客入侵攻击的一般过程。
3. 创建后门的主要方法有哪些？
4. 简述网络安全扫描的主要性能。
5. 嗅探器可能造成哪些危害？
6. 简述网站攻击的主要特点。
7. 简述口令攻击的三种方法。
8. 简述设置口令时应遵循的原则。
9. 简述防火墙的带来的好处以及它的局限性。

单元 9 无线网络安全技术

本章主要介绍无线局域网基本工作原理和相关通信技术，以及它与有线网络的差别，最后介绍了目前主要的无线网络协议。

通过本章的学习，使读者：

（1）了解无线网络安全通信相关技术；

（2）了解 WEP 加密原理；

（3）了解无线局域网认证、密钥管理、加密解密等内容；

（4）掌握无线局域网基本工作原理、WEP 加密方式。

9.1 无线网络概述

无线通信技术的出现使得通信技术出现了一次飞跃，使人类的通信摆脱了时间、地点和对象的束缚，极大地改善了人类的生活质量，加快了社会发展的进程。目前，无线通信技术正朝着宽带、多媒体综合数据业务方向发展，最终实现在任何时间和任何地点都能与任何对象进行任何形式的通信。未来的无线通信将与 Internet 实现融合，但是从固定接入 Internet 到无线移动接入 Internet，无线网络技术为人们带来极大方便的同时，安全问题已经成为阻碍无线网络技术应用普及的一个主要障碍，Internet 本身的安全机制较为脆弱，再加上无线网络传输媒体本身固有的开放性和移动设备存储资源和计算资源的局限性，使得在无线网络环境下，不仅要面对有线网络环境下的所有安全威胁，而且还要面对新出现的专门针对无线环境的安全威胁。因此。在设计一个无线网络系统时，除了考虑在无线传输信道上提供完善的多业务平台外，还必须考虑该无线网络系统的安全性。

无线网络所采用的通信技术、实现规模以及应用范围各不相同，因此存在多种分类方式。按照网络组织形式，可分为有结构网络和自组织网络。有结构无线网络具备固定的网络基础设施，负责移动终端的接入和认证，并提供网络服务，包括蜂窝通信网络和无线局域网等；自组织网络按照自发形式组网，网络中不存在集中管理机制，各结点按照分布式途径协同提供网络服务，包括传感器网络和自组织网络。相比较而言，由于缺乏网络架构和集中式管理机制的支持，自组织网络（尤其是传感器网络）面临着更大的安全风险。根据网络覆盖范围、传输速率和用途的差异，无线网络又大体可分为无线广域网、无线城域网、无线局域网、无线个域网和无线体域网。

（1）无线广域网（Wireless Wide Area Network，WWAN）

主要通过通信卫星进行数据通信，覆盖范围最大。代表技术是 3G 以及 4G 等，数据传输速率一般在 2Mbit/s 以上。由于 3GPP2 的标准化工作日趋成熟，一些国际标准化组织（如国际电信联盟 ITU）已开始考虑能提供更大传输速率和灵活统一的全 IP 网络的下一代移动通信系统，也称为超 3G、IMT-Advanced、LTE Advanced 或 4G。

（2）无线城域网（Wireless Metropolitan Area Network，WMAN）

主要通过移动电话或车载装置进行移动数据通信，可覆盖城市中的大部分地区。代表技术是 IEEE 802.20 标准，主要针对移动宽带无线接入（Mobile Broadband Wireless Access，MBWA）。该标准强调移动性（支持速度可高达时速 250 km），由 IEEE 802.16 宽带无线接入（Broadband Wireless Access，BWA）发展而来。

另一个代表技术是 IEEE 802.16 标准体系，主要有 802.16、802.16a、802.16e 等。其中 802.16 针对一点对多点，802.16a 是它的补充，增加了对非视距（None Line of Sight，NLOS）和网状结构（Mesh Mode）的支持，802.16e 是对 802.16d 的增强，支持在 2 ~ 11GHz 频段下的固定和车速移动业务，并支持基站和扇区间的切换。802.16a/e 也称为 WiMAX。802.16m 是目前正在制定的最新版本（静止接收 1Gbit/s，移动接收 100Mbit/s）。

（3）无线局域网（Wireless Local Area Network，WLAN）

覆盖范围较小。数据传输速率为 11 ~ 56Mbit/s 之间（甚至更高）。无线连接距离在 50 ~ 100m。代表技术是 IEEE 802.11 系列及 HomeRF 技术。IEEE 802.11 标准系列包含 802.11b/a /g 三个 WL AN 标准，主要用于解决办公室局域网和校园网中用户终端的无线接入。其中，802.11b 的工作频段为 2.4~2.4835GHz，数据传输速率达到 11Mbit/s，传输距离 100~300m。802.11a 的工作频段为 5.15~5.825GHz，数据传输速率达到 54Mbit/s，传输距离 10 ~ 100m，但由于技术成本过高，因此，该技术缺乏价格优势。802.11g 标准拥有 802.11a 的传输速率，安全性较 802.11b 好，且与 802.11a 和 802.11b 兼容。

（4）无线个域网（Wireless Personal Area Network，WPAN）

通常指个人计算（Personal Computing）中无线设备间的网络。无线传输距离一般在 10 m 左右，代表技术是 IEEE 802.15、Bluetooth、ZigBee 技术，数据传输速率在 10Mbit/s 以上。例如 Bluetooth 工作在 2.4GHz 频段，可实现低成本、短距离无线通信，在 10 m 范围内可提供 721kbit/s 的异步最大通信速率，并可最多同时和 7 个其他蓝牙设备进行通信。IEEE 802.15 还可用于无线传感器网络（Wireless Sensor Networks）中传感器结点间的通信。

（5）无线体域网（Wireless Body Area Network，WBAN）

以无线医疗监控和娱乐、军事应用为代表，主要指附着在人体体表或植入人体内的传感器之间的无线通信。从名称上来看，WBAN 和 WPAN 有很大关系，但它的通信距离更短，通常来说为小于 2 m。因此传输距离非常短是无线体域网的物理层特征。图 9-1 从传输距离角度给出各种网络间的比较。

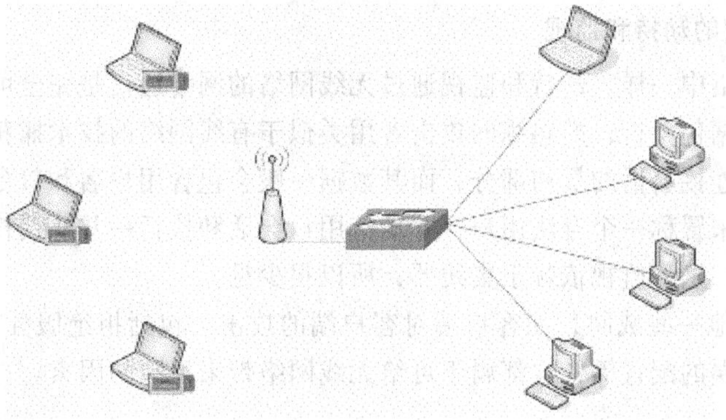

图 9-1　接入无线网络

9.1.1　无线网络面临的主要安全风险

无线网络与有线网络最大的区别在于传输媒介，有线网络是利用网线，而无线网络是利用无线电技术，它的信号在其覆盖范围是无处不在的，因此对它的威胁也将是无处不在的。许多威胁是无线网络所独有的，这包括以下几种：

1. 插入攻击

插入攻击以部署非授权的设备或创建新的无线网络为基础，这种部署或创建往往没有经过安全过程或安全检查。可对接入点进行配置，要求客户端接入时输入口令。如果没有口令，入侵者就可以通过启用一个无线客户端与接入点通信，从而连接到内部网络。但有些接入点要求的所有客户端的访问口令完全相同，这是很危险的。

2. 漫游攻击者

攻击者没有必要在物理上位于企业建筑物内部，他们可以使用网络扫描器，如 Netstumbler 等工具。可以在移动的交通工具上用笔记本电脑或其他移动设备嗅探出无线网络，这种活动称为“wardriving”；走在大街上或通过企业网站执行同样的任务，这称为“warwalking”（驾驶攻击）也称为接入点映射。

3. 欺诈性接入点

所谓欺诈性接入点是指在未获得无线网络所有者的许可或知晓的情况下，就设置或存在的接入点。一些雇员有时安装欺诈性接入点，其目的是为了避开公司已安装的安全手段，创建隐蔽的无线网络。这种秘密网络虽然基本上无害，但它却可以构造出一个无保护措施的网络，并进而充当了入侵者进入企业网络的开放门户。

4. 双面恶魔攻击

这种攻击有时也被称为“无线钓鱼”，双面恶魔其实就是一个以邻近的网络名称隐藏起来的欺诈性接入点。双面恶魔等待着一些盲目信任的用户进入错误的接入点，然后窃取个别网络的数据或攻击计算机。

5. 窃取网络资源

有些用户喜欢从邻近的无线网络访问互联网，即使他们没有什么恶意企图，但仍会占用大量的网络带宽，严重影响网络性能。而更多的不速之客会利用这种连接从公司范围内发送邮件，或下载盗版内容，这会产生一些法律问题。

6. 对无线通信的劫持和监视

正如在有线网络中一样，劫持和监视通过无线网络的网络通信是完全可能的。它包括两种情况，一是无线数据包分析，即熟练的攻击者用类似于有线网络的技术捕获无线通信。其中有许多工具可以捕获连接会话的最初部分，而其数据一般会包含用户名和口令。攻击者然后就可以用所捕获的信息来冒称一个合法用户，并劫持用户会话和执行一些非授权的命令等。第二种情况是广播包监视，这种监视依赖于集线器，所以很少见。

当然，还有其他一些威胁，如客户端对客户端的攻击（包括拒绝服务攻击）、干扰、对加密系统的攻击、错误的配置等，这都属于可给无线网络带来风险的因素。

9.1.2 无线网络安全协议

1. WEP 加密

为了加密无线数据，IEEE 802.11 标准定义了等效有线加密（WEP）。由于无线 LAN 网络的性质，保护网络的物理访问很困难。与需要直接物理连接的有线网络不同，无线 AP 或无线客户端范围内的任何人都能够发送和接收帧，以及侦听正在发送的其他帧，这使得无线网络帧的偷听和远程嗅探变得非常容易。

WEP 使用共享的机密密钥来加密发送结点的数据。接收结点使用相同的 WEP 密钥来解密数据。对于基础结构模式，必须在无线 AP 和所有无线客户端上配置 WEP 密钥。对于特定模式，必须在所有无线客户端上配置 WEP 密钥。

按照 IEEE 802.11 标准的规定，WEP 使用 40 位机密密钥。IEEE 802.11 的大多数无线硬件还支持使用 104 位 WEP 密钥。如果硬件同时支持这两种密钥，应当使用 104 位密钥。

注意：有些无线提供商在推广使用 128 位无线加密密钥，这是在 104 位的 WEP 密钥的基础上增添了另一个在加密过程中使用的数字，称为初始化向量（一个 24 位的数字）。

选择 WEP 密钥时，应当注意以下几点：

WEP 密钥应该是键盘字符（大小写字母、数字和标点符号）或十六进制数字（数字 0~9 和字母 A~F）的随机序列。WEP 密钥越具有随机性，使用起来就越安全。

基于单词（比如小型企业的公司名称或家庭的姓氏）或易于记忆的短语的 WEP 密钥很容易被破解。一旦恶意用户破解了 WEP 密钥，他们就能解密用 WEP 加密的帧，从而正确地加密 WEP 帧，并且开始攻击该网络。

即使 WEP 密钥是随机的，如果收集并分析使用相同的密钥来加密的大量数据，密钥仍然很容易被破解。因此，建议定期把 WEP 密钥更改为一个新的随机序列，例如，每 3 个月更改一次。

2. WPA 加密

IEEE 802.11i 是一个新标准，它规定了对无线 LAN 网络安全的改进。802.11i 标准解决了原先 802.11 标准的许多安全问题。

对于 WPA，加密是使用“临时密钥完整性协议（TKIP）”来完成的，该协议使用更强的加密算法代替了 WEP。与 WEP 不同，TKIP 为每次身份验证提供唯一起始单播加密密钥的确定，以及为每个帧提供单播加密密钥的同步变更。由于 TKIP 密钥是自动确定的，因此不需要为 WPA 配置一个加密密钥。

3. IEEE 802.1x 身份验证

IEEE 802.1x 标准允许对 IEEE 802.11 无线网络和有线以太网进行身份验证和访问。

当用户希望通过某个本地局域网（LAN）端口访问服务时，该端口可以承担两个角色中的一个——“身份验证器”或者“被验证方”。作为身份验证器，LAN 端口在允许用户访问之前强制执行身份验证。作为被验证方，LAN 端口请求访问用户要访问的服务。“身份验证服务器”检查被验证方的凭据，让身份验证方知道被验证方是否获得了访问身份验证方的服务授权。

IEEE 802.1x 使用标准安全协议来授权用户访问网络资源。用户身份验证、授权和记账是由“远程验证拨号用户服务（RADIUS）”服务器执行的。RADIUS 是支持对网络访问进行集中式身份验证、授权和记账的协议。RADIUS 服务器接收和处理由 RADIUS 客户端发送的连接请求，如图 9-2 所示。

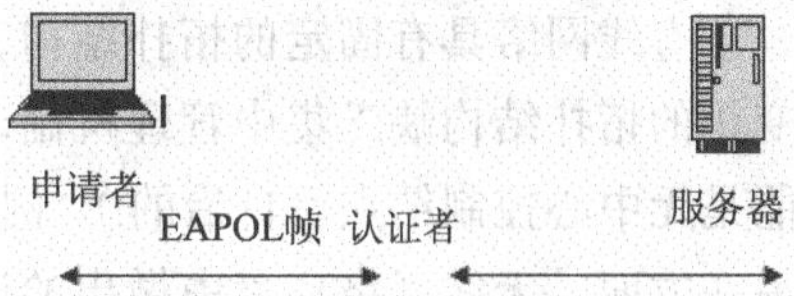

图 9-2 802.1x 认证方式

此外，IEEE 802.1x 还通过自动生成、分发和管理加密密钥，利用 WEP 来解决许多问题。

4. 开放系统身份验证

对于无法使用 IEEE 802.1x 身份验证并且也不支持 WPA 的安全无线网络，推荐使用开放系统身份验证。从表面上看，这似乎有些矛盾，因为开放系统身份验证并不是真正的身份验证，而是身份识别，而共享密钥身份验证需要知道共享的机密密钥。与开放系统身份验证相比，共享密钥身份验证也许是更强的身份验证方法，但是共享密钥身份验证的使用使得无线通信不太安全。

对于大多数操作系统（包括 Windows XP）而言，共享密钥身份验证机密密钥与 WEP 加密密钥相同。共享密钥身份验证过程包括两条消息：一条身份验证者发送的质询消息和一条正在进行身份验证的无线客户端发送的质询响应消息。同时捕捉到这两条消息的恶意用户能够使用密码分析学方法来确定共享密钥身份验证机密密钥，从而确定 WEP 加密密钥。一旦确定了 WEP 加密密钥，恶意用户就拥有对网络的完全访问权限，就像没有启用 WEP 加密一样。因此，尽管共享密钥身份验证比开放系统身份验证更强，但是它削弱了 WEP 加密。

使用开放系统身份验证的问题在于，除非无线 AP 具备根据硬件地址来配置一系列允许的无线客户端的能力，否则任何人都能够容易地加入你的网络。通过加入网络，恶意用户就占用了一个可用的无线连接。然而，如果没有 WEP 加密密钥，他们就不能发送和接收无线帧。

9.2 无线网络安全与有线网络安全的区别

1. 无线网络的开放性使得网络更容易受到被动窃听或主动干扰等各种攻击

有线网络的网络连接是相对固定的，具有确定的边界，攻击者必须物理地接入网络或经过物理边界，如防火墙和网关，才能进入到有线网络。通过对接入端口的管理可以有效地控制非法用户的接入。而无线网络则没有一个明确的防御边界。无线网络的开放性带来了信息截取、未授权使用服务、恶意注入信息等一系列信息安全问题，如无线网络中普遍存在的 DDoS 攻击问题。

2. 无线网络的移动性使得安全管理难度更大

有线网络的用户终端与接入设备之间通过线缆连接，终端不能在大范围内移动，对用户的管理比较容易。而无线网络终端不仅可以在较大范围内移动，而且还可以跨区域漫游，这增大了对接入结点的认证难度，如移动通信网络中的接入认证问题。而且，移动结点没有足够的物理防护，从而易被窃听、破坏和劫持。攻击者可能在任何位置通过移动设备实施攻击，而在较大范围内跟踪一个特定的移动结点是不容易的；另一方面，通过网络内部已经被入侵的结点实施内部攻击造成的破坏更大，更难以检测，且要求密码安全算法能抗密钥泄露，抗结点妥协。移动性在 VANET 中会产生位置隐私保护问题。

3．无线网络动态变化的拓扑结构使得安全方案的实施难度更大

有线网络具有固定的拓扑结构，安全技术和方案容易部署；而在无线网络环境中，动态的、变化的拓扑结构缺乏集中管理机制，使得安全技术（如密钥管理、信任管理等）更加复杂（可能是无中心控制结点、自治的）。例如，WSN 中的密钥管理问题，MANET 中的信任管理问题。另一方面，无线网络环境中做出的许多决策是分散的，许多网络算法（如路由算法、定位算法等）必须依赖大量结点的共同参与和协作来完成。例如 MANET 中的安全路由问题。攻击者可能实施新的攻击来破坏协作机制（于是基于博弈论的方法在无线网络安全中成为一个热点）。

4．无线网络传输信号的不稳定性带来无线通信网络及其安全机制的鲁棒性（健壮性）问题

有线网络的传输环境是确定的，信号质量稳定，而无线网络随着用户的移动其信道特性是变化的，会受到干扰、衰落、多径、多普勒频移等多方面的影响，造成信号质量波动较大，甚至无法进行通信。无线信道的竞争共享访问机制也可能导致数据丢失。因此，这对无线通信网络安全机制的鲁棒性（健壮性、高可靠性、高可用性）提出了更高的要求。

5．无线网络终端设备具有与有线网络终端设备不同的特点

有线网络的网络实体设备，如路由器、防火墙等一般都不能被攻击者物理地接触到，而无线网络的网络实体设备，如访问点（AP）可能被攻击者物理地接触到，因而可能存在假的 AP。无线网络终端设备与有线网络的终端（如 PC）相比，具有计算、通信、存储等资源受限的特点，以及对耗电量、价格、体积等的要求。一般在对无线网络进行安全威胁分析和安全方案设计时，需要考虑网络结点（终端）设备的这些特点。目前，网络终端设备按计算、通信和存储性能可分为智能手机、平板电脑（笔记本电脑）、PDA、车载电脑、无线传感器结点、RFID 标签和读卡器等，部分无线设备如图 9-3 所示。这些网络结点设备通常具有以下特点：

① 网络终端设备的计算能力通常较弱（可能跟设备价格相关）；

② 网络终端设备的存储空间可能是有限的；

③ 网络终端设备的能源是由电池提供的，持续时间短；

④ 无线网络终端设备与有线网络设备相比更容易被窃、丢失、损坏等。

图 9-3　部分无线设备

9.3　无线网络通信安全技术

目前采用的无线网络安全技术主要包括以下几个方面。

1. 加密传输

对于无线网络的安全，IEEE 802.11 提供了两种保护方法：身份验证和加密，现在分别予以介绍。对于无线网络的安全，可以通过以下 3 种途径来实现：一是 IEEE 802.11 自身的安全性，包括身份验证和加密功能；二是操作系统自身的身份验证功能；三是访问控制。

IEEE 802.11 身份验证也称 WEP，是一套用来防止 802.11 无线网络受到非授权访问的安全服务。IEEE 802.1x 是基于端口的网络访问控制的标准草案，它可提供对 802.11 无线网络和对有线以太网络的验证的网络访问权限。基于端口的网络访问控制使用交换式 LAN 基础设施的物理特征来验证连接到 LAN 端口的设备，并防止访问身份验证进程已经失败的那个端口。

IEEE 802.11 的安全性选项包括以 WEP 算法为基础的身份验证服务和加密服务。WEP 是一套安全服务，用来防止 IEEE 802.11 网络受到未授权用户访问的算法。例如，偷听（捕获无线网络通信）。利用自动无线网络配置，可以指定进入网络时用于身份验证的网络密钥，也可以指定使用哪个网络密码来对通过该网络传输的数据进行加密。启用数据加密时，生成秘密的共享加密密钥，并由源台和目标台用来改变帧位，因而可避免泄露给偷听者。

① 开放式系统和共享密钥身份验证。IEEE 802.11 支持两个子类型的网络身份验证服务：开放式系统和共享密钥。在“开放式身份验证”下，任何无线站都可请求身份验证。需要通过另一个无线站身份验证的站将包含发送站的身份验证管理帧发送出去，然后接收站将表明其是否识别发送站的身份的帧发送回去。在“共享密钥”身份验证下，每个无线站都被假定为具有安全频道的秘密共享密钥，该安全频道独立于 IEEE 802.11 无线网络通信频道。要使用“共享密钥”身份验证，必须具有一个网络密钥，认证方式如图 9-4 所示。

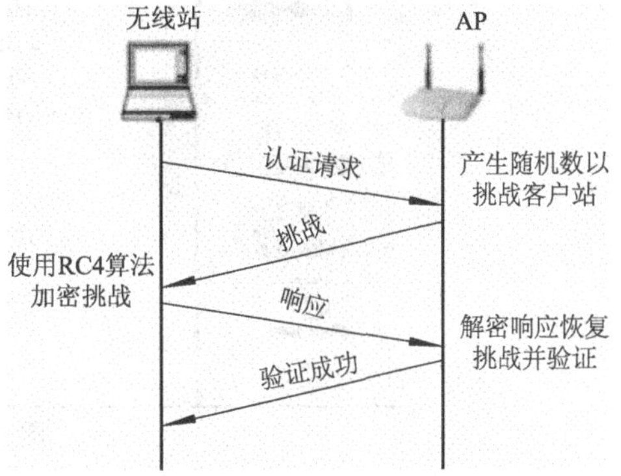

图 9-4　共享密钥认证方式

② 网络密钥。启用 WEP 时，用户可以指定用于加密的网络密钥。可为用户自动提供网络密钥（例如，可能会提供在无线网络适配器上），用户也可以通过输入方式来自已指定密钥。如果用户自己指定密钥，还可以指定密钥长度（40 位或 104 位）、密钥格式（ASCII 字符或十六进制数字）和密钥索引（存储特定密钥的位置）。密钥长度越长，密钥越安全。因为密钥长度每增加一个位，密钥的数量可能就会增加一倍。

在 IEEE 802.11 下，可用多达 4 个密钥（密钥索引值为 0、1、2 和 3）配置无线站。当访问点或无线站利用存储在特定密钥索引中的密钥传送加密邮件时，传送的邮件指明用来对邮件正文加密的密钥索引，然后接收访问点或无线站可以检索存储在密钥索引处的密码并使用它来对加密邮件正文进行解码。

2. 身份验证

IEEE 802.1x 是基于 IEEE 标准的网络认证访问框架，可以选择它管理负责保护网络畅通的密钥。它不仅限于无线网络，事实上，它还在顶级供应商的高端有线 LAN 设备上使用。802.1 x 依赖于 RADIUS（远程身份验证拨入用户服务）网络身份验证和授权服务来验证网络客户端的凭据。使用 EAP 来打包解决方案不同组件间的身份验证会话，并生成保护客户端与网络访问硬件畅通的密钥。部署 RADIUS 并不困难，如果用户采用 Microsoft 产品，可以利用 Internet 认证服务器（IAS）来帮助部署 RADIUS。

IEEE 802.1x 身份验证提供对 802.11 无线网络和对有线以太网网络通过验证的访问权限。802.1x 使无线网络安全风险下降到最低程度，并使用标准安全协议（如 RADIUS）。

3. 修改 SSID 并禁止 SSID 广播

在默认状态下,无线网络结点的生产商会利用 SSID 来检验企图登录无线网络结点的连接请求，一旦检验通过，即可顺利连接到无线网络。由于同一厂商的产品都使用相同的 SSID 名称，从而给那些恶意攻击提供了入侵的便利。一旦他们使用通用的 SSID 来连接无线网络时，就很容易成功创建一条非授权链接，从而给无线网络的安全带来威胁。因此，在初次安装好无线局域网时，必须及时登录到无线网络结点的管理页面，修改默认的 SSID 初始化字符串，并且在条件允许的前提下，取消 SSID 的网络广播，从而将黑客入侵机会降到最低限度。

以 D-Link DI-614+为例，其 SSID 设置为 Default，建议将其修改为一个复杂且不容易被别人猜到的无线网络名称，如图 9-5 所示。

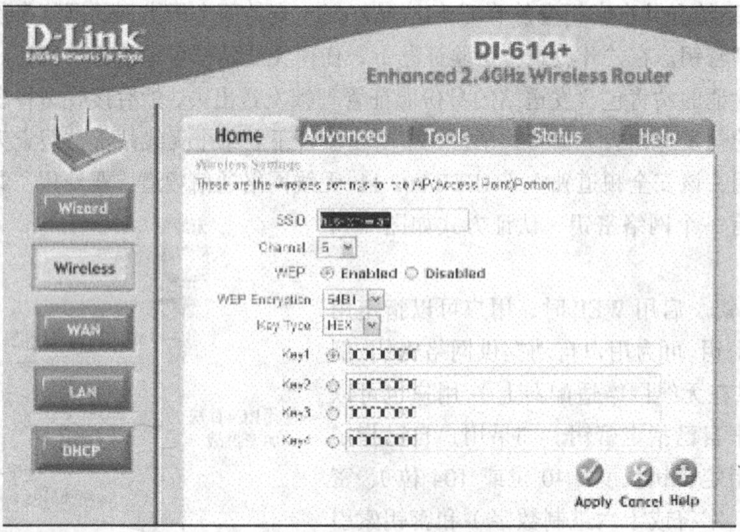

图 9-5 修改 SSID

当然，修改无线 AP 的 SSID 名称后，也必须在工作站的无线网络属性中进行相应的设置，从而保持与无线 AP 的一致性。需要注意的是，在无线漫游网络中，所有无线 AP 的 SSID 必须保持相同。

4. 禁用 DHCP 服务

如果启用无线 AP 的 DHCP，那么，黑客将能够自动获取 IP 地址信息，从而轻松地接入无线网络。如果禁用无线 AP 的 DHCP 功能，那么，黑客将不得不猜测和破译 IP 地址、子网掩码、默认网关等一切所需的 TCP/IP 参数。原因很简单，无论黑客想怎样利用无线网络，首先要做的必须是弄清楚 IP 地址信息。

以 D-Link DWL-900AP+为例，应当将 DHCP Server 功能设置为 Disabled，如图 9-6 所示，禁用 DHCP 服务，手动为客户端设置 IP 地址信息。

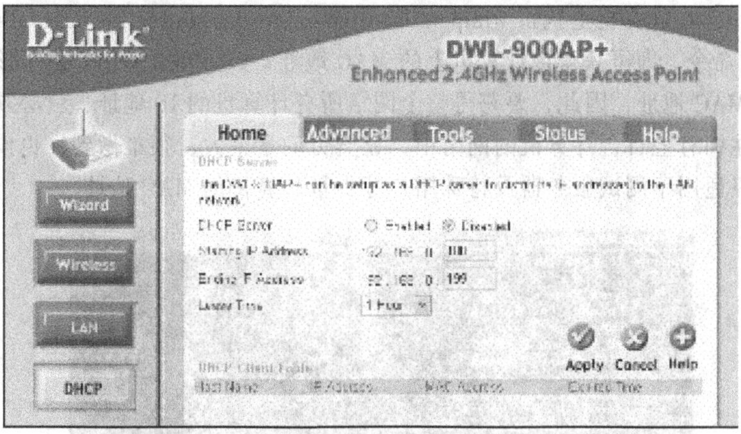

图 9-6 禁用 DHCP 服务

5．禁用或修改 SNMP 设置

如果无线 AP 支持 SNMP，建议禁用该功能。如果确实需要 SNMP 进行远程管理，那么，必须修改公开及专用的共用字符串。如果不采取这项措施，黑客就可能利用 SNMP 获得有关网络的重要信息。

以 D-Link DI-614+为例，如图 9-7 所示，应当将 Remote Management 设置为 Disable 模式，禁止从远程管理该无线设备。

6．使用访问列表

如果无线 AP 支持访问列表功能，那么，可以利用该功能，精确限制哪些工作站可以连接到无线网络结点，而那些不在访问列表中的工作站，则无权访问无线网络。例如，每一块无线上网卡都有自己的 MAC 地址，那么，完全可以在无线网络结点设备中创建一张“MAC 访问控制表”，然后，将合法网卡的 MAC 地址逐一输入到这个表格中。以后，只有“MAC 访问控制表”中显示的 MAC 地址，才能进入到无线网络。

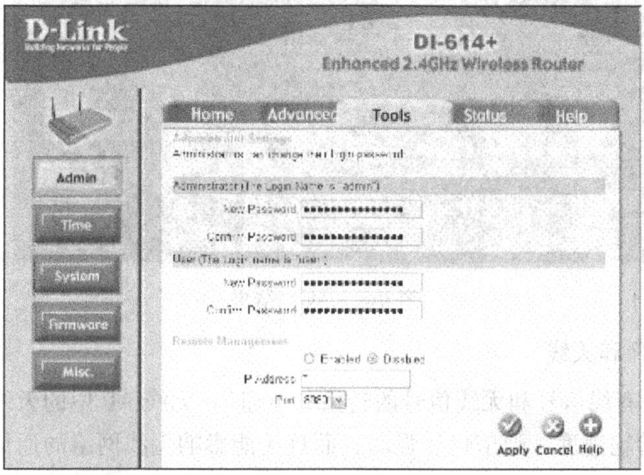

图 9-7 禁止远程管理

要获取计算机网卡的 MAC 地址，一般可以使用以下几种方法。

① 直接获取。在计算机上执行 winipcfg(适用 Windows 9x/Me)或 Ipconfig /all(适用 Windows NT/2000/XP/7)命令，即可获得该计算机上的 MAC 地址，如图 9-8 所示。由于该方式只能获取本地计算机的 MAC 地址，因此，要获得整个网络所有计算机的 IP 地址，就必须在每台计算机上进行测试，在拥有上百台计算机的网络中，显然劳动量太大，很难做到，也没有太多必要。所以，该方式只适用于测试服务器及特殊用户等少量计算机的 MAC 地址。

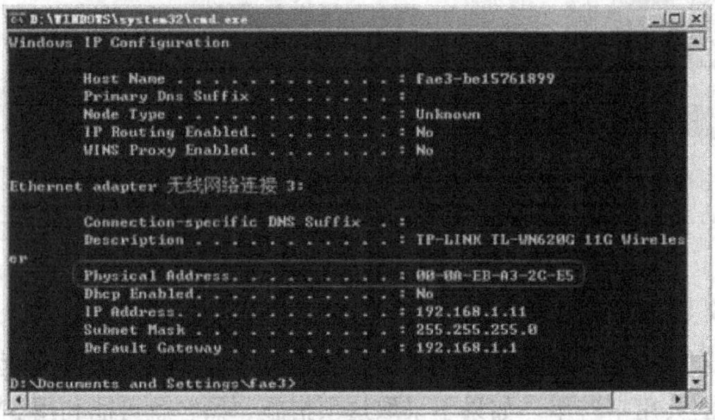

图 9-8 运行 ipconfig /all

② 远程获取。既然到每一台计算机上获取 MAC 地址太过烦琐，那么，不妨使用 DOS 命令 “nbtstat”，坐在自己的计算机前远程获取其他计算机网卡的 MAC 地址。

命令格式为：

```
c:\> nbtstat -a ip_address
```

其中，ip_address 用于表示要测试 MAC 地址的远程计算机的 IP 地址。执行结果如图 9-9 所示。

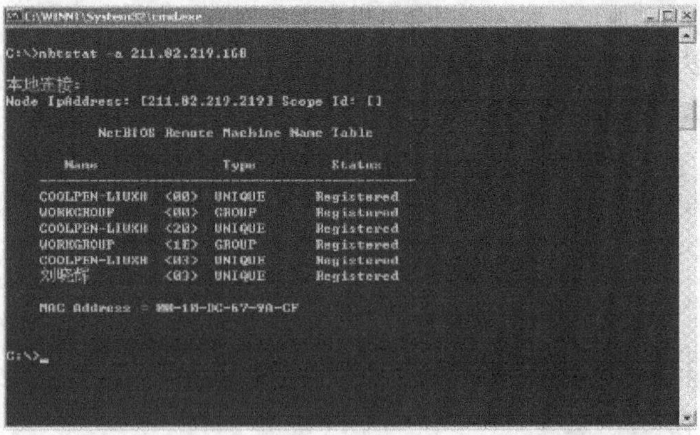

图 9-9 执行结果

7. 放置无线 AP 和天线

由于无线 AP 是有线信号和无线信号的转换“枢纽”，无线 AP 中的天线位置，不但能够决定无线网络的信号传输速度、通信信号强弱，而且还能影响无线网络的通信安全。因此，将无线 AP 摆放在一个合适的位置是非常有必要的。另外，在放置天线之前，一定要先搞清楚无线信号的覆盖范围有多大，然后依据范围大小，将天线放置到其他用户无法“触及”的位置处。无线 AP 和室内天线如图 9-10 所示。

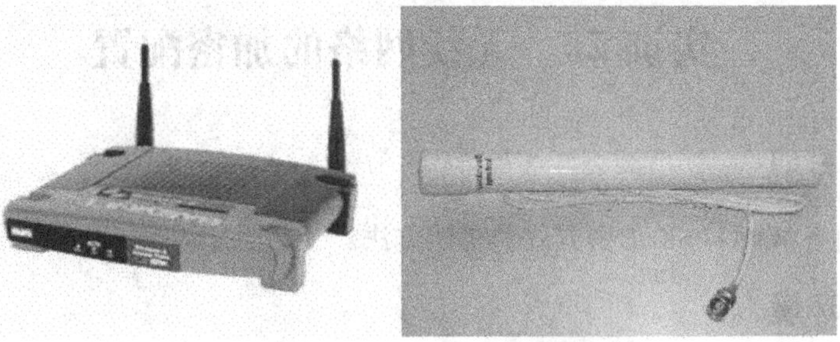

图 9-10　无线 AP 和室内天线

例如，最好将无线网络结点放置在空间的正中央，同时将其他工作站分散在无线网络结点的四周放置，使其他房间的工作站无法自动搜索到无线网络，也就不容易出现信号泄密的危险。倘若随便将无线网络结点放置在靠窗口或墙壁的位置处，不但会影响信号的对外发射，而且位于墙壁另一边的工作站用户，就能很轻易地搜索并连接，网络安全性就会大大降低。

9.4　无线网络的物理控制及安全管理机制

犹如木桶效应，无线网络的安全取决于其安全措施中最薄弱的环节，因此除了加强技术手段外，还应进行合理的物理布局及实施严格的管理。

1. 合理进行物理布局

进行网络布局时要考虑两方面的问题：一是限制信号的覆盖范围在指定范围内，二是保证在指定范围内的用户获得最佳信号。这样入侵者在范围外将搜寻不到信号，或者只能搜寻到微弱信号，不利于进行下一步的攻击行为。因此合理确定接入点的数量及位置是十分重要的，既要让其具有充分的覆盖范围，又要尽量避免无线信号受到其他无线电的干扰而减小覆盖范围或减弱信号强度。

2. 建立安全管理机制

无线网络信号在空气中传播，也就注定了它更脆弱、更易受到威胁，因此建立健全的网络安全管理制度是尤为重要的。这应明确网络管理员和网络用户的职责和权限；在网络可能受到威胁或正在面临威胁时，能及时检测、报警；在入侵行为得逞时，能提供资料、依据及应急措施，以恢复网络正常运行。

3. 加强用户安全意识

现在的无线设备比较便宜，而且安装简单，如果网内的用户私自安装无线设备，他们往往只采取了有限的安全措施，这样极有可能将网络的覆盖范围超出可控范围，将内部网络暴露给攻击者，而这些用户通常也没有意识到私自安装接入点带来的危险，因此必然要让用户清楚自己的行为可能会给整个网络带来的安全隐患，加强网络安全教育，提高用户的安全意识。

无线网络结合了最新的计算机网络技术和无线通信技术，减少了用户的连线需求，是有线局域网的延伸。如今，无线网络技术已经广泛应用到多个领域，独有的灵活性及低成本将决定它是未来网络技术发展的主方向。然而，无线网络的安全性也是最令人担忧的，因此其安全问题应引起足够的重视。合理地综合运用网络安全技术，并进行严格的安全管理，让健康的无线网络为我们服务，让安全的网络世界健康发展。

实训 20 无线网络的加密配置

一、实训目的

掌握无线网络 WPA-PSK 加密方式及搭建方法。

二、实训环境

MXP-2 1台；MP-71 1台；带无线网卡的 PC 1台。

三、实训内容

（1）路由器上的设置和说明

打开路由器的"无线设置"→"基本设置"：将"安全认证类型"设置为 WPA-PSK。

"加密方法"有三种选择：自动选择、TKIP、AES，"加密方法"选择哪一项关系不大，客户端是会和无线路由器自动协商的。在这里我们可以设置为"自动选择"。

WPA-PSK 密钥设置和无线网卡上的设置是要求一致的，本例中为 tplinkfae。

（2）客户端无线网卡上的设置

在"用户文件管理"里选中当前使用的配置文件，单击"修改"按钮：在"安全"栏中，把安全设置选为"WPA Passphrase"。

然后单击"配置"按钮：这里输入的预共享密钥需要和路由器里面设置的一样。

连接成功后，显现数据加密类型为"AES"（路由器设为自动选择，当在路由器里面强制选择为 TKIP 加密算法时，这里会显示为 TKIP）。

（3）查看 WPA-PSK 认证方式下在路由器上的主机状态显示

打开路由器的"无线设置"→"主机状态"。可以看到已经有一台计算机通过 WPA-PSK 加密方式连接到路由器上。

习题

一、选择题

1. 无线网络按照网络组织形式，可分为有结构网络和（ ）。

A. 无线局域网络　　B. 自组织网络　　C. 无结构网络　　D. 蜂窝网络

2. 无线网络按有结构无线网络具备固定的网络基础设施，负责移动终端的接入和认证，并提供网络服务，包括蜂窝通信网络和（ ）。

A. 无线局域网络　　B. 自组织网络　　C. 无结构网络　　D. 蜂窝网络

3. 无线网络又大体可分为无线广域网、无线局域网、无线个域网、无线体域网和（ ）。

A. 移动网络　　B. 无线城域网　　C. 联通网络　　D. 蜂窝网络

4. 对于无线网络的安全，IEEE 802.11 提供了两种保护方法：身份验证和（ ）。

A. 加密　　B. 口令认证　　C. 完整性认证　　D. 防火墙

5. 无线网络安全认证协议有 WEP、开放系统身份验证、IEEE 802.1x 身份验证和（　　）。

A. WAP　　B. WPA　　C. WPE　　D. IOS

二、简答题

1. 无线网络大体可分几类，它们各是什么？
2. 无线网络面临的主要安全风险有哪些？
3. 无线网络与有线网络安全存在哪些区别？
4. 无线网络协议分哪几种，各是什么？
5. 无线网络安全技术主要包括几个方面？
6. 无线网络物理控制有哪几个方面？

参 考 文 献

[1] 李伟超，等. 计算机信息安全技术[M]. 长沙：国防科技大学出版社，2010.

[2] 王丽娜，等. 信息安全导论[M]. 武汉：武汉大学出版社，2008.

[3] 李剑. 信息安全培训教程[M]. 北京：北京邮电大学出版社，2008.